U0218128

物联网开发与应用丛书

面向物联网的

传感器应用开发技术

廖建尚 张振亚 孟洪兵 编著

电子工业出版社
Publishing House of Electronics Industry
北京·BEIJING

内 容 简 介

本书基于 CC2530 微处理器介绍常用传感器应用开发技术，全书先进行理论学习，深入浅出地学习采集类传感器、安防类传感器以及特殊类传感器；在学习完每个理论知识点后，再进行实际案例的开发，有贴近社会和生活的开发场景，详细的硬件设计、软件设计和功能实现过程；最后进行总结拓展，将理论学习和开发实践结合起来。每个案例均附有完整的开发代码，读者可以在源代码的基础上进行快速的二次开发。

本书既可作为高等院校相关专业的教材或教学参考书，也可供相关领域的工程技术人员参考。对于嵌入式系统和物联网系统的开发爱好者，本书也是一本深入浅出、贴近社会应用的技术读物。

本书提供完整的开发代码和配套 PPT，读者可登录华信教育资源网（www.hxedu.com.cn）免费注册后下载。

图书在版编目（CIP）数据

面向物联网的传感器应用开发技术 / 廖建尚，张振亚，孟洪兵编著. —北京：电子工业出版社，2019.6
（物联网开发与应用丛书）
ISBN 978-7-121-36264-4

Ⅰ. ①面… Ⅱ. ①廖… ②张… ③孟… Ⅲ. ①互联网络－应用－传感器②智能技术－应用－传感器
Ⅳ. ①TP212

中国版本图书馆 CIP 数据核字（2019）第 064169 号

责任编辑：田宏峰
印　　刷：北京捷迅佳彩印刷有限公司
装　　订：北京捷迅佳彩印刷有限公司
出版发行：电子工业出版社
　　　　　北京市海淀区万寿路 173 信箱　邮编：100036
开　　本：787×1 092　1/16　印张：20　字数：508 千字
版　　次：2019 年 6 月第 1 版
印　　次：2024 年 6 月第 10 次印刷
定　　价：69.00 元

凡所购买电子工业出版社图书有缺损问题，请向购买书店调换。若书店售缺，请与本社发行部联系，联系及邮购电话：（010）88254888，88258888。

质量投诉请发邮件至 zlts@phei.com.cn，盗版侵权举报请发邮件至 dbqq@phei.com.cn。

本书咨询联系方式：tianhf@phei.com.cn。

近年来，物联网、移动互联网、大数据和云计算的迅猛发展，慢慢改变了社会的生产方式，大大提高了生产效率和社会生产力。工业和信息化部《物联网发展规划（2016—2020年）》总结了"十二五"规划中物联网发展所获得的成就，分析了"十三五"面临的形势，明确了物联网的发展思路和目标，提出了物联网发展的 6 大任务，分别是强化产业生态布局、完善技术创新体系、推动物联网规模应用、构建完善标准体系、完善公共服务体系、提升安全保障能力；提出了 4 大关键技术，分别是传感器技术、体系架构共性技术、操作系统和物联网与移动互联网、大数据融合关键技术；提出了 6 大重点领域应用示范工程，分别是智能制造、智慧农业、智能家居、智能交通和车联网、智慧医疗和健康养老、智慧节能环保；指出要健全多层次多类型的物联网人才培养和服务体系，支持高校、科研院所加强跨学科交叉整合，加强物联网学科建设，培养物联网复合型专业人才。该"发展规划"为物联网发展指出了一条鲜明的道路，并也可以看出我国在推动物联网应用方面的坚定决心，相信物联网规模会越来越大。本书结合 CC2530 处理器和常用的传感器详细阐述物联网中传感器应用开发技术，提出了案例式和任务式驱动的开发方法，旨在大力推动物联网人才的培养。

嵌入式系统和物联网系统涉及的技术很多，底层和感知层都需要掌握基于微处理器的传感器的驱动开发技术。本书将详细分析传感器的原理并进行应用开发，理论知识点清晰，并在每个知识点后都附有实践案例，可帮助读者掌握常用传感器的应用开发技术。

全书通过贴近社会和生活的案例，由浅入深地介绍常用传感器的应用开发技术，每个案例均有完整的理论知识和开发过程，分别是深入浅出的原理学习、详细的软/硬件设计和功能实现过程，最后进行总结拓展。每个案例均附有完整的开发代码，在此基础上读者可以进行快速的二次开发，能方便将其转化为各种比赛和创新创业的案例，不仅为高等院校相关专业师生提供教学案例，也可以为工程技术人员和科研工作人员提供较好的参考资料。

第 1 章引导读者初步认识传感器，介绍传感器的作用、分类、特性和评价指标，传感器在多个行业的应用，传感器的发展趋势及其在物联网中的应用。

第 2 章介绍采集类传感器的基本原理和应用开发，主要介绍光照度传感器、温湿度传感器、空气质量传感器、气压海拔传感器等采集类传感器。本章通过博物馆光照度采集的设计、仓库温湿度信息采集的设计、办公室空气质量检测的设计、小型飞行器海拔高度数据采集的设计，以及综合性项目——仓库环境监控系统的设计，详细介绍了 CC2530 和常用的采集类传感器的应用，以及系统需求分析、逻辑功能分解和软/硬件架构设计的方法。通过理论学习和开发实践，读者可以掌握基于 CC2530 的采集类传感器应用开发技术。

第 3 章介绍安防类传感器的基本原理和应用开发，主要介绍人体红外传感器、可燃气体传感器、振动传感器、霍尔传感器、火焰传感器和光电传感器等安防类传感器。本章通过楼道红外感应灯的设计、厨房燃气报警器的设计、汽车振动报警器的设计、变频器保护装置的设计、燃烧机火焰检测的设计、工厂生产线计件器的设计，以及综合性项目——楼宇安防设备系统的设计，详细介绍了 CC2530 和常用的采集类传感器的应用，以及系统需求分析、逻辑功能分解和软/硬件架构设计的方法。通过理论学习和开发实践，读者可以掌握基于 CC2530 的安防类传感器的应用开发技术。

第 4 章介绍控制类传感器技术的基本原理和应用开发，主要介绍继电器、轴流风机、步进电机、RGB 灯等控制类传感器。本章通过定时电饭煲开关的设计、工厂排风扇的设计、电动窗帘的设计、声光报警器的设计，以及综合性项目——家庭电器控制系统的设计，详细介绍了 CC2530 和常用的控制类传感器的应用，以及系统需求分析、逻辑功能分解和软/硬件架构设计的方法。通过理论学习和开发实践，读者可以掌握基于 CC2530 的控制类传感器的应用开发技术。

第 5 章介绍特殊类传感器技术的基本原理和应用开发，主要介绍数码管、三轴加速度传感器、语音合成传感器、语音识别传感器、五向开关、OLED、触摸传感器、距离传感器等常用的特色类传感器。本章通过电子计时秒表的设计、游戏手柄的设计、语音早教机的设计、电器语音控制系统的设计、智能游戏手柄的设计、智能穿戴产品显示屏的设计、电磁炉开关的设计、红外测距仪的设计，以及综合性项目——车载广告显示系统的设计，详细介绍了 CC2530 和常用的特殊类传感器的应用，以及系统需求分析、逻辑功能分解和软/硬件架构设计的方法。通过理论学习和开发实践，读者可以掌握基于 CC2530 的特殊类传感器的应用开发技术。

本书特色有：

（1）理论知识和案例实践相结合。将常用传感器的应用开发技术和生活中的实际案例结合起来，边学习理论知识边开发，帮助读者快速掌握嵌入式和物联网开发技术。

（2）企业级案例开发。抛去传统的理论学习方法，通过生动的案例将理论学习与开发实践结合起来，由浅入深地掌握传感器应用开发技术。

（3）提供综合性项目。综合性项目为读者提供软/硬件系统的开发方法，有需求分析、项目架构、软/硬件设计等方法，在提供案例的基础上可以进行快速的二次开发，可方便地将案例转化为各种比赛和创新创业的案例，也可以为工程技术人员和科研工作人员提供较好的参考资料。

本书既可作为高等院校相关专业的教材或教学参考书，也可供相关领域的工程技术人员参考。对于物联网开发爱好者，本书也是一本的深入浅出的读物。

本书在编写过程中，借鉴和参考了国内外专家、学者、技术人员的相关研究成果，我们尽可能按学术规范予以说明，但难免会有疏漏之处，在此谨向有关作者表示深深的敬意和谢意，如有疏漏，请及时通过出版社与作者联系。

该书得到广东省自然科学基金项目（2018A030313195）、广东省高校省级重大科研项目（2017GKTSCX021）、广东省科技计划项目（2017ZC0358）、广州市科技计划项目（201804010262）和广东省高等职业教育品牌专业建设项目（2016GZPP044）的资助。感谢中智讯（武汉）科技有限公司在本书编写过程中提供的帮助，特别感谢电子工业出版社在本书出版过程中给予的大力支持。

由于本书涉及的知识面广，时间仓促，限于笔者的水平和经验，疏漏之处在所难免，恳请专家和读者批评指正。

作　者
2019 年 3 月

CONTENTS 目录

第1章

传感器应用技术概述

作为信息采集的首要部件，传感器的作用主要是信息的采集、转换和控制。系统自动化技术水平越高，对传感器技术的依赖程度就越大。

在日常生活中，人们可以通过皮肤来感知周围的环境温度，通过环境温度可以提醒自己是否要添加衣物；人们可以通过眼睛来获取周围环境的图像信息，通过分析这些图像信息可以为人的学习和正常活动提供引导；人们可以通过耳朵来获取环境周围的声音信息，通过判断声音中携带的信息可实现人与人的交流。在整个过程中，大脑都用来处理环境温度、图像、声音等信息，而传感器好比人的这些感觉器官，通过感知周围环境为大脑提供信息。传感器在多个领域中得到了广泛应用，尤其在物联网领域更是不可或缺，如图 1.1 所示。

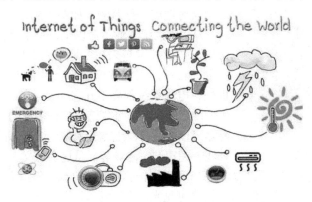

图 1.1　传感器与物联网

1.1　传感器简述

1.1.1　传感器的作用

传感器是指能够感受规定的被测量并按照一定的规律转换成可用输出信号的器件或装置，通常是由敏感元件和转换元件组成的。由传感器的定义可知，传感器的基本性能是信息采集和信息转换，所以传感器一般由敏感元件、转换元件和基本转换电路组成，有时还包括电源等其他的辅助电路，如图 1.2 所示。

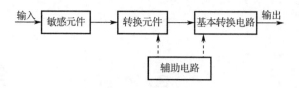

图 1.2　传感器的基本组成

人们在研究自然现象、规律以及生产活动中，有时仅需要对某一事物的存在与否进行定性了解，有时却需要进行大量的测量实验以确定对象的确切数据值，所以单靠人的自身感觉器官的功能是远远不够的，这就需要仪器设备的帮助，这些仪器设备就是传感器。传感器是人类五官的延伸，是信息采集系统的首要部件。

表征物质特性及运动形式的参数很多，根据物质的电特性，可分为电量和非电量两类。

电量：一般指物理学中的电学量，如电压、电流、电阻、电容及电感等。

非电量：除电量之外的一些参数，如压力、流量、尺寸、位移量、质量、力、速度、加速度、转速、温度、浓度及酸碱度等。

非电量需要转化成与其有一定关系的电量后再进行测量，实现这种转换技术的器件就是传感器。传感器是获取自然界或生产中信息的关键器件，是现代信息系统和各种装备不可缺少的信息采集工具。采用传感器技术的非电量电测方法，是目前应用最广泛的测量技术。

图 1.3　地动仪

传感器的任务就是感知与测量。在人类文明史的历次产业革命中，感受、处理外部信息的传感技术一直扮演着重要的角色。例如，早在东汉时期，科学家张衡就发明了地动仪对地震进行监测，如图 1.3 所示。

从 18 世纪工业革命以来，特别是在 20 世纪的信息革命中，传感技术越来越多地由人造感官——工程传感器来实现。目前，工程传感器的应用非常广泛，可以说，任何机械、电气系统都离不开它。

现代技术的发展创造了多种多样的工程传感器。工程传感器可以轻而易举地测量人体无法感知的量，如紫外线、红外线、超声波、磁场等。从这个意义上讲，工程传感器超过了人的感知能力。有些量，虽然人的感官和工程传感器都能检测，但工程传感器测量得更快、更精确。例如，人眼和光传感器都能检测可见光，进行物体识别与测距，但是人眼的视觉残留约为 0.1 s，而光晶体管的响应时间可缩短到纳秒以下；人眼的角分辨率为 1 角分（1 度= 60 角分），而光栅测距的精度可达 1 角秒（1 角分=60 角秒）。又如，激光定位的精度在距离 3×10^4 km 的范围内可达 10 cm。工程传感器也可以把人们看不到的物体通过数据处理变为视觉图像，CT 技术就是一个例子，它可以把人体的内部结构用断层图像的形式显示出来。

随着信息科学与微电子技术，特别是微型计算机与通信技术的迅猛发展，目前传感器走上了与微处理器相结合的道路，智能传感器应运而生。

1.1.2　传感器的分类

传感器的种类繁多，功能各异，不同的传感器可以测量同一被测量，同一原理的传感器又可以测量多种被测量，根据不同的分类方法，可以将传感器分成不同的类型。以下是一些比较常用的分类方法。

（1）根据传感器工作依据的基本效应，可以分为物理量传感器、化学量传感器和生物量传感器三大类。物理量传感器有速度、加速度、力、压力、位移、流量、温度、光、声、色等传感器；化学量传感器有气体、湿度、离子等传感器；生物量传感器有蛋白质、酶、组织等传感器。

（2）根据工作机理，可以分为结构型、物性型和混合型传感器。结构型传感器是利用物理学的定律，依据传感器结构参数变化实现信息转换的。例如，电容式传感器是利用电容极板间隙或面积的变化来测量电容的。物性型传感器是利用物质的某种或某些客观属性等，依据敏感元件物理特性的变化实现信息转换的。例如，压电式传感器可以将压力转换成电荷的变化。混合型传感器是由结构型和物性型传感器组合而成的。例如，应变式力传感器由外力引起弹性膜片的应变，再由转换元件转换成电阻的变化。

（3）根据能量关系，可分为能量控制型有源传感器和能量转换型无源传感器两大类。

（4）按输入物理量的性质，可以分为力学量、热量、磁、放射线、位移、压力、速度、温度、湿度、离子、光、液体成分、气体成分等传感器。

（5）根据输出信号形式，可分为模拟量传感器和数字量传感器。

（6）根据传感器使用的敏感材料，可分为半导体传感器、光纤传感器、金属传感器、高分子材料传感器、复合材料传感器等。

（7）按照敏感元件输出能量的来源，又可以把传感器分成以下三类。

① 自源型传感器：指仅含有转换元件的最简单、最基本的传感器构成方式，其特点是不需要外部能源，转换元件可以从被测对象直接吸取能量并将被测量转换成电量，但输出量较弱，如热电偶、压电器件等传感器。

② 带激励源型传感器：是转换元件外加辅助能源的构成方式，这里的辅助能源起激励作用，可以是电源，也可以是磁源，如某些磁电式、霍尔传感器等电磁感应式传感器就属于这种类型，其特点是不需要转换（测量）电路即可获得较大的电量输出。

③ 外源型传感器：是由利用被测量实现阻抗变化的转换元件构成的，必须由外电源经过测量电路后在转换元件上加入电压或电流才能获得电量输出。这些电路又称为信号调理与转换电路，常用的有电桥、放大器、振荡器、阻抗变换器和脉冲宽度调制电路等。

由于自源型传感器和带激励源型传感器的转换元件具有能量转换的作用，故也称为能量转换型传感器。此类传感器用到的物理效应有压电效应、磁致伸缩效应、热释电效应、光电动势效应、光电放射效应、热电效应、光子滞后效应、热磁效应、热电磁效应、电离效应等。

外源型传感器又称为能量控制型传感器。此类传感器用到的物理效应有应变电阻效应、磁阻效应、热阻效应、光电阻效应、霍尔效应、阻抗效应等。

传感器的分类方法还有很多，如根据某种高新技术或者按照用途、功能等进行分类。

常见的传感器分类方法如表 1.1 所示。

表 1.1　传感器的分类方法

分 类 法	类 别	说 明
按工作依据的基本效应	物理量传感器、化学量传感器、生物量传感器	依据转换中的物理效应、化学效应和生物效应

分 类 法	类 别	说 明
按工作机理	结构型传感器	依据结构参数变化实现信息转换
	物性型传感器	依据敏感元件物理特性的变化实现信息转换
	混合型传感器	由结构型传感器和物性型传感器组合而成
按能量关系	能量转换型无源传感器	传感器输出量直接由被测量能量转换而得
	能量控制型有源传感器	传感器输出量能量由外电源供给，但受被测输入量控制
按输入物理量的性质	位移、压力、温度、气体成分等传感器	以被测量物理量的性质分类
按输出信号形式	模拟量传感器	输出信号为模拟信号
	数字量传感器	输出信号为数字信号

1.1.3 传感器的特性与性能指标

1. 传感器的特性

传感器所测量的物理量基本上有两种形式：一种是稳定的，即不随时间变化或随时间变化极其缓慢的信号，称为静态信号；另一种是不稳定的，即随时间变化而变化的信号，称为动态信号。由于输入物理量形式不同，传感器所表现出来的输出-输入特性也不同，因此传感器也有两种特性，即静态特性和动态特性。为了降低或者消除传感器在测量控制系统中的误差，传感器必须具有良好的静态特性和动态特性，才能准确、无失真地转换信号。

（1）静态特性：是指对于输入静态信号时，传感器的输出量与输入量之间的相互关系。因为这时输入量和输出量都和时间无关，所以它们之间的关系（即传感器的静态特性）可用一个不含时间变量的代数方程，或者以输入量为横坐标、对应的输出量为纵坐标而画出的特性曲线来描述。表征传感器静态特性的主要参数有线性度、灵敏度、分辨率和迟滞等。

（2）动态特性：是指在传感器输入发生变化时，其输入和输出的关系。在实际工作中，传感器的动态特性常用对某些标准输入信号的响应来表示，这是因为传感器对标准输入信号的响应容易通过实验方法求得，并且对标准输入信号的响应与对任意输入信号的响应之间存在一定的关系，往往知道了前者就能推导出后者。最常用的标准输入信号有阶跃信号和正弦波信号两种，所以传感器的动态特性也常用阶跃响应和频率响应来表示。

2. 传感器的性能指标

（1）量程和范围：量程是指测量上限和下限的代数差。范围是指仪表能按规定精确度进行测量的上限和下限的区间。例如，一个位移传感器的测量下限是-5 mm，测量上限是+5 mm，则这个传感器的量程为5-（-5）=10 mm，范围是-5～+5 mm。

（2）线性度：通常情况下，传感器的实际静态特性输出的是一条曲线而非直线，但在实际工作中，为使仪表具有均匀刻度的读数，常用一条拟合直线近似地表示实际的特性曲线，线性度（非线性误差）就是这个近似程度的一个性能指标。拟合直线的选取有多种方法，例如，将零输入和满量程输出点相连的理论直线作为拟合直线或将与特性曲线上各点偏差的平方和最小的理论直线作为拟合直线（这种拟合直线也称为最小二乘法拟合直线）。

（3）重复性：传感器在同一工作条件下，输入量按同一方向进行连续多次全量程测量时，所得的特性曲线的一致程度。

（4）滞环：传感器在正向（输入量增大）和反向（输入量减小）过程中，其输出-输入特性的不重合程度。

（5）灵敏度：传感器输出的变化值与相应被测量的变化值之比。

（6）分辨率：传感器在规定范围内，可能检测出的被测信号的最小增量。

（7）静态误差：传感器在满量程内，任一点输出值相对理论值的偏离程度。

（8）稳定性：传感器在室温条件下，经过规定的时间间隔后，其输出与起始标定时的输出之间的差异。

（9）漂移：在一定时间间隔内，传感器在外界干扰下，输出量发生的与输入量无关的变化，漂移包括零点漂移和灵敏度漂移。

由于传感器所测量的非电量，有的不随时间变化或变化很缓慢，也有的随时间变化较快，所以传感器的性能指标除上面介绍的静态特性所包含的各项指标外，还有动态特性。

1.1.4　传感器的命名及代号

传感器的命名有两种方法。

1．方法一

传感器的命名由主题词加四级修饰语构成。

主题词：传感器。

第一级修饰语：被测量，包括修饰被测量的词语。

第二级修饰语：转换原理，一般可后续以"式"字。

第三级修饰语：特征描述，是必须强调的传感器结构、性能、材料、敏感元件及其他必要的性能特征，一般可后续以"型"字。

第四级修饰语：主要技术指标（如量程、精确度、灵敏度等）。

在有关传感器的统计表格、检索以及计算机汉字处理等特殊场合，应采用上述顺序。

例如，传感器，位移，应变（计）式，100 mm。

2．方法二

在技术文件、产品样本、学术论文、教材等的陈述句子中，作为产品名称应采用与上述相反的顺序。例如，100 mm 应变式位移传感器。

传感器的代号：一般规定用大写的汉语拼音字母和阿拉伯数字构成传感器的代号。传感器的代号应包括主称（传感器）、被测量、转换原理、序号。

（1）主称：传感器，代号 C。

（2）被测量：用一个或两个汉语拼音的第一个大写字母标记。

（3）转换原理：用一个或两个汉语拼音的第一个大写字母标记。

（4）序号：用一个阿拉伯数字标记，由厂家自定，用来表征产品设计特性、性能参数、产品系列等。若产品性能参数不变，仅在局部有改动或变动时，则可在原序号后面顺序地加注大写字母 A、B、C 等。

在被测量、转换原理、序号三部分代号之间应用连字符"-"连接。例如，应变式位移传感器的代号为CWY-YB-10，温度传感器的代号为CW-01A。注意，也有少数代号用其英文的第一个字母表示，如加速度用"A"表示。常用被测量代号和常用转换原理代号如表1.2和表1.3所示。

表 1.2 常用被测量代号

被 测 量	被测量简称	代 号	被 测 量	被测量简称	代 号
加速度	加	A	电流		DL
加加速度	加加	AA	电场强度	电强	DQ
亮度		AD	电压		DY
细胞膜电位	胞电	BD	色度	色	E
磁		C	谷氨酸	谷氨	GA
冲击		CJ	温度		H
磁透率	磁透	CO	光照度		HD
磁场强度	磁强	CQ	红外光	红外	HG
磁通量	磁通	CT	呼吸流量	呼流	HL
胆固醇	胆固	DC	离子活[浓]度	活[浓]	H[N]
呼吸频率	呼吸	HP	声压		SY
转速		HS	图像		TX
生物化学需氧量	生氧	HY	温度		W
硬度		I	[体]温		[T]W
线加速度	线加	IA	物位		WW
心电[图]	心电	ID	位移		WY
线速度	线速	IS	位置		WZ
心音		IY	血		X
角度	角	J	血液电解质	血电	XD
角加速度	角加	JA	血流		XL
肌电[图]	肌电	JD	血气		XQ
可见光		JG	血容量	血容	XR
角速度	角速	JS	血流速度	血速	XS
角位移		JW	血型		XX
力		L	压力	压	Y
露点		LD	膀胱内压	[膀]压	[B]Y
力矩		LJ	胃肠内压	[胃]压	[E]Y
流量		LL	颅内压	[颅]压	[L]Y
离子		LZ	食道压力	[食]压	n
密度		M	[分]压		[S]Y

续表

被 测 量	被测量简称	代　号	被 测 量	被测量简称	代　号
[气体]密度	[气]密	[Q]M	[绝]压		[F]Y
[液体]密度	[液]密	[Y]M	[微]压		[U]Y
脉搏		MB	[差]压		[W]Y
马赫数	马赫	MH	[血]压		[C]Y
表面粗糙度		MZ	眼电[图]	眼电	[X]Y
黏度	粘	N	迎角		YD
脑电[图]	脑电	ND	应力		YJ
扭矩		NJ	液位		YL
厚度	厚	O	浊度	浊	YW
pH 值		(H)	振动		Z
葡萄糖	葡糖	PT	紫外光	紫光	ZD
气体	气	Q	重量（稳重）		ZG、ZL
热通量	热通	RT	真空度	真空	ZK
热流		RL	噪声		ZS
速度		S	姿态		ZT
视网膜电[图]	视电	SD	氢离子活[浓]度	H^+	[H]H[N]D
水分		SF	钠离子活[浓]度	Na^+	[Na]H[N]D
射线剂量	射量	SL	氯离子活[浓]度	Cl^-	[CL]H[N]D
烧蚀厚度	蚀厚	SO	氧分压	O_2	[O]
射线		SX	一氧化碳分压	CO	[CO]

表 1.3　常用转换原理代号

转换原理	转换原理简称	代　号	转 换 原 理	转换原理简称	代　号
电解		AJ	光发射	光射	GS
变压器		BY	感应		GY
磁电		CD	霍尔		HE
催化		CH	晶体管	晶管	IG
场效应管	场效	CU	激光		JG
差压		CY	晶体振子	晶振	JZ
磁阻		CZ	克拉克电池	克池	KC
电磁		DC	酶[式]		M
电导		DD	声表面波	面波	MB
电感		DG	免疫		MY
电化学	电化	DH	热电		RD
单结		DJ	热释电	热释	RH
电涡流	电涡	DO	热电丝		RS

续表

转 换 原 理	转换原理简称	代　号	转 换 原 理	转换原理简称	代　号
超声多普勒	多普	DP	（超）声波		SB
电容		OR	伺服		SF
电位器	电位	DW	涡街		WJ
电阻		DZ	微生物	微生	WS
热导		ED	涡轮		WU
浮子-干簧	浮簧	FH	离子选择电板	选择	XJ
[核] 辐射		FS	谐振		XZ
浮子		FZ	应变		YB
光学式	光	G	压电		YD
光电		GD	压阻		YZ
光伏		GF	折射		ZE
光化学	光化	GH	阻抗		ZK
光导		GO	转子		ZZ
光纤		GQ			

1.2　传感器的应用

随着计算机、生产自动化、现代通信等科学技术的发展，军事、交通、化学、环保、能源、海洋开发、遥感、宇航等行业对传感器的需求量与日俱增，传感器已渗入国民经济的各个领域及人们的日常生活之中。可以说，从太空到海洋，从各种复杂的工程系统到改善人们日常生活的衣食住行，都离不开各种各样的传感器，传感器对国民经济的发展起着巨大的作用。

1. 传感器在工业检测和自动控制系统中的应用

在石油、化工、电力、钢铁、机械等行业中，传感器起到相当于人们感觉器官的作用。它根据需要完成对各种信息的检测，再把测得的信息传输给计算机进行处理，用以进行生产过程、产品质量、工艺管理与安全等方面的控制，如汽车自动化生产系统，如图 1.4 所示。

图 1.4　汽车自动化生产系统

2．传感器在汽车上的应用

传感器在汽车上的应用已不仅仅局限于对行驶速度、行驶距离、发动机旋转速度和燃料剩余量等有关参数的测量，汽车安全气囊系统、防盗装置、防滑控制系统、防抱死装置、电子变速控制装置、排气循环装置、电子燃料喷射装置及汽车"黑匣子"等部分都应用了传感器。随着汽车电子技术、汽车安全技术和车联网技术的发展，传感器在汽车上的应用将会更加广泛。图 1.5 为传感器在汽车上的应用。

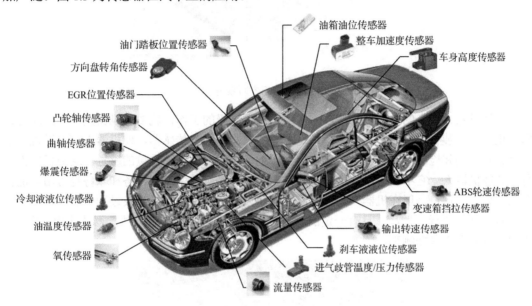

油箱油位传感器
油门踏板位置传感器
整车加速度传感器
方向盘转角传感器
车身高度传感器
EGR 位置传感器
凸轮轴传感器
曲轴传感器
爆震传感器
ABS 轮速传感器
冷却液液位传感器
变速箱挡拉传感器
油温度传感器
输出转速传感器
刹车液液位传感器
氧传感器
进气歧管温度/压力传感器
流量传感器

图 1.5　传感器在汽车上的应用

3．传感器在家用电器上的应用

现代家用电器中普遍使用传感器，传感器在电子炉灶、电饭锅、吸尘器、空调器、电热水器、热风取暖器、风干器、报警器、电风扇、电子驱蚊器、洗衣机、洗碗机、照相机、电冰箱等家用电器中得到了广泛的应用。

随着生活水平的不断提高，人们对提高家用电器产品的功能及自动化程度的要求极为强烈。为了满足这些要求，首先要使用能检测模拟量的高精度传感器，以获取正确的控制信息，再由微处理器进行控制，使家用电器更加方便、安全、可靠，并可减少能源的消耗，为更多的家庭创造一个舒适的生活环境。

随着物联网技术的发展，监控用的红外报警、气体检测报警和各种家电联网后形成了家用安防系统，如图 1.6 所示。

4．传感器在机器人上的应用

目前，在劳动强度大或危险作业的场所，已逐步使用机器人取代人的工作。一些高速度、高精度的工作，非常适合由机器人来承担。但大多数机器人是用来进行加工、组装、检验等工作的，属于生产用的自动机械式的单能机器人，在这些机器人身上仅采用了检测臂的位置和角度的传感器。

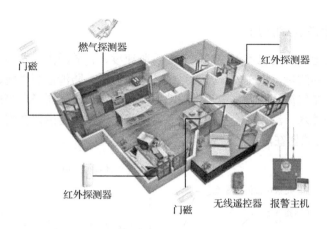

燃气探测器
红外探测器
门磁
红外探测器
门磁
无线遥控器
报警主机

图 1.6　家用安防系统

要使机器人和人的功能更为接近，以便从事更高级的工作，就要求机器人有判断能力，即给机器人安装物体检测传感器，特别是视觉传感器和触觉传感器，使机器人可通过视觉对物体进行识别和检测，通过触觉对物体产生压觉、力觉、滑动和重量的感觉。这类机器人被称为智能机器人。它不仅可以从事特殊的作业，而且一般的生产、事务和家务也可由智能机器人去处理。这也是现在机器人的主要研究方向之一。在机器人的开发过程中，让机器人能够"看""听""行""取"，具有一定的智能分析能力，这些都离不开传感器的应用。图 1.7 为"勇气号"火星探测车。

图 1.7　"勇气号"火星探测车

5．传感器在医疗及医学上的应用

随着医用电子技术的发展，仅凭医生的经验和感觉进行诊断的时代将会结束。现在，医用传感器可以对人体的表面和内部温度、血压、腔内压力、血液及呼吸流量、肿瘤、血液、心音、心脑电波等进行诊断，对促进医疗技术的发展起着非常重要的作用。

图 1.8 为医疗心电监护设备。

6．传感器在环境保护上的应用

目前，大气污染、水质污染及噪声已严重地破坏了地球的生态平衡和人们赖以生存的环境，这一现状已引起了世界各国的重视。在环境保护方面，利用传感器制成的各种环境监测仪器正在发挥着积极的作用，常见的有 PM2.5 检测仪、噪声检测仪等。图 1.9 为 PM2.5 检测仪。

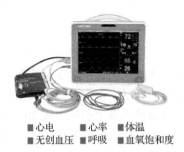

■ 心电　　■ 心率　　■ 体温
■ 无创血压　■ 呼吸　　■ 血氧饱和度

图 1.8　医疗心电监护设备

图 1.9　PM2.5 检测仪

7. 传感器在航空及航天上的应用

要掌握飞机或火箭的飞行轨迹，并将其控制在预定的轨道上，就需要使用传感器进行速度、加速度和飞行距离的测量。飞行器的飞行姿态可以使用红外水平线传感器陀螺仪、阳光传感器、星光传感器及地磁传感器等进行测量。图 1.10 为中国航天的标志性技术成果之一——神舟八号。

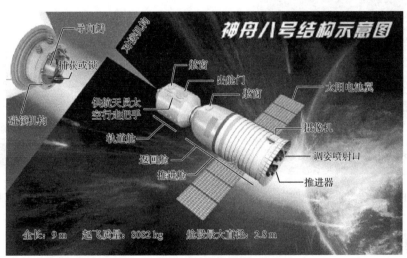

图 1.10　神舟八号

8. 传感器在遥感、遥测技术上的应用

卫星遥感是航天遥感的组成部分，以人造地球卫星作为遥感平台，利用卫星对地球及低层大气进行光学和电子观测。遥感、遥测技术是从远离地面的不同工作平台上（如高塔、气球、飞机、火箭、人造地球卫星、宇宙飞船、航天飞机等）通过传感器，对地球表面的电磁波（辐射）等信息进行探测，通过对信息的传输、处理和判读分析，对地球的资源与环境进行探测和监测的综合性技术。

在飞机及航天飞行器上采用的传感器是近紫外线、可见光、远红外线及微波等传感器，在船舶上向水下观测时多采用超声波传感器。例如，要探测矿产资源时，可以利用人造卫星上的红外线传感器对从地面发出的红外线进行测量,然后由人造卫星通过微波发送到地面站,经地面站处理后便可根据红外线分布的差异判断矿产资源的情况。图 1.11 为遥感监测的卫星地图。

9. 传感器在军事上的应用

现在的战场是信息化的战场,而信息化是绝对离不开传感器的。军事专家认为:一个国家军用传感器制造水平的高低,决定了该国武器制造水平的高低,决定了该国武器自动化程度的高低,最终决定了该国武器性能的优劣。当今,传感器在军事上的应用极为广泛,可以说无时不用、无处不用,大到星体、导弹、飞机、舰船、坦克、火炮等装备系统,小到单兵作战的武器;从参战的武器系统到后勤保障系统;从军事科学试验到军事装备工程;从战场作战到战略、战术指挥;从战争准备、战略决策到战争实施,遍及整个作战系统及战争的全过程,而且必将在未来的战争中使作战的时域和空域得到更大的扩展,影响和改变作战的方式和效率,大幅提高武器的威力、作战指挥及战场管理能力。传感器在军事上的应用实例如图 1.12 所示。

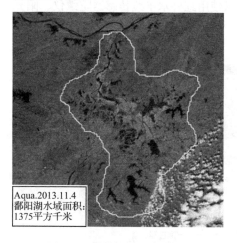

图 1.11　遥感监测的卫星地图　　　　图 1.12　军用便携气象系统使用的超声波风速风向传感器

1.3　传感器技术的发展趋势

1. 采用系列高新技术设计开发新型传感器

(1)微电子机械系统技术、纳米技术的高速发展,必将成为新一代微传感器、微系统的核心技术,是 21 世纪传感器技术领域中带有革命性变化的高新技术。

(2)发现与利用新效应,如物理现象、化学效应和生物效应,发明新一代传感器。

(3)加速开发新型敏感材料,微电子、光电子、生物化学、信息处理等学科、技术的互相渗透和综合利用,可望研制出一批先进的传感器。

(4)空间技术、海洋开发、环境保护及地震预测等都要求检测技术满足观测研究宏观世界的要求,细胞生物学、遗传工程、光合作用、医学及微加工技术等又希望检测技术能跟上研究微观世界的步伐,它们对传感器的研发提出许多新的要求,其中重要的一点就是扩展检测范围，不断突破检测参数的极限。

2．传感器的微型化与微功耗

各种控制仪器设备的功能越来越强大，同时要求各个部件体积越小越好，传感器本身体积也是越小越好。微传感器的特征之一就是体积小。其敏感元件的尺寸一般为微米级，是由微机械加工技术制作而成的，包括光刻、腐蚀、淀积、键合和封装等工艺。利用各向异抗腐蚀、牺牲层技术和 LIGA 工艺，可以制造出层与层之间有很大差别的三维微结构。这些微结构、特殊用途的薄膜和高性能的集成电路相结合，已成功地用于制造各种微传感器乃至多功能的敏感元件阵列（如光电探测器等），实现了诸如压力、加速度、角速率、应力、应变、温度、流质、成像、磁场、温度、pH 值、气体成分、离子/分子浓度及生物等传感器。目前形成产品的主要是微型压力传感器和微型加速度传感器等，它们的体积只有传统传感器的几十分之一乃至几百分之一，质量从几千克下降到了几十克乃至几克。

3．传感器的集成化与多功能化

传感器的集成化包含两方面的含义：其一是将传感器与其后级的放大电路、运算电路、温度补偿电路等制成一个组件，实现一体化，与一般传感器相比，集成化的传感器具有体积小、反应快、抗干扰、稳定性好等优点；其二是将同一类传感器集成于同一芯片上构成二维阵列式传感器，用于测量物体的表面状况。传感器的多功能化是与集成化相对应的一个概念，是指传感器能感知与转换两种以上的不同物理量。例如，使用特殊的陶瓷把温度敏感元件和湿度敏感元件集成在一起制成温湿度传感器；将检测几种不同气体的敏感元件用厚膜制造工艺制作在同一基片上，制成检测氧气、氨气、乙醇、乙烯等多种气体的多功能传感器；在同一硅片上制作应变计和温度敏感元件，制成可以同时测量压力和温度的多功能传感器，有的传感器还可以实现温度补偿。

4．传感器的智能化

智能传感器是测量技术、半导体技术、计算技术、信息处理技术、微电子学和材料科学互相结合的产物。与一般的传感器相比，智能传感器具有自补偿能力、自校准功能、自诊断功能、数值处理功能、双向通信功能、信息存储记忆和数字量输出功能等。随着科学技术的发展，智能传感器的功能将逐步增强，它利用人工神经网络、人工智能和信息处理技术使传感器具有更高级的智能，具有分析、判断、自适应、自学习的功能，可以完成图像识别、特征检测、多维检测等复杂任务；它可充分利用计算机的计算和存储能力，对传感器的数据进行处理，并对内部行为进行调节，使采集的数据最佳。

5．传感器的数字化

随着现代化的发展，传感器的功能已突破传统的限制，其输出不再是单一的模拟信号，而是经过微处理器处理后的数字信号，有的自带控制功能，这就是所谓的数字传感器。随着计算机技术的飞速发展，以及微处理器的日益普及，世界进入了数字时代，人们在处理被测信号时首先想到的是计算机，具有便于计算机处理的输出信号的传感器就是数字传感器。数字传感器的特点如下：

（1）将模拟信号转换成数字信号输出，提高了传感器输出信号的抗干扰能力，特别适合电磁干扰强、信号距离远的工作现场。

（2）可利用软件对传感器进行线性修正及性能补偿，从而减小系统误差。

（3）一致性与互换性好。

图 1.13 为数字传感器的结构框图。模拟传感器产生的信号经过放大、A/D 转换、线性化处理后变成数字信号。该数字信号可根据要求以不同标准的接口形式（如 RS-232、RS-422、RS-485、USB 等）与微处理器相连，可以线性、无漂移地再现模拟信号，按照给定程序去控制某个对象（如电动机等）。

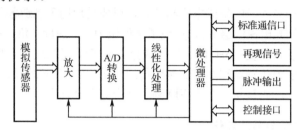

图 1.13　数字传感器的结构框图

6．传感器的网络化

传感器的网络化是指利用 TCP/IP 等协议，使现场的测控数据就近接入网络，并与网络上具有通信能力的节点直接进行通信，实现数据的实时发布和共享。随着传感器自动化和智能化水平的提高，多台传感器联网已被推广应用，虚拟仪器、三维多媒体等新技术开始实用化，因此，通过互联网，传感器与用户之间可异地交换信息，厂商能直接与异地用户交流，能及时完成诸如传感器故障诊断、软件升级等工作，传感器操作过程更加简化、方便。

图 1.14 为网络化传感器的基本结构。模拟信号经信号处理及 A/D 转换后，由网络处理装置根据程序的设定和网络协议（TCP/IP）将其封装成数据帧，并加以目的地址，通过网络接口传输到网络上。反过来，网络处理装置又能接收网络上其他节点传给自己的数据和命令，实现对本地节点的操作。这样传感器就成为测控网络中的一个独立节点，可以更加方便地在物联网中使用。

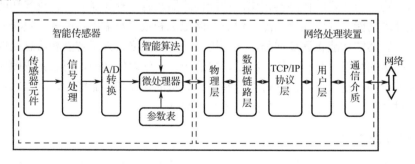

图 1.14　网络化传感器的基本结构

1.4　传感器与物联网应用

2009 年 8 月，温家宝总理在无锡考察时指出要积极创造条件，在无锡建立"感知中国"

中心，加快推动物联网技术发展。2010年9月，物联网上升到了国家战略高度，作为新一代信息技术重要组成部分的物联网技术被列为国家重点培育的战略性新兴产业。2010年10月，《国民经济和社会发展第十二个五年规划纲要》出台，指出战略性新兴产业是国家未来重点扶持的对象，而主要聚焦在下一代通信网络、物联网、三网融合、新型平板显示、高性能集成电路和高端软件等范畴的新一代信息技术产业将是未来扶持的重点。除此之外，中国已将物联网列入《国家中长期科学技术发展规划（2006－2020年）》和2050年国家产业路线图。《物联网"十二五"发展规划》将以下九个方面纳入重点发展的领域，如图1.15所示。

（1）智能工业：生产过程控制、生产环境监测、制造供应链跟踪、产品全生命周期监测、促进安全生产和节能减排。

（2）智能农业：农业资源利用、农业生产精细化管理、生产养殖环境监控、农产品质量安全管理与产品溯源。

（3）智能物流：建设库存监控、配送管理、安全追溯等现代流通应用系统，建设跨区域、行业、部门的物流公共服务平台，实现电子商务与物流配送一体化管理。

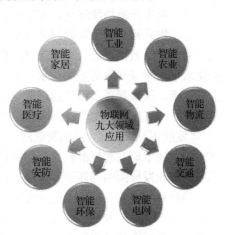

图1.15　物联网重点发展的9个领域

（4）智能交通：交通状态感知与交换、交通诱导与智能化管控、车辆定位与调度、车辆远程监测与服务、车路协同控制，建设开放的综合智能交通平台。

（5）智能电网：电力设施监测、智能变电站、配网自动化、智能用电、智能调度、远程抄表，建设安全、稳定、可靠的智能电力网络。

（6）智能环保：污染源监控、水质监测、空气监测、生态监测，建立智能环保信息采集网络和信息平台。

（7）智能安防：社会治安监控、危化品运输监控、食品安全监控，重要桥梁、建筑、轨道交通、水利设施、市政管网等基础设施安全监测、预警和应急联动。

（8）智能医疗：药品流通和医院管理，以人体生理和医学参数采集及分析为切入点，面向家庭和社区开展远程医疗服务。

（9）智能家居：家庭网络、家庭安防、家电智能控制、能源智能计量、节能低碳、远程教育等。

工业和信息化部《物联网发展规划（2016—2020年）》（以下简称"发展规划"）在报告中总结了"十二五"期间我国在物联网关键技术研发、应用示范推广、产业协调发展和政策环境建设等方面取得的成果。

（1）产业体系初步建成。已形成包括芯片、元器件、设备、软件、系统集成、运营、应用服务在内的较为完整的物联网产业链。2015年物联网产业规模达到7500亿元，"十二五"期间年复合增长率为25%。公众网络机器到机器（M2M）连接数突破1亿，占全球总量的31%，成为全球最大市场。物联网产业已形成环渤海、长三角、泛珠三角及中西部地区四大区域聚集发展的格局，无锡、重庆、杭州、福州等新型工业化产业示范基地建设初见成效。物联网产业公共服务体系日渐完善，初步建成一批共性技术研发、检验检测、投融资、标识解析、成果转化、人才培训、信息服务等公共服务平台。

（2）创新成果不断涌现。在芯片、传感器、智能终端、中间件、架构、标准制定等领域取得一大批研究成果。光纤传感器、红外线传感器技术达到国际先进水平，超高频智能卡、微波无源无线射频识别（RFID）、北斗芯片技术水平大幅提升，微机电系统（MEMS）传感器实现批量生产，物联网中间件平台、多功能便捷式智能终端研发取得突破。一批实验室、工程中心和大学科技园等创新载体已经建成并发挥良好的支撑作用。物联网标准体系加快建立，已完成 200 多项物联网基础共性和重点应用国家标准立项。我国主导完成多项物联网国际标准，国际标准制定话语权明显提升。

（3）应用示范持续深化。在工业、农业、能源、物流等行业的提质增效、转型升级中作用明显，物联网与移动互联网融合推动家居、健康、养老、娱乐等民生应用创新空前活跃，在公共安全、城市交通、设施管理、管网监测等智慧城市领域的应用显著提升了城市管理智能化水平。物联网应用规模与水平不断提升，在智能交通、车联网、物流追溯、安全生产、医疗健康、能源管理等领域已形成一批成熟的运营服务平台和商业模式，高速公路电子不停车收费系统（ETC）实现全国联网，部分物联网应用达到了千万级用户规模。

"发展规划"指出，我国物联网产业已拥有一定规模，设备制造、网络和应用服务具备较高水平，技术研发和标准制定取得突破，物联网与行业融合发展成效显著。但仍要看到我国物联网产业发展面临的瓶颈和深层次问题依然突出。一是产业生态竞争力不强，芯片、传感器、操作系统等核心基础能力依然薄弱，高端产品研发能力不强，原始创新能力与发达国家差距较大；二是产业链协同性不强，缺少整合产业链上下游资源、引领产业协调发展的龙头企业；三是标准体系仍不完善，一些重要标准的研制进度较慢，跨行业应用标准制定难度较大；四是物联网与行业融合发展有待进一步深化，仍然缺乏成熟的商业模式，部分行业存在管理分散、推动力度不够的问题，发展新技术新业态面临跨行业体制机制障碍；五是网络与信息安全形势依然严峻，设施安全、数据安全、个人信息安全等问题亟待解决。

"发展规划"提出了我国物联网发展的 6 大任务，如图 1.16 所示。

其中有 3 个任务提到了传感器的发展，分别是强化产业生态布局、完善技术创新体系和构建完善标准体系。

1. 强化产业生态布局

（1）加快构建具有核心竞争力的产业生态体系。以政府为引导、以企业为主体，集中力量，构建基础设施泛在安全、关键核心技术可控、产品服务先进、大中小企业梯次协同发展、物联网与移动互联网、云计算和大数据等新业态融合创新的生态体系，提升我国物联网产业的核心竞争力；推进物联网感知设施规划布局，加快升级通信网络基础设施，积极推进低功耗广域网技术的商用部署，支持5G 技术研发和商用实验，促进 5G 与物联网垂直行业应

图 1.16　我国物联网发展的 6 大任务

用深度融合；建立安全可控的标识解析体系，构建泛在安全的物联网；突破操作系统、核心芯片、智能传感器、低功耗广域网、大数据等关键核心技术；在感知识别和网络通信设备制造、运营服务和信息处理等重要领域，发展先进产品和服务，打造一批优势品牌；鼓励企业开展商业模式探索，推广成熟的物联网商业模式，发展物联网、移动互联网、云计算和大数

据等新业态融合创新；支持互联网、电信运营、芯片制造、设备制造等领域龙头企业以互联网平台化服务模式整合感知制造、应用服务等上下游产业链，形成完整解决方案并开展服务运营，推动相关技术、标准和产品加速迭代，解决方案不断成熟，成本不断下降，促进应用实现规模化发展；培育200家左右技术研发能力较强、产值超10亿元的骨干企业，大力扶持一批"专精特新"中小企业，构筑大中小企业协同发展产业生态体系，形成良性互动的发展格局。

（2）推动物联网创业创新。完善物联网创业创新体制机制，加强政策协同与模式创新结合，营造良好的创业创新环境；总结复制推广优秀的物联网商业模式和解决方案，培育发展新业态新模式；加强创业创新服务平台建设，依托各类孵化器、创业创新基地、科技园区等建设物联网创客空间，提升物联网创业创新孵化、支撑服务能力；鼓励和支持有条件的大型企业发展第三方创业创新平台，建立基于开源软/硬件的开发社区，设立产业创投基金，通过开放平台、共享资源和投融资等方式，推动各类线上、线下资源的聚集、开放和共享，提供创业指导、团队建设、技术交流、项目融资等服务，带动产业上下游中小企业进行协同创新；引导社会资金支持创业创新，推动各类金融机构与物联网企业进行对接和合作，搭建产业新型融资平台，不断加大对创业创新企业的融资支持，促进创新成果产业化；鼓励开展物联网创客大赛，激发创新活力，拓宽创业渠道；引导各创业主体在设计、制造、检测、集成、服务等环节开展创意和创新实践，促进形成创新成果并加强推广，培养一批创新活力型企业快速发展。

2．完善技术创新体系

（1）加快协同创新体系建设。以企业为主体，加快构建"政产学研用"结合的创新体系；统筹衔接物联网技术研发、成果转化、产品制造、应用部署等环节工作，充分调动各类创新资源，打造一批面向行业的创新中心、重点实验室等融合创新载体，加强研发布局和协同创新；继续支持各类物联网产业和技术联盟发展，引导联盟加强合作和资源共享，加强以技术转移和扩散为目的的知识产权管理处置，推进需求对接，有效整合产业链上下游协同创新；支持企业建设一批物联网研发机构和实验室，提升创新能力和水平；鼓励企业与高校、科技机构对接合作，畅通科研成果转化渠道；整合利用国际创新资源，支持和鼓励企业开展跨国兼并重组，与国外企业成立合资公司进行联合开发，引进高端人才，实现高水平高起点上的创新。

（2）突破关键核心技术。研究低功耗微处理器技术和面向物联网应用的集成电路设计工艺，开展面向重点领域的高性能、低成本、集成化、微型化、低功耗智能传感器技术和产品研发，提升智能传感器设计、制造、封装与集成、多传感器集成与数据融合及可靠性领域技术水平；研究面向服务的物联网网络体系架构、通信技术及组网等智能传输技术，加快发展NB-IoT等低功耗广域网技术和网络虚拟化技术；研究物联网感知数据与知识表达、智能决策、跨平台和能力开放处理、开放式公共数据服务等智能信息处理技术，支持物联网操作系统、数据共享服务平台的研发和产业化，进一步完善基础功能组件、应用开发环境和外围模块；发展支持多应用、安全可控的标识管理体系；加强物联网与移动互联网、云计算、大数据等领域的集成创新，重点研发满足物联网服务需求的智能信息服务系统及其关键技术；强化各类知识产权的积累和布局。"发展规划"提出了4大关键技术突破工程，如图1.17所示。

图 1.17　4 大关键技术突破工程

① 传感器技术。

核心敏感元件：试验生物材料、石墨烯、特种功能陶瓷等敏感材料，抢占前沿敏感材料领域先发优势；强化硅基类传感器敏感机理、结构、封装工艺的研究，加快各类敏感元器件的研发与产业化。

传感器集成化、微型化、低功耗：开展同类型和不同类型传感器、配套电路和敏感元件集成等技术及工艺研究；支持基于 MEMS 工艺、薄膜工艺技术形成不同类型的敏感芯片，开展各种不同结构形式的封装和封装工艺创新；支持具有外部能量自收集、掉电休眠自启动等能量存储与功率控制的模块化器件研发。

重点应用领域：支持研发高性能惯性、压力、磁力、加速度、光线、图像、温湿度、距离等传感器产品和应用技术，积极攻关新型传感器产品。

② 体系架构共性技术。持续跟踪研究物联网体系架构演进趋势，积极推进现有不同物联网网络架构之间的互联互通和标准化，重点支持可信任体系架构、体系架构在网络通信、数据共享等方面的互操作技术研究，加强资源抽象、资源访问、语义技术，以及物联网关键实体、接口协议、通用能力的组件技术研究。

③ 操作系统。

用户交互型操作系统：推进移动终端操作系统向物联网终端移植，重点支持面向智能家居、可穿戴设备等重点领域的物联网操作系统研发。

实时操作系统：重点支持面向工业控制、航空航天等重点领域的物联网操作系统研发，开展各类适应物联网特点的文件系统、网络协议栈等外围模块以及各类开发接口和工具研发，支持企业推出开源操作系统并开放内核开发文档，鼓励用户对操作系统进行二次开发。

④ 物联网与移动互联网、大数据融合关键技术。面向移动终端，重点支持适用于移动终端的人机交互、微型智能传感器、MEMS 传感器集成、超高频或微波 RFID、融合通信模组等技术研究；面向物联网融合应用，重点支持操作系统、数据共享服务平台等技术研究；突破数据采集交换关键技术，突破海量高频数据的压缩、索引、存储和多维查询关键技术，研发大数据流计算、实时内存计算等分布式基础软件平台；结合工业、智能交通、智慧城市等典型应用场景，突破物联网数据分析挖掘和可视化关键技术，形成专业化的应用软件产品和服务。

3. 构建完善标准体系

"发展规划"指出，需要构建完善的标准体系。

（1）完善标准化顶层设计。建立健全物联网标准体系，发布物联网标准化建设指南；进一步促进物联网国家标准、行业标准、团体标准的协调发展，以企业为主体开展标准制定，积极将创新成果纳入国际标准，加快建设技术标准试验验证环境，完善标准化信息服务。

（2）加强关键共性技术标准制定。加快制定传感器、仪器仪表、射频识别、多媒体采集、地理坐标定位等感知技术和设备标准；组织制定无线传感器网络、低功耗广域网、网络虚拟化和异构网络融合等网络技术标准；制定操作系统、中间件、数据管理与交换、数据分析与挖掘、服务支撑等信息处理标准；制定物联网标识与解析、网络与信息安全、参考模型与评估测试等基础共性标准。

（3）推动行业应用标准研制。大力开展车联网、健康服务、智能家居等产业急需应用标准的制定，持续推进工业、农业、公共安全、交通、环保等应用领域的标准化工作；加强组织协调，建立标准制定、实验验证和应用推广联合工作机制，加强信息交流和共享，推动标准化组织联合制定跨行业标准，鼓励发展团体标准；支持联盟和龙头企业牵头制定行业应用标准。

"发展规划"列出了6大重点领域应用示范工程，如图1.18所示。

（1）智能制造。面向供给侧结构性改革和制造业转型升级发展需求，发展信息物理系统和工业互联网，推动生产制造与经营管理向智能化、精细化、网络化转变；通过RFID等技术对相关生产资料进行电子化标识，实现生产过程及供应链的智能化管理，利用传感器等技术加强生产状态信息的实时采集和数据分析，提升效率和质量，促进安全生产和节能减排；通过在产品中预置传感、定位、标识等能力，实现产品的远程维护，促进制造业服务化转型。

图1.18　6大重点领域应用示范工程

（2）智慧农业。面向农业生产智能化和农产品流通管理精细化需求，广泛开展农业物联网应用示范；实施基于物联网技术的设施农业和大田作物耕种精准化、园艺种植智能化、畜禽养殖高效化、农副产品质量安全追溯、粮食与经济作物储运监管、农资服务等应用示范工程，促进形成现代农业经营方式和组织形态，提升我国农业现代化水平。

（3）智能家居。面向公众对家居安全性、舒适性、功能多样性等需求，开展智能养老、远程医疗和健康管理、儿童看护、家庭安防、水/电/气智能计量、家庭空气净化、家电智能控制、家务机器人等应用，提升人们的生活质量；通过示范对底层通信技术、设备互联及应用交互等方面进行规范，促进不同厂家产品的互通性，带动智能家居技术和产品整体突破。

（4）智能交通和车联网。推动交通管理和服务智能化应用，开展智能航运服务、城市智能交通、汽车电子标识、电动自行车智能管理、客运交通和智能公交系统等应用示范，提升指挥调度、交通控制和信息服务能力；开展车联网新技术应用示范，包括自动驾驶、安全节能、紧急救援、防碰撞、非法车辆查缉、打击涉车犯罪等应用。

（5）智慧医疗和健康养老。推动物联网、大数据等技术与现代医疗管理服务结合，开展物联网在药品流通和使用、病患看护、电子病历管理、远程诊断、远程医学教育、远程手术指导、电子健康档案等环节的应用示范；积极推广"社区医疗+三甲医院"的医疗模式；利用物联网技术，实现对医疗废物追溯，对问题药品进行快速跟踪和定位，降低监管成本；建立临床数据应用中心，开展基于物联网智能感知和大数据分析的精准医疗应用；开展智能可穿戴设备远程健康管理、老人看护等健康服务应用，推动健康大数据创新应用和服务发展。

（6）智慧节能环保。推动物联网在污染源监控和生态环境监测领域的应用，开展废物监管、综合性环保治理、水质监测、空气质量监测、污染源治污设施工况监控、入境废物原料监控、林业资源安全监控等应用；推动物联网在电力、油气等能源生产、传输、存储、消费等环节的应用，提升能源管理智能化和精细化水平；建立城市级建筑能耗监测和服务平台，对公共建筑和大型楼宇进行能耗监测，实现建筑用能耗的智能控制和精细管理；鼓励建立能源管理平台，针对大型产业园区开展能源管理服务。

1.5　小结

本节先介绍了传感器的作用、分类和特性，然后介绍了传感器的应用、传感器技术的发展与趋势，以及传感器在物联网中的应用，最后介绍了物联网的重点发展领域。

1.6　思考与拓展

（1）传感器的种类有哪些？

（2）传感器有哪些应用？

（3）应用到物联网中的传感器有哪些？

第2章

采集类传感器应用开发技术

本章学习介绍采集类传感器的基本原理和应用开发，主要介绍光照度传感器、温湿度传感器、空气质量传感器、气压海拔传感器等采集类传感器。本章通过博物馆光照度采集的设计、仓库温湿度信息采集的设计、办公室空气质量检测的设计、小型飞行器海拔高度数据采集的设计，以及综合性项目——仓库环境监控系统的设计，详细介绍了 CC2530 和常用采集类传感器的应用，以及系统需求分析、逻辑功能分解和软/硬件架构设计的方法。

通过理论学习和开发实践，读者可以掌握基于 CC2530 的采集类传感器应用开发技术，从而具备基本的开发能力。

2.1 光照度传感器的应用开发

光敏传感器（光照度传感器的一类）是采用光电元件作为检测元件的传感器。它首先把被测量的变化转换成光信号的变化，然后借助光电元件进一步将光信号转换成电信号。光敏传感器一般由光源、光学通路和光电元件三部分组成。光电检测方法具有精度高、反应快、非接触等优点，而且可测参数多、结构简单、形式灵活多样，因此光敏传感器在检测和控制中应用非常广泛。光敏传感器是各种光电检测系统中实现光电转换的关键元件，是把光信号（红外线、可见光及紫外线辐射）转变成为电信号的器件。

本节重点学习 I2C 总线以及光照度传感器的基本原理，掌握 I2C 总线的基本原理和协议，通过 CC2530 模拟 I2C 总线通信驱动光照度传感器，实现博物馆光照度采集设计。

2.1.1 光敏传感器

1. 光照度

光照度是指光照的强弱，以单位面积上所接收可见光的能量来量度，单位为勒［克斯］（lx）。当光均匀照射到物体上时，在 1 m² 面积上所得的光通量是 1 lm 时，它的光照度是 1 lx。流明是光通量的单位，发光强度为 1 烛光的点光源，在单位立体角（1 球面度）内发出的光通量为 1 流明（1 lm）。烛光的概念最早是由英国人发明的，当时英国人以一磅的白蜡制造出一尺长的蜡烛所燃放出来的光来定义烛光单位。

在夏季阳光直接照射下,光照度可达 60000～100000 lx,没有太阳的室外光照度为 1000～10000 lx,日落时的光照度为 300～400 lx,明朗的室内光照度为 100～550 lx,室内日光灯的光照度为 30～50 lx,夜里在明亮的月光下光照度为 0.3～0.03 lx,阴暗的夜晚光照度为 0.003～0.0007 lx。

2．光敏传感器的工作原理

光敏传感器是最常见的光照度传感器之一。它的工作原理是利用光电元件将光信号转换为电信号,敏感波长在可见光波长附近,包括红外线波长和紫外线波长。光敏传感器不只局限于对光的探测,还可以作为探测元件组成其他传感器,用来对许多非电量进行检测,只要将这些非电量转换为光信号的变化即可。

光敏传感器就如同人的眼睛,能够对光线强度做出反应,感应到光线的明暗变化,输出微弱的电信号,并通过简单的电子线路进行放大处理,在自动控制、家用电器中得到了广泛的应用。例如,在电视机中进行亮度自动调节;在照相机中进行自动曝光;在路灯、航标等自动控制电路、卷带自停装置及防盗报警装置中也有广泛应用。

光敏传感器的种类繁多,主要有光电管、光电倍增管、光敏电阻、光敏三极管、太阳能电池、红外线传感器、紫外线传感器、色彩传感器、CCD 图像传感器和 CMOS 图像传感器等。光敏传感器是目前产量最多、应用最广的传感器之一,在自动控制和非电量电测技术中占有非常重要的地位。

最简单的光敏传感器是电阻式光敏传感器(光敏电阻),如图 2.1 所示。

光敏传感器主要应用于太阳能草坪灯、光控小夜灯、照相机、监控器、光控玩具、声光控开关、摄像头、防盗钱包、光控音乐盒、生日音乐蜡烛、音乐杯、人体感应灯、人体感应开关等电子产品的光自动控制。

图 2.1 电阻式光敏传感器

3．光敏传感器的特性

光敏传感器的主要特性有光敏电阻特性、伏安特性、光电特性、光谱特性、响应时间特性、温度特性和频率特性。

1）光敏电阻特性

光敏电阻的工作基于内光电效应,根据所处环境光照度的不同,其电阻特性也不相同,总体而言可分为暗电阻和亮电阻两种。

(1)暗电阻:光敏电阻置于室温、全暗条件下可测得稳定电阻值的称为暗电阻,流过暗电阻的电流为暗电流。

(2)亮电阻:光敏电阻置于室温和一定光照条件下可测得稳定电阻值的称为亮电阻,流过亮电阻的电流为亮电流。

2）伏安特性

光敏传感器的光敏电阻两端所加的电压和流过的电流之间的关系称为伏安特性,如图 2.2

所示。从图中可知，在不同的电压下伏安特性有所不同，因此在测量时需要限定电压。

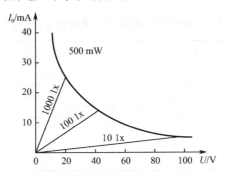

图 2.2 光敏传感器的伏安特性

3）光电特性

当光敏电阻两端间电压固定不变时，光照度与亮电流之间的关系称为光电特性。光敏电阻的光电特性呈非线性，此时要获取精确的光照度，就需要光电特性曲线的辅助。

4）光谱特性

当入射波长不同时，光敏传感器的灵敏度也不同，入射光波长与光敏传感器灵敏度之间的关系称为光谱特性，可根据实际的应用场合选择不同材料制作的光敏传感器。

5）温度特性

光敏传感器受外界温度的影响也比较大，通常温度上升时，光敏传感器的暗电阻会增大，同时灵敏度会下降，因此，为保证高热辐射下光敏传感器的精度，需要对光敏传感器进行降温处理。

2.1.2 BH1750FVI-TR 型光敏传感器

BH1750FVI-TR 型光敏传感器集成了数字处理芯片，可以将检测信息转换为光照度物理量，微处理器可以通过 I2C 总线获取光照度的信息。

BH1750FVI-TR 型是一种用于二线式串行总线接口的数字型光敏传感器，可根据收集的光线强度数据来调整液晶显示器或者键盘背景灯的亮度，利用它的高分辨率可以检测较大范围的光照度的变化，其测量范围为 1～65535 lx。BH1750FVI-TR 型光敏传感器如图 2.3 所示。

图 2.3 BH1750FVI-TR 型光敏传感器

BH1750FVI-TR 型光敏传感器芯片的特点如下：

● 接近视觉灵敏度的光谱灵敏度特性（峰值灵敏度波长的典型值为 560 nm）；

● 输入光范围广（相当于 1～65535 lx）；

● 光源依赖性弱，可使用白炽灯、荧光灯、卤素灯、白光 LED、日光灯；

● 可测量的范围为 1.1～100000 lx /min。

● 受红外线影响很小。

BH1750FVI-TR 型光敏传感器的工作参数如表 2.1 所示。

表 2.1　BH1750FVI-TR 型光敏传感器的工作参数

参　　数	符　　号	额 定 值	单　　位
电源电压	V_{max}	4.5	V
运行温度	T_{opr}	-40～85	℃
存储温度	T_{stg}	40～100	℃
反向电流	I_{max}	7	mA
功率损耗	P_d	260	mW

BH1750FVI-TR 型光敏传感器的运行条件如表 2.2 所示。

表 2.2　BH1750FVI-TR 型光敏传感器的运行条件

参　　数	符　　号	最 小 值	最 大 值	单　　位
VCC 电压	V_{CC}	2.4	3.6	V
I2C 参考电压	V_{DVI}	1.65	V_{CC}	V

BH1750FVI-TR 型光敏传感器有 5 个引脚，分别是电源（VCC）、地（GND）、设备地址引脚（DVI）、时钟引脚（SCL）、数据引脚（SDA）。DVI 接电源或接地决定了不同的设备地址（接电源时为 0x47，接地时为 0x46）。BH1750FVI-TR 型光敏传感器的结构框图如图 2.4 所示。

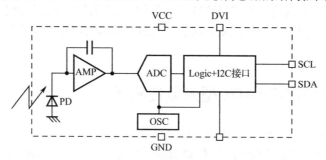

图 2.4　BH1750FVI-TR 型光敏传感器的结构框图

图中，PD 是接近人眼反应的光敏二极管；AMP 是集成运算放大器，其作用是将 PD 电流转换为 PD 电压；ADC 将模拟信号转换为 16 位数字信号；Logic + I2C 接口是光强度计算和 I2C 总线接口，包括下列寄存器：数据寄存器，用于光照度数据的寄存，初始值是 0000 0000 0000 0000；测量时间寄存器，用于时间测量数据的寄存，初始值是 0100 0101；OSC 是内部振荡器（时钟频率典型值为 320k Hz），该时钟为内部逻辑时钟。传感器共有 6 种测量光照强度的模式，分别对应不同的测量分辨率和测量时间。

从结构框图可容易看出，外部光照被接近人眼反应的光敏二极管 PD 探测到后，通过集成运算放大器（AMP）将 PD 电流转换为 PD 电压，由模/数转换器（ADC）获取 16 位数字信号，然后由 Logic+I2C 接口进行数据处理与存储。OSC 为内部振荡器提供内部逻辑时钟，通过相应的指令操作即可读取内部存储的光照度数据。数据传输使用标准的 I2C 总线，按照时序要求操作起来非常方便。BH1750FVI-TR 光敏传感器的指令集如表 2.3 所示。

表 2.3　BH1750FVI-TR 型光敏传感器的指令集

指　令	功 能 代 码	注　释
断电	0000_0000	无激活状态
通电	0000_0001	等待测量指令
重置	0000_0111	重置数字寄存器值，重置指令在断电模式下不起作用
连续 H 分辨率模式	0001_0000	在 1 lx 分辨率下开始测量，测量时间一般为 120 ms
连续 H 分辨率模式 2	0001_0001	在 0.5 lx 分辨率下开始测量，测量时间一般为 120 ms
连续 L 分辨率模式	0001_0011	在 4 lx 分辨率下开始测量，测量时间一般为 120 ms
一次 H 分辨率模式	0010_0000	在 1 lx 分辨率下开始测量，测量时间一般为 120 ms，测量后自动设置为断电模式
一次 H 分辨率模式 2	0010_0001	在 0.5 lx 分辨率下开始测量，测量时间一般为 120 ms，测量后自动设置为断电模式
一次 L 分辨率模式	0010_0011	在 4 lx 分辨率下开始测量，测量时间一般为 120 ms，测量后自动设置为断电模式
改变测量时间（高位）	01000_MT[7,6,5]	改变测量时间
改变测量时间（低位）	011_MT[4,3,2,1,0]	改变测量时间

在 H 分辨率模式下，足够长的测量时间（积分时间）能够抑制一些噪声，包括 50 Hz 和 60 Hz 的光噪声；同时，H 分辨率模式的分辨率为 1 lx，适用于黑暗场合下（小于 10 lx）；H 分辨率模式 2 同样适用于黑暗场合下的检测。

2.1.3　I2C 总线

1．I2C 总线概述

串行总线在微处理器系统中的应用已成为技术发展的一种趋势，在目前比较流行的几种串行总线中，I2C（Inter Integrated Circuit）总线以其严格的规范、众多器件的支持而获得了广泛的应用。

I2C 总线是一种由 Philips 公司开发的二线式串行总线，用于连接微处理器及其外围设备，是由 SDA 和 SCL 构成的串行总线，可发送和接收数据。I2C 总线可在微处理器与被控设备之间、设备与设备之间进行双向传送。高速 I2C 总线的传送速率一般可达 400 kbps 以上。I2C 总线与通信设备之间的常用连接方式如图 2.5 所示。

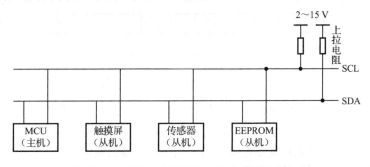

图 2.5　I2C 总线与通信设备之间的常用连接方式

I2C 总线有以下特点：

（1）I2C 总线是一个支持多设备的总线，多个设备可共用信号线。在一条 I2C 总线中，可连接多个通信设备，支持多个通信主机及从机。

（2）I2C 总线只使用两条线路：一条线路为双向串行数据线（SDA）；另一条为串行时钟线（SCL）。SDA 用来传送数据；SCL 用于数据收发的同步。

（3）每个连接到 I2C 总线的设备都有一个唯一的、独立的地址，主机可以利用这个地址访问不同的设备。

（4）I2C 总线通过上拉电阻接到电源，当设备空闲时，会输出高阻态；当所有设备都空闲，都输出高阻态时，由上拉电阻把总线拉成高电平。

（5）当多个主机同时使用总线时，为了防止数据冲突，I2C 总线利用仲裁的方式决定由哪个设备使用总线。

（6）I2C 总线具有三种传输模式：标准模式的传输速率为 100 kbps，快速模式为 400 kbps，在高速模式下可达 3.4 Mbps，但目前大多 I2C 设备尚不支持高速模式。

（7）连接到 I2C 总线上的设备数量受总线最大电容 400 pF 的限制。

同时，I2C 总线协议定义了通信的起始信号、停止信号、数据有效性、响应等通信协议。

2．I2C 总线协议

I2C 总线通信的工作原理为：主设备（主机）首先发出开始信号，接着发送 1 个字节的数据，该数据由高 7 位地址码和最低 1 位方向位组成（方向位表明主机与从机间数据的传送方向）；系统中所有的从机将自己的地址与主机发送到总线上的地址进行比较，如果从机地址与总线上的地址相同，则该机就是与主机进行数据传输的设备；接着进行数据传输，根据方向位，主机接收从机数据或发送数据到从机；当数据传送完成后，主机发出一个停止信号，释放 I2C 总线；最后所有的从机等待下一个开始信号的到来。

1）I2C 读写

I2C 总线的主机（主设备）写数据到从机（从设备）的通信过程如图 2.6 所示。

图 2.6　主机写数据到从机的通信过程

主机由从机中读数据的通信过程如图 2.7 所示。

图 2.7　主机由从机中读数据的通信过程

其中，S 表示由主机 I2C 接口产生的传输起始信号，这时连接到 I2C 总线上的所有从机都会接收到这个信号。产生起始信号后，所有的从机就开始等待主机广播的从机地址信号。在 I2C 总线上，每个设备的地址都是唯一的，当主机广播的地址与某个从机的地址相同时，就表示这个从机被选中了，其他从机会忽略之后的数据信号。根据 I2C 总线协议，从机地址可以是 7 位或 10 位。在从机地址（SLAVE ADDRESS）位之后，是传输方向的选择（R/$\overline{W}$）位，该位为 0 时，表示后面数据的传输方向是由主机传输至从机，即主机向从机写数据；该位为 1 时则相反，即主机由从机读数据。从机接收到匹配的地址后，主机或从机会返回一个应答（ACK）或非应答（NACK）信号，只有接收到应答信号后，主机才能继续发送或接收数据。

写数据过程：主机广播完地址并接收到应答信号后，开始向从机传输数据，数据包的大小为 8 位，主机每发送完一个字节的数据都要等待从机的应答信号，不断重复这个过程，就可以向从机传输 N 个数据（N 没有大小限制）。当数据传输结束后，主机向从机发送一个停止信号（P），表示不再传输数据。

读数据过程：主机广播完地址并接收到应答信号后，从机开始向主机返回数据，数据包的大小也是 8 位，从机每发送完一个数据，都会等待主机的应答信号，不断重复这个过程，可以返回 N 个数据（N 也没有大小限制）。当主机希望停止接收数据时，就向从机返回一个非应答信号（NACK），则从机将自动停止数据的传输。

2）信号分析

（1）起始信号和停止信号。起始信号：SCL 为高电平且 SDA 由高电平向低电平跳变时产生起始信号，表示将要开始传输数据。停止信号：当 SCL 为高电平且 SDA 由低电平向高电平跳变时产生停止信号，表示将停止传输数据。起始信号和停止信号一般是由主机产生的。I2C 总线的起始信号和停止信号的时序如图 2.8 所示。

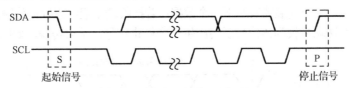

图 2.8　I2C 总线的起始信号和停止信号的时序

（2）数据有效性。I2C 总线使用 SDA 来传输数据，使用 SCL 来进行数据的同步，如图 2.9 所示。SDA 在 SCL 的每个时钟周期传输 1 位数据。传输时，SCL 为高电平时 SDA 数据有效，此时的 SDA 为高电平表示数据 1，为低电平时表示数据 0；当 SCL 为低电平时，SDA 数据无效，这时 SDA 进行电平变换，为下一次数据的传输做准备。

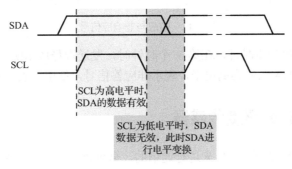

图 2.9　数据有效性

每次数据传输都是以字节为单位的，每次传输的字节数均不受限制。

（3）地址及数据方向。I2C 总线上的每个设备都有自己唯一的地址，当主机发起通信时，通过 SDA 信号发送设备地址（SLAVE ADDRESS）来查找从机。I2C 总线协议规定设备地址是 7 位或 10 位，实际中 7 位地址的应用比较广泛；紧跟着设备地址的一个数据位用来表示数据传输的方向，即数据方向位（R/$\overline{\text{W}}$），通常是第 8 位或第 11 位，当 R/$\overline{\text{W}}$ 为 1 时表示主机由从机读数据，当 R/$\overline{\text{W}}$ 为 0 时表示主机向从机写数据，如图 2.10 所示。

图 2.10 设备地址（7 位）及数据传输方向

在读数据时，主机会释放对 SDA 信号的控制，由从机控制 SDA 数据，主机接收数据；在写数据方向时，SDA 信号由主机控制，从机接收数据。

（4）响应。I2C 总线的数据和地址传输都有响应，从机在接收到 1 个字节的数据后向主机发出一个低电平脉冲应答信号，表示已收到数据，主机根据从机的应答信号做出是否继续传输数据的操作（I2C 总线每次数据传输时均不限制字节数，但是每次发送都要有一个应答信号）。

响应包括应答（ACK）和非应答（NACK）两种信号。在接收端，当设备（无论主机还是从机）接收到 I2C 总线传输的 1 个字节数据或地址后，若希望对方继续发送数据，则需要向发送端发送应答信号，发送端继续发送下一个数据；若接收端希望结束数据传输，则向发送端发送非应答信号，发送端接收到该信号后会产生一个停止信号，结束传输，如图 2.11 所示。

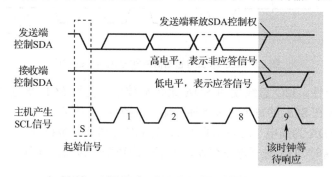

图 2.11 响应与非响应信号

在传输数据时主机产生时钟，在第 9 个时钟时，发送端释放 SDA 信号的控制权，由接收端控制 SDA，若 SDA 信号为高电平，表示非应答信号，低电平表示应答信号。

2.1.4 I2C 和光照度传感器

I2C 总线是通用 SDA 和 SCL 来进行通信的，微处理器每次与从机通信时都需要向从机发送一个起始信号，通信结束之后再向从机发送一个停止信号。

（1）应答。在 I2C 总线每个字节的数据传输结束之后都有一个应答位，而且当主机充当发送端或接收端等不同角色时，应答信号也会不一样。图 2.12 为应答信号的时序。

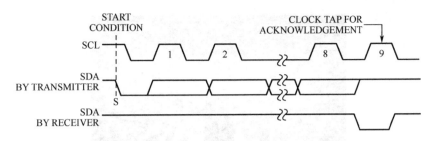

图 2.12　应答信号的时序

从图 2.12 中可知，当主机为发送端时（BY TRANSMITTER），发送完 1 字节的数据后，主机等待从机发送应答信号位，在等待过程中，SDA 会保持高电平，SCL 由低电平拉高到高电平；当检测到 SDA 为低电平时，从机应答。当主机为接收端时（BY RECEIVER），每接收完 1 字节的数据之后，主机发送应答信号，将 SDA 置为低电平，SCL 从低电平拉高到高电平。

（2）写数据。当主机需要向从机写数据时，需要向从机发送主机的写地址（0x98），然后发送数据内容。

（3）读数据。当主机需要从从机读数据时，需要向从机发送主机的读地址（0x99），然后开始接收从机发送的数据。

2.1.5　CC2530 驱动 BH1750FVI-TR 型光敏传感器

传感器遵循 I2C 总线接口时序，上电后需要初始化，由 CC2530 向传感器发送一组启动时序，具体过程为：

（1）将 SDA 和 SCL 分别置为高电平，延时约 5 μs 后将 SDA 置为低电平，再延时约 5 μs 后将 SCL 也置为低电平。

（2）CC2530 向传感器发送通电指令（功能代码为 0x01），接着发送一组停止时序，具体过程为：将 SDA 置为低电平，SCL 置为高电平，延时约 5 μs 后将 SDA 置为高电平，再延时约 5 μs。至此，传感器初始化结束，等待检测指令。

当需要检测时，CC2530 向传感器发送一组启动时序，接着发送设备的地址，当检测到传感器的应答信号后，便可发送测量指令了。根据测量分辨率的不同，需要延时一段时间，待测量结束后，CC2530 即可读取测量数据。测量结果是 16 位的，先传送的是数据的高 8 位，然后是低 8 位。将测量结果转换成十进制数后，再除以 1.2，即可得到光照度的值。

2.1.6　开发实践：博物馆光照度采集系统的设计

由于博物馆展品对光照、色温、显色效果等有特殊的要求，因此在博物馆中恰当设计和应用 LED 照明显得尤为重要。博物馆的文物展品有字画、青铜器、织物、工艺品等多种不同展品，不同展品对光的敏感度也不同，有特别敏感、敏感和不敏感等类型，因此对照明的要求也不同，需要在博物馆中安装一个光照度采集设备来实时监控光照度。博物馆的 LED 照明效果如图 2.13 所示。

图 2.13　博物馆的 LED 照明效果

现为某博物馆设计一套光照度采集设备，能自动连续读取并显示 BH1750FVI-TR 型光敏传感器采集到的光照度值。本项目用光照度传感器（即 BH1750FVI-TR 型光敏传感器）和 CC2530 处理器实现光照度信息的采集。

1．开发设计

1）硬件设计

本项目的硬件结构主要由 CC2530 微处理器、光照度传感器组成，其中光照度传感器和 CC2530 通过 I2C 总线进行通信，如图 2.14 所示。

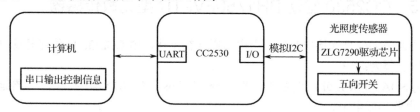

图 2.14　硬件结构

光照度传感器的接口电路如图 2.15 所示。

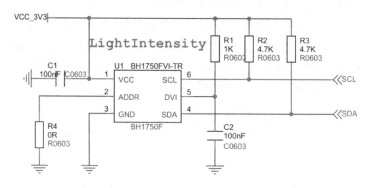

图 2.15　光照度传感器的接口电路

2）软件设计

要实现光照度信息采集，还需要合理的软件设计。软件设计流程如图 2.16 所示。

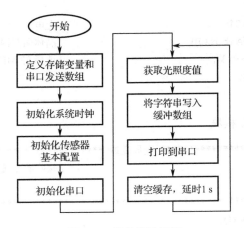

图 2.16　软件设计流程

2．功能实现

1）主函数模块

主函数主要完成系统时钟、光照度传感器和串口等初始化工作，然后进入主循环等待中断触发。主函数代码如下：

```
void main(void)
{
    float light_data = 0;                            //存储光照度数据变量
    char tx_buff[64];                                //串口发送数组
    xtal_init();                                     //系统时钟初始化
    bh1750_init();                                   //光照度传感器初始化
    uart0_init(0x00,0x00);                           //串口初始化

    while(1)
    {
        light_data = bh1750_get_data();              //获取光照度值
        sprintf(tx_buff,"light:%.2f\r\n",light_data); //复制字符串
        uart_send_string(tx_buff);                   //串口打印
        memset(tx_buff,0,64);                        //清空串口缓存
        delay_s(1);                                  //延时 1 s
    }
}
```

2）系统时钟初始化模块

CC2530 系统时钟初始化程序代码如下：

```
/**********************************************************************
* 名称：xtal_init()
* 功能：CC2530 系统时钟初始化
**********************************************************************/
void xtal_init(void)
{
```

```
    SLEEPCMD &= ~0x04;                                      //上电
    while(!(CLKCONSTA & 0x40));                             //晶体振荡器开启且稳定
    CLKCONCMD &= ~0x47;                                     //选择 32 MHz 晶体振荡器
    SLEEPCMD |= 0x04;
}
```

3）光照度传感器数据模块

```
/***************************** 全局变量 *****************************/
uchar buf[2];                                              //接收数据缓存区
float s;
/************************************************************
* 名称：bh1750_send_byte()
* 功能：向从机发送字节数据函数，完成启动总线到发送地址/数据、结束总线的全过程，从机地
        址为 sla， 使用前必须已结束总线
* 返回：返回 1 表示操作成功，否则操作有误
************************************************************/
uchar bh1750_send_byte(uchar sla,uchar c)
{
    iic_start();                                           //启动总线
    if(iic_write_byte(sla) == 0){                          //发送从机地址
        if(iic_write_byte(c) == 0){                        //发送数据
        }
    }
    iic_stop();                                            //结束总线
    return(1);
}
/************************************************************
* 名称：bh1750_read_nbyte()
* 功能：连续读出 BH1750FVI-TR 型光敏传感器内部数据
* 返回：应答信号或非应答信号
************************************************************/
uchar bh1750_read_nbyte(uchar sla,uchar *s,uchar no)
{
    uchar i;
    iic_start();                                           //起始信号
    if(iic_write_byte(sla+1) == 0){                        //发送从机地址+读信号
        for (i=0; i<no-1; i++){                            //连续读取 6 个地址数据，存储在 BUF 中
            *s=iic_read_byte(0);
            s++;
        }
        *s=iic_read_byte(1);
    }
    iic_stop();
    return(1);
}
/************************************************************
```

```
* 名称：bh1750_get_data()
* 功能：BH1750FVI-TR 型光敏传感器数据处理函数
*******************************************************************************/
float bh1750_get_data(void)
{
    uchar *p=buf;
    bh1750_init();                           //初始化 BH1750FVI-TR 型光敏传感器
    bh1750_send_byte(0x46,0x01);             //上电
    bh1750_send_byte(0x46,0X20);             //H 分辨率模式
    delay_ms(180);                           //延时 180 ms
    bh1750_read_nbyte(0x46,p,2);             //连续读出数据，存储在 buf 中
    unsigned short x = buf[0]<<8 | buf[1];
    return x/1.2;
}
```

4）光照度传感器初始化模块

```
/*******************************************************************************
* 名称：bh1750_init()
* 功能：初始化 BH1750FVI-TR 型光敏传感器
*******************************************************************************/
void bh1750_init()
{
    iic_init();                              //I2C 总线初始化
}
```

5）I2C 总线驱动模块

I2C 总线驱动模块包括 I2C 总线专用延时函数、I2C 总线初始化函数、I2C 总线起始信号函数、I2C 总线停止信号函数、I2C 总线发送应答函数、I2C 总线接收应答函数、I2C 总线写1 个字节函数和 I2C 总线读 1 个字节函数。

```
/*******************************************************************************
* 宏定义
*******************************************************************************/
#define     SCL     P0_0                     //I2C 总线时钟引脚定义
#define     SDA     P0_1                     //I2C 总线数据引脚定义
/*******************************************************************************
* 名称：void  iic_delay_us(unsigned int i)
* 功能：I2C 总线专用延时函数
* 参数：i — 延时设置
*******************************************************************************/
void   iic_delay_us(unsigned int i)
{
    while(i--){
        asm("nop"); asm("nop"); asm("nop"); asm("nop"); asm("nop");
        asm("nop"); asm("nop"); asm("nop"); asm("nop"); asm("nop");
        asm("nop");
```

```
    }
}

/*******************************************************************************
* 名称：void iic_init(void)
* 功能：I2C 总线初始化函数
*******************************************************************************/
void iic_init(void)
{
    P0SEL &= ~0x03;                              //设置 P0_0、P0_1 为 GPIO 模式
    P0DIR |= 0x03;                               //设置 P0_0、P0_1 为输出模式
    SDA = 1;                                     //拉高数据线
    iic_delay_us(10);                            //延时 10 μs
    SCL = 1;                                     //拉高时钟线
    iic_delay_us(10);                            //延时 10 μs
}
/*******************************************************************************
* 名称：void iic_start(void)
* 功能：I2C 总线起始信号函数
*******************************************************************************/
void iic_start(void)
{
    SDA = 1;                                     //拉高数据线
    SCL = 1;                                     //拉高时钟线
    iic_delay_us(5);                             //延时
    SDA = 0;                                     //产生下降沿
    iic_delay_us(5);                             //延时
    SCL = 0;                                     //拉低时钟线
}


/*******************************************************************************
* 名称：void iic_stop(void)
* 功能：I2C 总线停止信号函数
*******************************************************************************/
void iic_stop(void)
{
    SDA =0;                                      //拉低数据线
    SCL =1;                                      //拉高时钟线
    iic_delay_us(5);                             //延时 5 μs
    SDA=1;                                       //产生上升沿
    iic_delay_us(5);                             //延时 5 μs
}


/*******************************************************************************
* 名称：void iic_send_ack(int ack)
* 功能：I2C 总线发送应答函数
* 参数：ack — 应答信号
```

```
**********************************************************************/
void iic_send_ack(int ack)
{
    SDA = ack;                          //写应答信号
    SCL = 1;                            //拉高时钟线
    iic_delay_us(5);                    //延时
    SCL = 0;                            //拉低时钟线
    iic_delay_us(5);                    //延时
}


/*********************************************************************
* 名称：int iic_recv_ack(void)
* 功能：I2C 总线接收应答函数
**********************************************************************/
int iic_recv_ack(void)
{
    SCL = 1;                            //拉高时钟线
    iic_delay_us(5);                    //延时
    CY = SDA;                           //读应答信号
    SCL = 0;                            //拉低时钟线
    iic_delay_us(5);                    //延时
    return CY;
}


/*********************************************************************
* 名称：unsigned char iic_write_byte(unsigned char data)
* 功能：I2C 总线写 1 个字节数据，返回 ACK 或者 NACK，从高到低依次发送
* 参数：data—要写的数据
**********************************************************************/
unsigned char iic_write_byte(unsigned char data)
{
    unsigned char i;
    SCL = 0;                            //拉低时钟线
    for(i = 0;i < 8;i++){
        if(data & 0x80){                //判断数据最高位是否是 1
            SDA = 1;
        }
        else
            SDA = 0;
        iic_delay_us(5);                //延时 5 μs
        SCL = 1;        //输出 SDA 稳定后，拉高 SCL 给出上升沿，从机检测到后进行数据采样
        iic_delay_us(5);                //延时 5 μs
        SCL = 0;                        //拉低时钟线
        iic_delay_us(5);                //延时 5 μs
        data <<= 1;                     //数组左移一位
    }
    iic_delay_us(2);                    //延时 2 μs
```

```
    SDA = 1;                                    //拉高数据线
    SCL = 1;                                    //拉高时钟线
    iic_delay_us(2);                            //延时 2 μs，等待从机应答
    if(SDA == 1){                               //SDA 为高，收到 NACK
        return 1;
    }else{                                      //SDA 为低，收到 ACK
        SCL = 0;
        iic_delay_us(50);
        return 0;
    }
}


/*******************************************************************************
* 名称：unsigned char iic_read_byte(unsigned char ack)
* 功能：I2C 总线读 1 个字节数据，返回 ACK 或者 NACK，从高到低依次读取
* 参数：data—要读的数据
*******************************************************************************/
unsigned char iic_read_byte(unsigned char ack)
{
    unsigned char i,data = 0;
    SCL = 0;
    SDA = 1;                                    //释放总线
    for(i = 0;i < 8;i++){
        SCL = 1;                                //给出上升沿
        iic_delay_us(30);                       //延时等待信号稳定
        data <<= 1;
        if(SDA == 1){                           //采样获取数据
           data |= 0x01;
        }else{
           data &= 0xfe;
        }
        iic_delay_us(10);
        SCL = 0;                                //下降沿，从机给出下一位值
        iic_delay_us(20);
    }
    SDA = ack;                                  //应答状态
    iic_delay_us(10);
    SCL = 1;
    iic_delay_us(50);
    SCL = 0;
    iic_delay_us(50);
    return data;
}
```

6）串口模块

初始化串口，波特率为 38400，8 位数据位，1 位奇偶校验位，无硬件数据流控制。串口

初始化程序代码如下：

```
/**********************************************************************
* 定义
**********************************************************************/
char recvBuf[256];                          //收到的数据存储在数组里
int recvCnt = 0;                            //收到数据的数量


/**********************************************************************
* 名称：uart0_init(unsigned char StopBits,unsigned char Parity)
* 功能：初始化串口 0，波特率 38400，8 位数据位，1 位奇偶校验位，无硬件数据流控制
**********************************************************************/
void uart0_init(unsigned char StopBits,unsigned char Parity)
{
    P0SEL |=   0x0C;                        //初始化 UART0 端口
    PERCFG&= ~0x01;                         //选择 UART0 为可选位置 1
    P2DIR &= ~0xC0;                         //P0 优先作为串口 0
    U0CSR = 0xC0;                           //设置为 UART 模式，而且使能接收器

    U0GCR = 0x0A;
    U0BAUD = 0x3B;                          //波特率设置为 38400

    U0UCR |= StopBits|Parity;               //设置停止位与奇偶校验
}
/**********************************************************************
* 名称：uart_send_char()
* 功能：串口发送字节函数
**********************************************************************/
void uart_send_char(char ch)
{
    U0DBUF = ch;                            //将要发送的数据填入发送缓存寄存器
    while(UTX0IF == 0);                     //等待数据发送完成
    UTX0IF = 0;                             //发送完成后将数据清 0
}
/**********************************************************************
* 名称：uart_send_string(char *Data)
* 功能：串口发送字符串函数
**********************************************************************/
void uart_send_string(char *Data)
{
    while (*Data != '\0')                   //如果检测到空字符则跳出
    {
        uart_send_char(*Data++);            //循环发送数据
    }
}
/**********************************************************************
* 名称：int uart_recv_char()
```

```
* 功能：串口接收字节函数
***********************************************************************/
int uart_recv_char(void)
{
    int ch;
    while (URX0IF == 0);                        //等待数据接收完成
    ch = U0DBUF;                                //提取接收数据
    URX0IF = 0;                                 //发送标志位清 0
    return ch;                                  //返回获取到的串口数据
}
```

2.1.7　小结

本节先介绍了光敏传感器的特点、功能和基本工作原理，然后介绍了 I2C 总线和 CC2530 驱动 BH1750FVI-TR 型光敏传感器的方法，最后通过开发实践，将理论知识应用于实践中，实现了光照度测量的设计，完成系统的硬件设计和软件设计。

2.1.8　思考与拓展

（1）光照度传感器的工作原理是什么？

（2）光照度传感器在日常生活中有哪些应用？

（3）如何使用 CC2530 微处理器驱动光照度传感器？

（4）CC2530 微处理器通过光照度传感器获取到光照度信息后，如果不加以利用并不能产生任何帮助，因此需要将获取到的光照度信息反馈到实际环境中，这才是光照度信息的价值所在。请尝试设置光照度范围，大于某值时 LED1 点亮，小于某值时 LED2 点亮，并在 PC 上打印光照度信息，以及两个 LED 灯的状态、数值比较结果。

2.2　温湿度传感器的应用开发

温湿度传感器在对温湿度有要求的行业中是至关重要的，并且与我们的生活也有着密切的关系。温湿度会对产品造成一定的影响，例如在食品行业，温湿度的变化可能会使食物变质，对温湿度的监控有利于相关人员进行及时的控制；在档案管理方面，纸制品对于温湿度极为敏感，不当的保存会严重降低档案保存年限；在温室大棚中，植物的生长对于温湿度的要求极为严格，不当的温湿度可能会使植物停止生长甚至死亡；在动物养殖中，各种动物在不同的温度下会表现出不同的生长状态，高质高产的目标必须由适宜的环境来保障；在药品储存领域，对药品保存环境的温湿度有严格的要求；在烟草行业，烟草原料在发酵过程中需要控制好温湿度。

本节重点学习 I2C 总线和温湿度传感器的基本原理，通过 CC2530 驱动温湿度传感器，实现仓库温湿度信息采集系统。

2.2.1 温湿度传感器

1. 温湿度传感器

温湿度传感器通过检测装置测量温湿度信息后，可按一定的规律将其变换成电信号或其他所需形式的信号输出。不论从物理量本身还是在实际生活中，温度与湿度都有着密切的关系，所以温度和湿度一体化的传感器就应运而生了。温湿度传感器是能将温度和湿度转换成容易被测量处理的电信号的设备或装置。

2. HTU21D 型温湿度传感器

本节采用 Humirel 公司 HTU21D 型温湿度传感器。它采用了适于回流焊的双列扁平无引脚 DFN 封装，底面积为 3 mm×3 mm，高度为 1.1 mm，传感器输出经过标定的数字信号，符合标准 I2C 总线格式。

HTU21D 型温湿度传感器可为应用提供一个准确、可靠的温湿度数据，通过和微处理器的接口连接，可实现温湿度数值的输出。

每一个 HTU21D 型温湿度传感器在芯片内都存储了电子识别码（可以通过输入命令读出这些识别码）。此外，HTU21D 型温湿度传感器的分辨率可以通过输入命令进行修改（8/12 bit 甚至 12/14 bit），可以检测到电池低电量状态,输出校验和,有助于提高通信的可靠性。HTU21D 型温湿度传感器的外形如图 2.18 所示，引脚如图 2.19 所示，引脚的功能如表 2.4 所示。

图 2.17 HTU21D 型温湿度传感器的外形

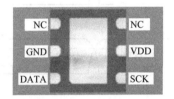

图 2.18 HTU21D 型温湿度传感器的引脚

表 2.4 HTU21D 型温湿度传感器引脚的功能

序　号	引 脚 名 称	功　能
1	DATA	串行数据端口（双向）
2	GND	电源地
3	NC	不连接
4	NC	不连接
5	VDD	电源输入
6	SCK	串行时钟（双向）

1) VDD 引脚

HTU21D 型温湿度传感器的供电范围为 DC 1.8～3.6 V，推荐电压为 3.0 V。VDD 引脚和GND 引脚之间需要连接一个 100 nF 的去耦电容。该电容应尽可能靠近传感器。

2）SCK 引脚

SCK 引脚用于微处理器与 HTU21D 型温湿度传感器之间的通信同步，由于该引脚包含了完全静态逻辑，因而不存在最小 SCK 频率。

3）DATA 引脚

DATA 引脚为三态结构，用于读取 HTU21D 型温湿度传感器的数据。当向 HTU21D 型温湿度传感器发送命令时，DATA 在 SCK 上升沿有效且在 SCK 高电平时必须保持稳定，DATA 在 SCK 下降沿之后改变。当从 HTU21D 型温湿度传感器读取数据时，DATA 在 SCK 变低以后有效，且维持到下一个 SCK 的下降沿。为避免信号冲突，微处理器在 DATA 为低电平时需要一个外部的上拉电阻（如 10 kΩ）将信号提拉至高电平，上拉电阻通常已包含在微处理器的 I/O 电路中。

4）微处理器与 HTU21D 型温湿度传感器的通信协议

微处理器与 HTU21D 型温湿度传感器的通信时序如图 2.19 所示。

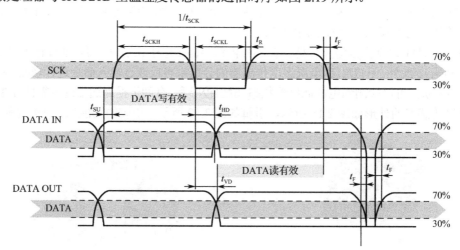

图 2.19 微处理器和 HTU21D 型温湿度传感器的通信时序

（1）启动传感器：将传感器上电，VDD 的电压为 1.8～3.6 V。上电后，传感器最多需要 15 ms（此时 SCK 为高电平）便可达到空闲状态，即做好准备接收由主机（MCU）发送的命令。

（2）起始信号：开始传输，发送一位数据时，DATA 在 SCK 高电平期间向低电平跳变，如图 2.20 所示。

（3）停止信号：终止传输，停止发送数据时，DATA 在 SCK 高电平期间向高电平跳变，如图 2.21 所示。

图 2.20 起始信号　　　　　　　　　图 2.21 停止信号

5）主机/非主机模式

微处理器与 HTU21D 型温湿度传感器之间的通信有两种工作方式：主机模式和非主机模式。在主机模式下，在测量的过程中，SCL 被封锁（由传感器进行控制）；在非主机模式下，当传感器在执行测量任务时，SCL 仍然保持开放状态，可进行其他通信。在主机模式下测量时，HTU21D 型温湿度传感器将 SCL 拉低强制主机进入等待状态，通过释放 SCL，表示传感器内部处理工作结束，进而可以继续传送数据。

在如图 2.22 所示的主机模式时序中，灰色部分由 HTU21D 型温湿度传感器控制。如果要省略校验和（Checksum）传输，则可将第 45 位改为 NACK，后接一个传输停止时序（P）。

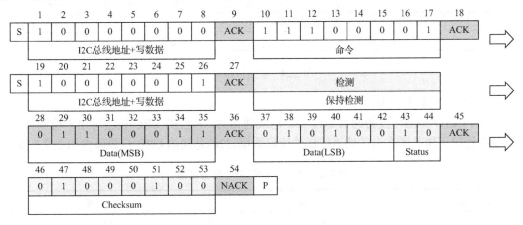

图 2.22　主机模式时序

在非主机模式下，微处理器需要对传感器的状态进行查询。此过程是通过发送一个起始传输时序后紧接 I2C 首字节（1000 0001）来完成的。如果内部处理工作完成，则微处理器查询到传感器发出的确认信号后，相关数据就可以通过微处理器进行读取。如果检测处理工作没有完成，则传感器无确认位（ACK）输出，此时必须重新发送起始传输时序。非主机模式时序如图 2.23 所示。

	1	2	3	4	5	6	7	8	9	10	11	12	13	14	15	16	17	18
S	1	0	0	0	0	0	0	0	ACK	1	1	1	0	0	0	0	0	ACK
	I2C总线地址+写数据									命令								

							19	20	21	22	23	24	25	26	27
检测							S	1	0	0	0	0	0	0	1	NACK
检测							I2C总线地址+读数据								

							19	20	21	22	23	24	25	26	27
检测							S	1	1	0	0	0	0	0	1	ACK
继续检测							I2C总线地址+读数据								

28	29	30	31	32	33	34	53	36	37	38	39	40	41	42	43	44	45
0	1	1	0	0	0	1	1	ACK	0	1	0	1	0	0	1	0	ACK
Data(MSB)									Data(LSB)						Status		

46	47	48	49	50	51	52	53	54
0	1	1	0	0	1	0	0	NACK	P
Checksum								

图 2.23　非主机模式时序

无论采用哪种模式，由于测量的最大分辨率为 14 位，第二个字节 SDA 上的最低 2（bit43 和 bit44）用来传输相关的状态（Status）信息，bit1 表明测量的类型（0 表示温度，1 表示湿度），bit0 位当前没有赋值。

6）软复位

软复位在不需要关闭和再次打开电源的情况下，可以重新启动传感器系统。在接收到软复位命令之后，传感器开始重新初始化，并恢复默认设置状态，如图 2.24 所示。软复位所需时间不超过 15 ms。

1	2	3	4	5	6	7	8	9	10	11	12	13	14	15	16	17	18
S	1	0	0	0	0	0	0	0	ACK	1	1	1	1	1	1	1	0	ACK	P

I2C总线地址+写数据　　　　　　　　软复位命令

图 2.24　软复位命令

7）CRC-8 校验和计算

当 HTU21D 型温湿度传感器通过 I2C 总线通信时，8 位的 CRC 校验可用于检测传输错误，CRC 校验可覆盖所有由传感器传送的读取数据。I2C 总线的 CRC 校验属性如表 2.5 所示。

表2.5　I2C 总线的 CRC 校验属性

序　　号	功　　能	说　　明
1	生成多项式	$X^8 + X^5 + X^4 + 1$
2	初始化	0x00
3	保护数据	读数据
4	最后操作	无

8）信号转换

HTU21D 型温湿度传感器内部设置的默认分辨率为相对湿度 12 位和温度 14 位。SDA 的输出数据被转换成 2 个字节的数据包，高字节 MSB 在前（左对齐），每个字节后面都跟随 1 个应答位、2 个状态位，即 LSB 的最低 2 位在进行物理计算前必须置 0。例如，所传输的 16 位相对湿度数据为 0110001101010000（二进制）=25424（十进制）。

（1）相对湿度转换。不论基于哪种分辨率，相对湿度 RH 都可以根据 SDA 输出的相对湿度信号 S_{RH}，通过如下公式计算获得（结果以%RH 表示）：

$$RH = -6 + 125 \times S_{RH}/2^{16}$$

例如，16 位的湿度数据为 0x6350，即 25424，相对湿度的计算结果为 42.5%RH。

（2）温度转换。不论基于哪种分辨率，温度 T 都可以通过将温度输出信号 S_T 代入到下面的公式计算得到（结果以温度℃表示）：

$$T = -46.85 + 175.72 \times S_T/2^{16}$$

9）基本命令集

HTU21D 型温湿度传感器的基本命令集如表 2.6 所示。

表 2.6　基本命令集（RH 代表相对湿度、T 代表温度）

序　号	命　　令	功　　能	代　　码
1	触发 T 测量	保持主机	1110 0011
2	触发 RH 测量	保持主机	1110 0101
3	触发 T 测量	非保持主机	1111 0011
4	触发 RH 测量	非保持主机	1111 0101
5	写寄存器		1110 0110
6	读寄存器		1110 0111
7	软复位		1111 1110

2.2.2　开发实践：仓库温湿度信息采集系统的设计

仓库的温度通常要求保持为 5～25℃，湿度不宜太大，应为 25%～60%。仓库内部的温湿度作为一项重要环境因素，决定着仓库存放货物的期限，良好的温湿度环境能保障货物的使用时间及性能，所以对仓库温湿度进行实时检测、监控、管理是尤为重要的。

本项目将围绕温湿度信息的采集，对微处理器通用 I/O 总线模拟 I2C 总线通信进行学习。仓库温湿度环境监控如图 2.25 所示。

图 2.25　仓库温湿度环境监控

本项目使用 HTU21D 型温湿度传感器和 CC2530 处理器实现仓库温湿度信息的采集。

1．开发设计

1）硬件设计

本项目设计采用 CC2530 微处理器的通用 I/O 模拟 I2C 总线与 HTU21D 型温湿度传感器的连接，使用 I2C 总线实现对 HTU21D 型温湿度传感器的数据获取，并通过串口将采集的温湿度数据打印在 PC 上。项目框架如图 2.26 所示。

HTU21D 型温湿度传感器接口电路如图 2.27 所示。

2）软件设计

要实现环境温度信息的采集，还需要合理的软件设计。软件设计流程如图 2.28 所示。

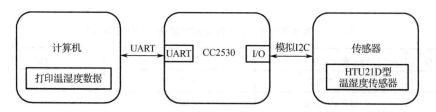

图 2.26　项目框架

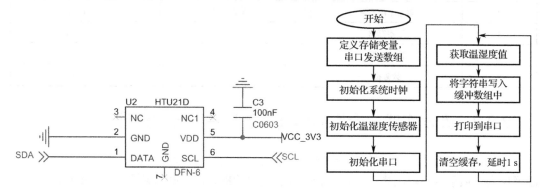

图 2.27　HTU21D 型温湿度传感器接口电路　　　　图 2.28　软件设计流程

2．功能实现

1）主函数模块

```
void main(void)
{
    unsigned char data = 0;                          //定义存储寄存器数据的变量
    char tx_buff[64];                                //定义串口发送数据的缓冲数组
    xtal_init();                                     //系统时钟初始化
    htu21d_init();                                   //HTU21D 型温湿度传感器初始化
    uart0_init(0x00,0x00);                           //串口初始化

    while(1)
    {
        data = htu21d_read_reg(TEMPERATURE);         //读取 HTU21D 型温湿度传感器值
        sprintf(tx_buff,"data:%d\r\n",data);         //字符串复制
        uart_send_string(tx_buff);                   //串口打印
        memset(tx_buff,0,64);                        //清空缓存
        delay_s(1);                                  //延时 1 s
    }
}
```

2）时钟初始化模块

CC2530 微处理器系统时钟初始化程序代码如下：

```
/********************************************************************
* 名称：xtal_init()
* 功能：CC2530 系统时钟初始化
```

```
**************************************************************************/
void xtal_init(void)
{
    SLEEPCMD &= ~0x04;                         //上电
    while(!(CLKCONSTA & 0x40));                //晶体振荡器开启且稳定
    CLKCONCMD &= ~0x47;                        //选择 32 MHz 晶体振荡器
    SLEEPCMD |= 0x04;
}
```

3）温湿度采集模块

温湿度采集模块包括 HTU21D 型温湿度传感器初始化函数、HTU21D 型温湿度传感器读取寄存器函数和 HTU21D 型温湿度传感器获取数据函数。

```
/**************************************************************************
* 名称：htu21d_init()
* 功能：HTU21D 型温湿度传感器初始化
**************************************************************************/
void htu21d_init(void)
{
    iic_init();                                //I2C 总线初始化
    iic_start();                               //启动 I2C 总线
    iic_write_byte(HTU21DADDR&0xfe);           //写 HTU21D 型温湿度传感器的 I2C 总线地址
    iic_write_byte(0xfe);
    iic_stop();                                //停止 I2C 总线
    delay(600);                                //短延时
}


/**************************************************************************
* 名称：unsigned char htu21d_read_reg(unsigned char cmd)
* 功能：HTU21D 型温湿度传感器读取寄存器
* 参数：cmd— 寄存器地址
* 返回：data— 寄存器数据
**************************************************************************/
unsigned char htu21d_read_reg(unsigned char cmd)
{
    unsigned char data = 0;
    iic_start();                               //I2C 总线开始
    if(iic_write_byte(HTU21DADDR & 0xfe) == 0){  //写 HTU21D 型温湿度传感器 I2C 总线地址
        if(iic_write_byte(cmd) == 0){            //写寄存器地址
            do{
                delay(30);                       //延时 30 ms
                iic_start();                     //开启 I2C 总线通信
            }
            while(iic_write_byte(HTU21DADDR | 0x01) == 1);  //发送读信号
            data = iic_read_byte(0);             //读取 1 个字节的数据
            iic_stop();                          //I2C 总线停止
        }
```

```
        }
        return data;
    }

    /*************************************************************************
    * 名称：htu21d_get_data()
    * 功能：HTU21D 型温湿度传感器获取温湿度数据
    * 参数：order — 指令
    * 返回：temperature — 温度值；humidity — 湿度值
    *************************************************************************/
    int htu21d_get_data(unsigned char order)
    {
        float temp = 0,TH = 0;
        unsigned char MSB,LSB;
        unsigned int humidity,temperature;
        iic_start();                                    //I2C 总线开始
        if(iic_write_byte(HTU21DADDR & 0xfe) == 0){     //写 HTU21D 型温湿度传感器的 I2C 总线地址
            if(iic_write_byte(order) == 0){             //写寄存器地址
                do{
                    delay(30);
                    iic_start();
                }
                while(iic_write_byte(HTU21DADDR | 0x01) == 1);  //发送读信号
                MSB = iic_read_byte(0);                 //读取数据高 8 位
                delay(30);                              //延时
                LSB = iic_read_byte(0);                 //读取数据低 8 位
                iic_read_byte(1);
                iic_stop();                             //I2C 总线停止
                LSB &= 0xfc;                            //取出数据有效位
                temp = MSB*256+LSB;                     //数据合并
                if (order == 0xf3){                     //触发开启温度检测
                    TH=(175.72)*temp/65536-46.85;       //温度：T= -46.85 + 175.72 * ST/2^16
                    temperature =(unsigned int)(fabs(TH)*100);
                    if(TH >= 0)
                    flag = 0;
                    else
                    flag = 1;
                    return temperature;
                }else{
                    TH = (temp*125)/65536-6;
                    humidity = (unsigned int)(fabs(TH)*100);  //湿度：RH%= -6 + 125 * SRH/2^16
                    return humidity;
                }
            }
        }
        return 0;
    }
```

4）串口驱动模块

串口驱动模块包含串口初始化函数、串口发送字节函数、串口发送字符串函数和串口接收字节函数，部分信息如表 2.7 所示，更详细的源代码请参考 2.1 节内容。

表 2.7 串口驱动模块函数的部分信息

名 称	功 能	说 明
uart0_init(unsigned char StopBits,unsigned char Parity)	串口 0 初始化函数	StopBits 为停止位，Parity 为奇偶校验
void uart_send_char(char ch)	串口发送字节函数	ch 为将要发送的数据
void uart_send_string(char *Data)	串口发送字符串函数	*Data 为将要发送的字符串指针
int uart_recv_char(void)	串口接收字节函数	返回接收的串口数据

5）I2C 总线驱动模块

I2C 总线驱动模块包含 I2C 总线专用延时函数、I2C 总线初始化函数、I2C 总线起始信号函数、I2C 总线停止信号函数、I2C 总线发送应答函数、I2C 总线接收应答函数、I2C 总线写字节函数和 I2C 总线读字节函数，部分信息如表 2.8 所示，更详细的源代码请参考 2.1 节内容。

表 2.8 I2C 驱动模块函数

名 称	功 能	说 明
void iic_delay_us(unsigned int i)	I2C 总线专用延时函数	i 为设置的延时值
void iic_init(void)	I2C 总线初始化函数	无
void iic_start(void)	I2C 总线起始信号函数	无
void iic_stop(void)	I2C 总线停止信号函数	无
void iic_send_ack(int ack)	I2C 总线发送应答函数	ack 表示应答信号
int iic_recv_ack(void)	I2C 总线接收应答函数	返回应答信号
unsigned char iic_write_byte(unsigned char data)	I2C 总线写字节函数，返回 ACK 或者 NACK，从高到低依次发送	data 为要写的数据，返回值表示是否写成功
unsigned char iic_read_byte(unsigned char ack)	I2C 总线读字节函数，返回读取的数据	ack 表示应答信号，返回采样数据

2.2.3 小结

本节先介绍了 HTU21D 型温湿度传感器的特点、功能和基本工作原理，然后介绍了通过 I2C 总线和 CC2530 驱动 HTU21D 型温湿度传感器的方法，最后通过开发实践，将理论知识应用于实践当中，完成了系统的硬件设计及和软件设计。

2.2.4 思考与拓展

（1）简述 I2C 总线的工作原理和通信协议。

（2）HTU21D 型温湿度传感器的工作原理是什么？如何驱动？

（3）如何通过 I2C 总线和 CC2530 实现温湿度数据的采集？

（4）通过使用 I2C 总线可以顺利地从温湿度传感器的寄存器中读取数据，然而这些数据是无法直接使用的，只有通过相应的换算公式才能获得实际的温湿度信息。请尝试采用模拟 I2C 总线访问温湿度传感器，实现对温湿度原始数据的获取，并将转换后的温湿度信息持续打印在 PC 上。

2.3 空气质量传感器的应用开发

室内空气污染物种类繁多，有物理污染、化学污染、生物污染、放射性污染等。造成室内外空气污染的污染物来源大致有以下几类：一是粉尘、烟尘等颗粒物，一般来自吸烟、农村用柴火烧饭和施工工地的二次扬尘等；二是 SO_2、NO_2 等化学污染物，主要来自煤炭燃烧释放出来的烟尘和汽车排放的尾气等，会通过门窗进入室内。

本节重点学习半导体气体传感器和 CC2530 的 A/D 转换基本原理，通过 CC2530 的 A/D 转换来驱动空气质量传感器，从而实现室内空气质量的检测。

2.3.1 气体传感器

目前在实际中使用的气体传感器大多是半导体气体传感器，可以分为电阻式半导体气体传感器和非电阻式半导体气体传感器。半导体气体传感器是利用气体在半导体敏感元件表面的氧化反应和还原反应导致敏感元件电阻或电容发生变化而制成的。

非电阻式半导体气体传感器是利用肖特基二极管的伏安特性、MOS 二极管的电容-电压特性的变化或者场效应晶体管阈值电压的变化等物性而制成的气敏元件。

电阻式半导体气体传感器是目前广泛应用的气体传感器之一。根据结构的不同，电阻式半导体气体传感器可分为烧结型器件、厚膜型器件（包括混合厚膜型）和薄膜型器件（包括多层薄膜型）。其中，烧结型器件和厚膜型器件属于容积控制型电阻式半导体气体传感器；薄膜型器件属于表面控制型电阻式半导体气体传感器。

2.3.2 半导体气体传感器的主要特性

半导体气体传感器的主要特性有线性度、灵敏度、选择性、响应时间、初期稳定性、气敏响应、复原特性、时效性、互换性、环境依赖性等。其中，线性度、灵敏度、选择性和响应时间是比较重要的性能指标。

1. 线性度

线性度是指半导体气体传感器的输出量与输入量之间的实际关系曲线偏离参比直线的程度。任何一种传感器的特性曲线都有一定的线性范围，线性范围越宽，有效量程就越大，在设计时应尽可能保证传感器工作在近似线性的区间，必要时也可以对特性曲线进行线性补偿。

2．灵敏度

灵敏度是指半导体气体传感器在静态工作条件下，其输出变化量与相应的输入变化量之比。对于线性传感器而言，其灵敏度就是静态特性曲线的斜率，是一个常数。传感器的灵敏度如图 2.29 所示。灵敏度的量纲等于输出量与输入量的量纲之比，当输入量与输出量的量纲相同时，灵敏度也称为放大倍数或增益。灵敏度反映的是传感器对输入量变化的反应能力。灵敏度的高低由传感器的测量范围、抗干扰能力等决定。一般情况下，灵敏度越高就越容易引入外界干扰和噪声，从而使传感器稳定性变差，测量范围变窄。影响半导体气体传感器灵敏度的主要因素有被测气体在半导体敏感材料中的扩散系数，以及敏感单元自身的厚度和表面形状等。

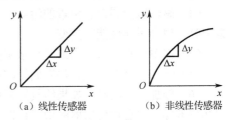

(a) 线性传感器　　(b) 非线性传感器

图 2.29　传感器的灵敏度

3．选择性

选择性是检验半导体气体传感器是否具有实用价值的一个重要尺度，可反映对待测和共存气体相对灵敏度的大小。要从气体混合物中识别出某种气体，就要求传感器应具有很好的选择性。半导体气体传感器的敏感对象主要是还原性气体，如 CO、H_2、CH_4、甲醇、乙醇等，但半导体气体传感器对各种还原性气体的灵敏度十分接近，这就需要通过一些措施来提高半导体气体传感器具有检测其中某一种气体的能力。

4．响应时间

响应时间反映了气敏元件对被测气体的响应速度，是指气敏元件从接触一定浓度的被测气体开始到其电阻值达到该浓度下稳定值的时间，即传感器的电阻值达到稳定状态时所需要的时间。影响半导体气体传感器响应时间的因素主要有被测气体的浓度、被测气体在半导体敏感材料中的扩散系数、气敏元件自身的电导率和结构形状等。

2.3.3　MP503 型空气质量传感器

图 2.30　MP503 型空气
质量传感器

MP503 型空气质量传感器如图 2.30 所示，采用多层厚膜制造工艺，在微型 Al_2O_3 陶瓷基片上的两面分别形成加热器和金属氧化物半导体气敏层，用电极引线引出后，经 TO-5 金属外壳封装而成。当空气中存在被检测气体时，空气质量传感器的电导率会发生变化，浓度越高，电导率就越高，采用简单的电路即可将电导率的变化转换为与气体浓度对应的输出信号。

MP503 型空气质量传感器的优点有：对于酒精、烟雾灵敏度高；响应和恢复快；体积小、功耗低；检测电路简单；稳定性好、寿命长。该气体传感器广泛应用于家庭环境及办公室有害气体检测、空气清新机等领域。MP503 型空气质量传感器在使用中必须避免的情况如下：

（1）暴露在有机硅蒸气中。如果传感器的表面吸附了有机硅蒸气，则传感器的气敏元件会被包裹，抑制传感器的敏感性，并且不可恢复。要避免传感器暴露在硅黏接剂、发胶、硅橡胶或其他含硅添加剂可能存在的地方。

（2）高腐蚀性的环境。传感器暴露在高浓度的腐蚀性气体（如 H_2S、SO_x、Cl_2、HCl 等）中时，不仅会引起加热材料及传感器引线的腐蚀或破坏，还会使气敏元件的性能发生不可逆的改变。

（3）碱、碱金属盐、卤素的污染。传感器被碱金属，尤其被盐水喷雾污染后及暴露在卤素中时，也会引起性能的劣变。

（4）接触到水。溅上水或浸到水中会使传感器的敏感特性下降。

（5）结冰。水在气敏元件表面结冰会导致气敏元件碎裂而丧失敏感特性。

（6）施加电压过高。如果给气敏元件施加的电压高于规定值，即使传感器没有受到物理损坏或破坏，也会使传感器的敏感特性下降。

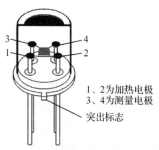

图 2.31 MP503 型空气质量传感器的内部结构

（7）电压加错引脚。MP503 型空气质量传感器的内部结构如图 2.31 所示。在满足传感器电性能要求的前提下，加热电极和测量电极可共用同一个电源电路。注意：紧邻突出标志的两只引脚为加热电极。

传感器典型的灵敏度特性曲线如图 2.32 所示。图中，R_s 表示传感器在不同浓度气体中的电阻值；R_0 表示传感器在洁净空气中的电阻值。

传感器典型的温度、湿度特性曲线如图 2.33 所示。图中，R_s 表示在含 50 ppm 酒精、各种温/湿度下的电阻值；R_{s0} 表示在含 50 ppm 酒精、20 ℃/65%RH 下的电阻值。

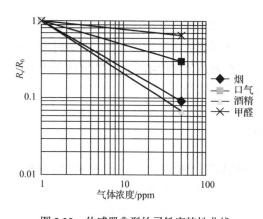

图 2.32 传感器典型的灵敏度特性曲线

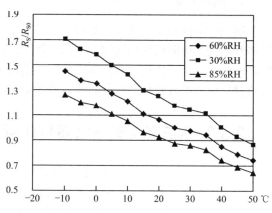

图 2.33 传感器典型的温度、湿度特性曲线

2.3.4　开发实践：办公室空气质量检测系统的设计

办公室室内空气质量好坏严重影响室内人员的身体健康，所以在办公室安装控制质量检测设备很有必要。

本项目采用空气质量传感器和 CC2530 微处理器实现办公室空气质量的检测。

1．开发设计

1）硬件设计

本项目设计中通过 MP503 型空气质量传感器来采集空气质量信息，并打印在 PC 上，定时进行更新，硬件部分主要由 CC2530、传感器与串口组成。项目框架如图 2.34 所示。

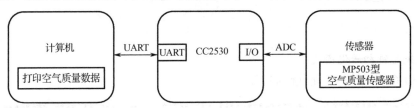

图 2.34　项目框架

MP503 型空气质量传感器的接口电路如图 2.35 所示。

2）软件设计

要实现空气质量检测，还需要合理的软件设计。软件设计流程如图 2.36 所示。

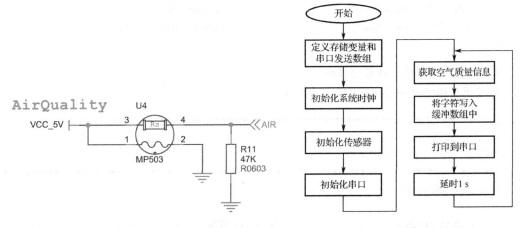

图 2.35　MP503 型空气质量传感器的接口电路　　　　图 2.36　软件设计流程

2．功能实现

1）主函数模块

主函数模块首先初始化系统时钟，然后初始化空气质量传感器、串口，最后进入主循环执行数据读取和打印操作。代码如下：

```
void main(void)
{
    unsigned int airgas = 0;              //定义存储空气质量信息的变量
    char tx_buff[64];
    xtal_init();                          //初始化系统时钟
    airgas_init();                        //初始化空气质量传感器
    uart0_init(0x00,0x00);                //串口初始化
```

```
    while(1)
    {
        airgas = get_airgas_data();              //获取空气质量信息
        sprintf(tx_buff,"airgas:%d\r\n",airgas); //添加空气质量信息字符到缓冲数组
        uart_send_string(tx_buff);               //串口打印
        delay_s(1);                              //延时 1 s
    }
}
```

2）系统时钟初始化模块

CC2530 系统时钟初始化代码如下：

```
/********************************************************************
* 名称：xtal_init()
* 功能：CC2530 系统时钟初始化
********************************************************************/
void xtal_init(void)
{
    CLKCONCMD &= ~0x40;              //选择 32 MHz 的外部晶体振荡器
    while(CLKCONSTA & 0x40);         //晶体振荡器开启且稳定
    CLKCONCMD &= ~0x07;              //选择 32 MHz 系统时钟
}
```

3）空气质量传感器初始化模块

空气质量传感器初始化程序代码如下：

```
/********************************************************************
* 名称：airgas_init()
* 功能：空气质量传感器初始化
********************************************************************/
void airgas_init(void)
{
    APCFG |= 0x20;                   //模拟 I/O 使能
    P0SEL |= 0x20;                   //端口 P0_5 功能选择外设功能
    P0DIR &= ~0x20;                  //设置输入模式
    ADCCON3  = 0xB5;                 //选择 AVDD5 为参考电压，12 位分辨率，P0_5 接 ADC
    ADCCON1 |= 0x30;                 //选择 ADC 的启动模式为手动
}
```

4）空气质量传感器数据采集模块

空气质量传感器数据采集程序代码如下：

```
/********************************************************************
* 名称：unsigned int get_airgas_data(void)
* 功能：获取空气质量传感器采集的信息
********************************************************************/
unsigned int get_airgas_data(void)
{
```

```
unsigned int    value;
ADCCON3    = 0xB5;                      //选择 AVDD5 为参考电压, 12 位分辨率, P0_5 接 ADC
ADCCON1 |= 0x30;                        //选择 ADC 的启动模式为手动
ADCCON1 |= 0x40;                        //启动 A/D 转化

while(!(ADCCON1 & 0x80));               //等待 A/D 转化结束
value =    ADCL >> 2;
value |= (ADCH << 6)>> 2;               //取得最终转化结果, 存入 value 中
return value;                           //返回有效值
}
```

5) 串口驱动模块

串口驱动模块包括串口初始化函数、串口发送字节函数、串口发送字符串函数和串口接收字节函数, 部分信息如表 2.9 所示, 更详细的源代码请参考 2.1 节内容。

表 2.9   串口驱动模块函数部分信息

名　　称	功　　能	说　　明
uart0_init(unsigned char StopBits,unsigned char Parity)	串口 0 初始化函数	StopBits: 停止位。Parity: 奇偶校验
void uart_send_char(char ch)	串口发送字节函数	ch: 将要发送的数据
void uart_send_string(char *Data)	串口发送字符串函数	*Data: 将要发送的字符串
int uart_recv_char(void)	串口接收字节函数	返回接收的串口数据

2.3.5   小结

本节先介绍了空气质量传感器的特点、功能和基本工作原理, 然后介绍了 A/D 转换以及 CC2530 驱动 MP503 型空气质量传感器方法, 最后通过开发实践, 将理论知识应用于实践当中, 实现了空气质量的检测, 完成系统的硬件设计及和软件设计。

2.3.6   思考与拓展

(1) 空气质量传感器在使用时的注意事项有哪些?

(2) 空气质量传感器的温湿度特性曲线对检测的影响是什么?

(3) 如何使用 CC2530 微处理器驱动空气质量传感器?

(4) 请尝试模拟环境监测站对空气质量信息进行预警, 设置空气质量阈值, 当空气质量小于阈值时, 串口打印空气质量优良, 并每 3 s 打印一次采集的数据; 当空气质量参数大于等于阈值时, 串口打印空气质量较差, 并每秒打印一次采集的信息, 同时 LED 灯闪烁。

2.4   气压海拔传感器的应用开发

气压传感器技术作为敏感技术的一个重要领域, 吸引了世界各地研究人员。目前, 对气压传感器测量精度的需求也逐渐提高, 尤其是在气象、航空航天等领域, 准确测量气压值的

重要性与日俱增。

目前，海拔高度的测量方式主要有利用 GPS 的测量、采用仪器的测量和基于气压的海拔高度测量三种方式。GPS 的测量精度高但成本较高；仪器的测量因体积大，携带不方便；相比较而言，采用气压海拔传感器的测量系统在灵敏度、体积、成本、智能性等方面更加符合实用要求。

本节重点气压海拔传感器的工作原理，并结合 CC2530 微处理器，实现小型飞行器海拔高度数据的采集。

2.4.1 气压海拔传感器

1．气压海拔传感器

气压海拔传感器的核心测量部件是气压传感器。气压传感器可测量气体的绝对压强，主要适用于与气体压强相关的场合，也可以在生物和化学实验中测量干燥、无腐蚀性的气体压强。气压海拔传感器是气压传感器的衍生产品，通过相应的物理关系来实现海拔高度的换算。

气压海拔传感器是通过气压的变化来测量海拔的传感器，在测量的过程中不受障碍物的影响，测量高度范围广，移动方便，可进行绝对海拔高度测量和相对高度测量。通过气压及温度来计算高度的误差是相对较大的，特别是在近地面测量时，受风、湿度、粉尘颗粒等影响，测量高度的精度受到很大的影响，在高空测量中精度有所改善。

气压海拔传感器可用于航模产品、楼层定位、GPS 测高、户外登山表、户外登山手机、狩猎相机、降落伞、气象设备等众多需要通过气压来测量高度的场合。

2．气压海拔传感器的工作原理

地球存在重力，当物体越靠近地心时所受的引力越大，因此物体所受的引力与海拔有一定的关系。在重力场中，大气压强与海拔之间的关系是大气压强随着海拔的增加而减小。气压海拔传感器正是利用这一原理，通过测量出的大气压强，根据气压与海拔的关系，间接地计算出海拔的。

气压海拔传感器主要的传感元件是一个对压强敏感的薄膜，它连接了一个柔性电阻器。当被测气体的压强降低或升高时，这个薄膜会变形，改变柔性电阻器的阻值，从而改变两端的电压和电流。从传感元件取得相应的电信号后通过 A/D 转换器转换为数字量信息，然后以适当的形式传送给微处理器。有些气压海拔传感器的主要部件为变容式硅膜盒，当变容式硅膜盒的外界大气压强发生变化时，它将发生弹性变形，从而引起变容式硅膜盒平行板电容器电容量的变化。相较于薄膜式气压海拔传感器，电容式气压海拔传感器更灵敏、精度更高，但价格也更高。

3．气压海拔传感器的海拔计算方法

通过气压海拔传感器获取海拔信息的工作原理可知，气压海拔传感器并不能精确地获取海拔信息，还需要根据相关的参数进行换算和误差修正，因此还需要了解气压与海拔的换算关系。下面对几个航空领域的概念进行解释。

确定航空器在空间的垂直位置需要两个要素：测量基准面和自该基准面至航空器的垂直

距离。我国民航飞行高度的测量通常以下面三种气压面作为测量基准面。

（1）标准大气压：指在标准大气条件下海平面的气压，其值为 101325 Pa（约 760 mmHg）。

（2）修正海平面气压：指将观测到的场面气压，按照标准大气压条件修正到平均海平面的气压。

（3）场面气压：指航空器着陆区域最高点的气压。

航空器在飞行中，根据不同测量基准面，在同一垂直位置上会有不同的特定名称。

（1）高：指自某一个特定测量基准面至一个平面、一个点或者可以视为一个点的物体的垂直距离。

（2）高度：指自平均海平面至一个平面、一个点或者可以视为一个点的物体的垂直距离。

（3）飞行高度层：指以 101325 Pa 气压面为基准的等压面，各等压面之间具有规定的气压差。

（4）标准气压高度：指以标准大气压（其值为 101325 Pa）作为气压高度表修正值，来计算某一点的垂直距离。

（5）真实高度：指飞行器相对于直下方地面的距离。

（6）修正海平面气压高度（也称为修正海压高度、海压高度或海高）：指以海平面气压调整高度表数值为零，上升至某一点的垂直距离。

（7）绝对高度：指飞行器相对于某一实际海平面并用重力势高度表示的高度。

（8）相对高度：指飞行器从空中到某一既定地面的垂直距离。

（9）场压高度（场高）：指以着陆区域最高点气压，调整高度表数值为 0，上升至某一点的垂直距离，是相对高度的一种。

通常大气压强与海拔的关系受很多因素的影响，如大气温度、纬度、季节等都会导致该关系发生变化。因此国际上统一采用了一种假想的国际标准大气，国际标准大气满足理想气体方式，并以平均海平面作为零高度，国际标准大气的主要常数有：

平均海平面标准大气压 $\qquad P_n = 101.325 \times 10^3$ Pa

平均海平面标准大气温度 $\qquad T_n = 228.15$ K

平均海平面标准大气密度 $\qquad \rho_n = 1.225$ kg/m^3

空气专用气体常数 $\qquad R = 287.05287$ m^2/Ks^2

自由落体加速度 $\qquad g_n = 9.80665$ m/s^2

大气温度垂直梯度 β 如表 2.10 所示，高度越高温度越低，不同高度层对应着不同的温度梯度。

表 2.10　大气温度垂直梯度 β

标准气压高度 H/km	温度 T/km	温度梯度 β/（K/km）
−2.00	301.15	−6.50
0.00	288.15	−6.50
11.00	216.65	0.00
20.00	216.65	+1.00
32.00	228.65	+2.80
47.00	270.65	0.00

续表

标准气压高度 H/km	温度 T/km	温度梯度 β/（K/km）
51.00	270.65	−2.80
71.00	214.65	−2.00
80.00	196.65	—

每一层温度均取为标准气压高度的线性函数，即

$$T_H = T_b + \beta(H - H_b)$$

式中，T_H 和 T_b 分别是相应层的标准气压高度和大气温度的下限值，β 为温度的垂直变化率（$\beta = dT/dH$）。

2.4.2　FBM320 型气压海拔传感器

FBM320 型气压海拔传感器是一种高分辨率数字气压海拔传感器，集成了 MEMS 压阻式压强传感器和高效的信号调理数字电路。信号调理数字电路包括 24 位 $\sum -\Delta$ 模/数转换单元，用于校准数据的 OTP 存储器单元和串行接口电路单元。FBM320 型气压海拔传感器可以通过 I2C 和 SPI 两种总线接口与微处理器进行数据交换。FBM320 型气压海拔传感器如图 2.37 所示。

气压校准和温度补偿是 FBM320 型气压海拔传感器的关键特性，存储在 OTP 存储单元中的气压数据可用于校准，校准程序需由外部微处理器自行设计实现。FBM320 型气压海拔传感器进行了低功耗电源设计，适用于智能手环、导航仪等便携式设备，还可以在航模、无人探测器等电池供电环境中使用。FBM320 型气压海拔传感器引脚分布如图 2.38 所示。

图 2.37　FBM320 型气压海拔传感器

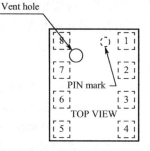

图 2.38　FBM320 型气压海拔传感器引脚分布

FBM320 型气压海拔传感器引脚含义如表 2.11 所示。

表 2.11　FBM320 型气压海拔传感器引脚含义

引 脚 号	引 脚 名 称	描 述
1	GND	接地
2	CSB	芯片选择
3	SDA	串行数据输入/输出，I2C 模式（SDA）
	SDI	串行数据输入，采用 4 线 SPI 模式（SDI）
	SDIO	串行数据输入/输出，采用 3 线 SPI 模式（SDIO）

续表

引 脚 号	引 脚 名 称	描　　述
4	SCL	串行时钟
5	SDO	以 4 线 SPI 模式输出串行数据
5	ADDR	地址
6	VDDIO	I/O 电路的电源
7	GND	接地
8	VDD	电源

FBM320 型气压海拔传感器寄存器及数据格式如表 2.12 所示。

表 2.12　FBM320 型气压海拔传感器寄存器及数据格式

地　址	描　述	读/写	Bit7	Bit6	Bit5	Bit4	Bit3	Bit2	Bit1	Bit0	默 认 值
0xF8	DATA_LSB	读	输出数据<7:0>								0x00
0xF7	DATA_CSB	读	输出数据<15:8>								0x00
0xF6	DATA_MSB	读	输出数据<23:16>								0x00
0xF4	CONFIG_1	读/写	OSR<1:0>			Measurement_control<5:0>					0x0E 或 0x4E
0xF1	Cal_coeff	读	校准寄存器								N/A
0xE0	Soft_reset	写	软复位<7:0>								0x00
0xD0	Cal_coeff	读	校准寄存器								N/A
0xBB～0xAA	Cal_coeff	读	校准寄存器								N/A
0x6B	Part ID	读	PartID<7:0>								0x42
0x00	SPI_Ctrl	读/写	SDO_active		LSB_first				LSB_first	SDO_active	0x00

寄存器地址 0xF6～0xF8（Data_out，输出数据）：24 位 ADC 输出数据。

寄存器地址 0xF4（OSR<1:0>）：00 表示 1024X，01 表示 2048X，10 表示 4096X，11 表示 8192X。Measurement_control <5:0>为 101110 时表示温度转换；为 110100 时表示压力转换。

寄存器地址 0xE0（软复位）：只写寄存器，如果设置为 0xB6，将执行上电复位序列，自动返回 0 表示软复位成功。

寄存器地址 0xF1、0xD0、0xBB～0xAA（校准寄存器）：用于传感器校准的、共 20 B 的校准寄存器。

寄存器地址 0x6B（PartID）：8 位设备的 ID，默认值为 0x42。

寄存器地址 0x00（SDO_active）：1 表示 4 线 SPI，0 表示 3 线 SPI。LSB_first 为 1 时表示 SPI 接口的 LSB 优先，为 0 时表示 SPI 接口的 MSB 优先。

2.4.3　开发实践：小型飞行器海拔高度数据采集系统的设计

飞行器都有限制高度，采用气压海拔传感器采集相关数据经过处理后，可将大气压值转换成海拔高度值，从而得知飞行器的高度。

本项目采用 FBM320 型气压海拔传感器和 CC2530 传感器实现小型飞行器海拔高度的采集。

1. 开发设计

1）硬件设计

本项目设计主要是采集气压海拔信息，硬件部分主要由 CC2530 微处理器和气压海拔传感器组成。CC2530 将 FBM320 型气压海拔传感器采集的气压值转换为海拔高度值，并通过串口传输到计算机。项目框架如图 2.39 所示，FBM 型气压海拔传感器的接口电路如图 2.40 所示。

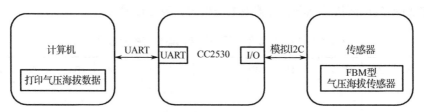

图 2.39　项目框架

FBM 型气压海拔传感器的接口电路如图 2.40 所示。

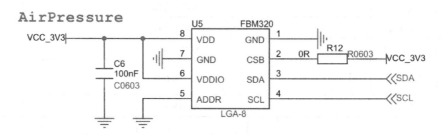

图 2.40　FBM 型气压海拔传感器的接口电路

2）软件设计

要实现气压海拔信息的采集，还需要合理的软件设计。软件设计流程如图 2.41 所示。

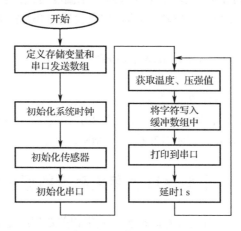

图 2.41　软件设计流程

2．功能实现

1）主函数模块

```
void main(void)
{
    float temperature = 0;                                        //定义存储温度数据的变量
    long pressure = 0;                                            //定义存储压强数据的变量
    float altitude = 0.0;                                         //定义存储海拔数据的变量
    char tx_buff[64];                                             //串口发送缓冲数组
    xtal_init();                                                  //系统时钟初始化
    uart0_init(0x00,0x00);                                        //串口初始化

    if(fbm320_init() == 1)
        uart_send_string("airpressure ok!\r\n");                  //串口打印正常
    else{
        uart_send_string("airpressure error！\r\n");              //串口打印错误
    }

    while(1)
    {
        fbm320_data_get(&temperature,&pressure);                  //获取温度、压强数据
        altitude =   (101325-pressure)*(100.0f/(101325 - 100131));//海拔换算
        //将字符串添加到串口发送缓存
        sprintf(tx_buff,"temperature:%.1f℃  pressure:%0.1fhPa\r\n", temperature,pressure/100.0f);
        uart_send_string(tx_buff);                                //串口打印
        sprintf(tx_buff,"   altitude:%0.1f m\r\n",altitude);      //将字符写入缓存数组
        uart_send_string(tx_buff);                                //串口打印
        memset(tx_buff,0,64);                                     //清空串口缓存
        delay_s(1);                                               //延时 1 s
    }
}
```

2）系统时钟初始化模块
CC2530 系统时钟初始化代码如下：

```
/********************************************************************************
* 名称：xtal_init()
* 功能：CC2530 系统时钟初始化
********************************************************************************/
void xtal_init(void)
{
    CLKCONCMD &= ~0x40;                                           //选择 32 MHz 的外部晶体振荡器
    while(CLKCONSTA & 0x40);                                      //晶体振荡器开启且稳定
    CLKCONCMD &= ~0x07;                                           //选择 32 MHz 系统时钟

}
```

3）气压海拔传感器初始化模块

```
/*****************************************************************************
 * 名称：unsigned char fbm320_init(void)
 * 功能：气压海拔传感器初始化
 *****************************************************************************/
unsigned char fbm320_init(void)
{
    iic_init();
    if(fbm320_read_id() == 0)
        return 0;
    return 1;
}


/*****************************************************************************
 * 名称：fbm320_read_id()
 * 功能：读取 FBM320 型气压海拔传感器的 ID
 *****************************************************************************/
unsigned char fbm320_read_id(void)
{
    iic_start();                                          //启动总线
    if(iic_write_byte(FBM320_ADDR) == 0){                 //检测总线地址
        if(iic_write_byte(FBM320_ID_ADDR) == 0){          //检测信道状态
            do{
                delay(30);                                //延时 30 个指令周期
                iic_start();                              //启动总线
            }
            while(iic_write_byte(FBM320_ADDR | 0x01) == 1); //等待总线通信完成
            unsigned char id = iic_read_byte(1);
            if(FBM320_ID == id){
                iic_stop();                               //停止总线传输
                return 1;
            }

        }
    }
    iic_stop();                                           //停止总线传输
    return 0;                                             //地址错误返回 0
}
```

4）气压海拔传感器数据读取模块

```
/*****************************************************************************
 * 名称：fbm320_data_get()
 * 功能：气压海拔传感器数据读取函数
 *****************************************************************************/
void fbm320_data_get(float *temperature,long *pressure)
```

```
{
    Coefficient();                                              //系数换算
    fbm320_write_reg(FBM320_CONFIG,TEMPERATURE);                //发送识别信息
    delay_ms(5);                                                //延时 5 ms
    UT_I = fbm320_read_data();                                  //读取传感器的数据
    fbm320_write_reg(FBM320_CONFIG,OSR8192);                    //发送识别信息
    delay_ms(10);                                               //延时 10 ms
    UP_I = fbm320_read_data();                                  //读取传感器的数据
    Calculate( UP_I, UT_I);                                     //传感器数值换算
    *temperature = RT_I * 0.01f;                                //温度计算
    *pressure = RP_I;                                           //压强计算
}
/*********************************************************************
* 名称：fbm320_read_reg()
* 功能：数据读取
* 返回：data1 为返回的数据，返回 0 时表示出错
*********************************************************************/
unsigned char fbm320_read_reg(unsigned char reg)
{
    iic_start();                                                //启动 I2C 总线传输
    if(iic_write_byte(FBM320_ADDR) == 0){                       //检测总线地址
        if(iic_write_byte(reg) == 0){                           //检测信道状态
            do{
                delay(30);                                      //延时 30 个指令周期
                iic_start();                                    //启动 I2C 总线传输
            }
            while(iic_write_byte(FBM320_ADDR | 0x01) == 1);     //等待 I2C 总线启动成功
            unsigned char data1 = iic_read_byte(1);             //读取数据
            iic_stop();                                         //停止 I2C 总线
            return data1;                                       //返回数据
        }
    }
    iic_stop();                                                 //停止 I2C 总线
    return 0;                                                   //返回错误 0
}


/*********************************************************************
* 名称：fbm320_read_data()
* 功能：数据读取
*********************************************************************/
long fbm320_read_data(void)
{
    unsigned char data[3];

    iic_start();                                                //启动总线
    iic_write_byte(FBM320_ADDR);                                //地址设置
    iic_write_byte(FBM320_DATAM);                               //读取数据指令
```

```
    iic_start();                                              //启动总线
    iic_write_byte(FBM320_ADDR | 0x01);
    data[2] = iic_read_byte(0);                               //读取数据
    data[1] = iic_read_byte(0);
    data[0] = iic_read_byte(1);
    iic_stop();                                               //停止总线传输
    return (((long)data[2] << 16) | ((long)data[1] << 8) | data[0]);
}


/*******************************************************************************
* 名称：fbm320_write_reg()
* 功能：发送识别信息
*******************************************************************************/
void fbm320_write_reg(unsigned char reg,unsigned char data)
{
    iic_start();                                              //启动 I2C 总线
    if(iic_write_byte(FBM320_ADDR) == 0){                     //检测总线地址
        if(iic_write_byte(reg) == 0){                         //检测信道状态
            iic_write_byte(data);                             //发送数据
        }
    }
    iic_stop();                                               //停止 I2C 总线
}
```

5）大气压强换算模块

```
/*******************************************************************************
* 名称：Coefficient()
* 功能：大气压强系数换算
*******************************************************************************/
void Coefficient(void)
{
    unsigned char i;
    unsigned int R[10];
    unsigned int C0=0, C1=0, C2=0, C3=0, C6=0, C8=0, C9=0, C10=0, C11=0, C12=0;
    unsigned long C4=0, C5=0, C7=0;

    for(i=0; i<9; i++)
    R[i]=(unsigned int)((unsigned int)fbm320_read_reg(0xAA +
                            (i*2))<<8) | fbm320_read_reg(0xAB + (i*2));
    R[9]=(unsigned int)((unsigned int)fbm320_read_reg(0xA4)<<8) |fbm320_read_reg(0xF1);
    if(((Formula_Select & 0xF0) == 0x10) || ((Formula_Select & 0x0F) == 0x01))
    {
        C0 = R[0] >> 4;
        C1 = ((R[1] & 0xFF00) >> 5) | (R[2] & 7);
        C2 = ((R[1] & 0xFF) << 1) | (R[4] & 1);
        C3 = R[2] >> 3;
```

```
                    C4 = ((unsigned long)R[3] << 2) | (R[0] & 3);
                    C5 = R[4] >> 1;
                    C6 = R[5] >> 3;
                    C7 = ((unsigned long)R[6] << 3) | (R[5] & 7);
                    C8 = R[7] >> 3;
                    C9 = R[8] >> 2;
                    C10 = ((R[9] & 0xFF00) >> 6) | (R[8] & 3);
                    C11 = R[9] & 0xFF;
                    C12 = (R[0] & 0x0C) << 1) | (R[7] & 7);
        } else {
                    C0 = R[0] >> 4;
                    C1 = ((R[1] & 0xFF00) >> 5) | (R[2] & 7);
                    C2 = ((R[1] & 0xFF) << 1) | (R[4] & 1);
                    C3 = R[2] >> 3;
                    C4 = ((unsigned long)R[3] << 1) | (R[5] & 1);
                    C5 = R[4] >> 1;
                    C6 = R[5] >> 3;
                    C7 = ((unsigned long)R[6] << 2) | ((R[0] >> 2) & 3);
                    C8 = R[7] >> 3;
                    C9 = R[8] >> 2;
                    C10 = ((R[9] & 0xFF00) >> 6) | (R[8] & 3);
                    C11 = R[9] & 0xFF;
                    C12 = ((R[5] & 6) << 2) | (R[7] & 7);
        }
        C0_I = C0;
        C1_I = C1;
        C2_I = C2;
        C3_I = C3;
        C4_I = C4;
        C5_I = C5;
        C6_I = C6;
        C7_I = C7;
        C8_I = C8;
        C9_I = C9;
        C10_I = C10;
        C11_I = C11;
        C12_I = C12;
}
/*******************************************************************************
* 名称：Calculate()
* 功能：大气压强换算
*******************************************************************************/
void Calculate(long UP, long UT)
{
    signed char C12=0;
    int C0=0, C2=0, C3=0, C6=0, C8=0, C9=0, C10=0, C11=0;
    //long C0=0, C2=0, C3=0, C6=0, C8=0, C9=0, C10=0, C11=0;
```

```
        long C1=0, C4=0, C5=0, C7=0;
        long RP=0, RT=0;
        long DT, DT2, X01, X02, X03, X11, X12, X13, X21, X22, X23, X24, X25, X26, X31, X32, CF, PP1,
PP2, PP3, PP4;
        C0 = C0_I;
        C1 = C1_I;
        C2 = C2_I;
        C3 = C3_I;
        C4 = C4_I;
        C5 = C5_I;
        C6 = C6_I;
        C7 = C7_I;
        C8 = C8_I;
        C9 = C9_I;
        C10 = C10_I;
        C11 = C11_I;
        C12 = C12_I;
        //For FBM320-02
        if(((Formula_Select & 0xF0) == 0x10) || ((Formula_Select & 0x0F) == 0x01))
        {
            DT = ((UT - 8388608) >> 4) + (C0 << 4);
            X01 = (C1 + 4459) * DT >> 1;
            X02 = (((((C2 - 256) * DT) >> 14) * DT) >> 4;
            X03 = (((((C3 * DT) >> 18) * DT) >> 18) * DT);
            RT = (((long)2500 << 15) - X01 - X02 - X03) >> 15;

            DT2 = (X01 + X02 + X03) >> 12;

            X11 = ((C5 - 4443) * DT2);
            X12 = (((C6 * DT2) >> 16) * DT2) >> 2;
            X13 = ((X11 + X12) >> 10) + ((C4 + 120586) << 4);

            X21 = ((C8 + 7180) * DT2) >> 10;
            X22 = (((C9 * DT2) >> 17) * DT2) >> 12;
            if(X22 >= X21)
            X23 = X22 - X21;
            else
            X23 = X21 - X22;
            X24 = (X23 >> 11) * (C7 + 166426);
            X25 = ((X23 & 0x7FF) * (C7 + 166426)) >> 11;
            if((X22 - X21) < 0)
            X26 = ((0 - X24 - X25) >> 11) + C7 + 166426;
            else
            X26 = ((X24 + X25) >> 11) + C7 + 166426;

            PP1 = ((UP - 8388608) - X13) >> 3;
            PP2 = (X26 >> 11) * PP1;
```

```
            PP3 = ((X26 & 0x7FF) * PP1) >> 11;
            PP4 = (PP2 + PP3) >> 10;

            CF = (2097152 + C12 * DT2) >> 3;
            X31 = (((CF * C10) >> 17) * PP4) >> 2;
            X32 = (((((CF * C11) >> 15) * PP4) >> 18) * PP4);
            RP = ((X31 + X32) >> 15) + PP4 + 99880;
    } else {
            DT = ((UT - 8388608) >> 4) + (C0 << 4);
            X01 = (C1 + 4418) * DT >> 1;
            X02 = ((((C2 - 256) * DT) >> 14) * DT) >> 4;
            X03 = (((((C3 * DT) >> 18) * DT) >> 18) * DT);
            RT = (((long)2500 << 15) - X01 - X02 - X03) >> 15;

            DT2 = (X01 + X02 + X03) >>12;

            X11 = (C5 * DT2);
            X12 = (((C6 * DT2) >> 16) * DT2) >> 2;
            X13 = ((X11 + X12) >> 10) + ((C4 + 211288) << 4);
            X21 = ((C8 + 7209) * DT2) >> 10;
            X22 = (((C9 * DT2) >> 17) * DT2) >> 12;
            if(X22 >= X21)
            X23 = X22 - X21;
            else
            X23 = X21 - X22;
            X24 = (X23 >> 11) * (C7 + 285594);
            X25 = ((X23 & 0x7FF) * (C7 + 285594)) >> 11;
            if((X22 - X21) < 0)
            X26 = ((0 - X24 - X25) >> 11) + C7 + 285594;
            else
            X26 = ((X24 + X25) >> 11) + C7 + 285594;
            PP1 = ((UP - 8388608) - X13) >> 3;
            PP2 = (X26 >> 11) * PP1;
            PP3 = ((X26 & 0x7FF) * PP1) >> 11;
            PP4 = (PP2 + PP3) >> 10;

            CF = (2097152 + C12 * DT2) >> 3;
            X31 = (((CF * C10) >> 17) * PP4) >> 2;
            X32 = (((((CF * C11) >> 15) * PP4) >> 18) * PP4);
            RP = ((X31 + X32) >> 15) + PP4 + 99880;
    }

    RP_I = RP;
    RT_I = RT;
}
```

6）I2C 驱动模块

I2C 驱动模块包括 I2C 总线专用延时函数、I2C 总线初始化函数、I2C 总线起始信号函数、I2C 总线停止信号函数、I2C 总线发送应答函数、I2C 总线接收应答函数、I2C 总线写字节数据函数和 I2C 总线读字节数据函数，部分信息如表 2.13 所示，更详细的源代码请参考 2.1 节内容。

表 2.13　I2C 总线驱动模块函数部分信息

名　称	功　能	说　明
void iic_delay_us(unsigned int i)	I2C 总线专用延时函数	i 表示延时大小
void iic_init(void)	I2C 总线初始化函数	无
void iic_start(void)	I2C 总线起始信号函数	无
void iic_stop(void)	I2C 总线停止信号函数	无
void iic_send_ack(int ack)	I2C 总线发送应答函数	ack 表示应答信号
int iic_recv_ack(void)	I2C 总线接收应答函数	返回应答信号
unsigned char iic_write_byte(unsigned char data)	I2C 总线写字节数据函数，返回 ACK 或者 NACK，从高到低，依次发送	data：要写的数据，返回写成功与否
unsigned char iic_read_byte(unsigned char ack)	I2C 总线读字节数据函数，返回读取的数据	ack 表示应答信号，返回采样数据

7）串口驱动模块

串口驱动模块包括串口初始化函数、串口发送字节函数、串口发送字符串函数和串口接收字节函数，部分信息如表 2.14 所示，更详细的源代码请参考 2.1 节内容。

表 2.14　串口驱动模块函数部分信息

名　称	功　能	说　明
uart0_init(unsigned char StopBits,unsigned char Parity)	串口 0 初始化函数	StopBits 为停止位，Parity 为奇偶校验
void uart_send_char(char ch)	串口发送字节函数	ch 为将要发送的数据
void uart_send_string(char *Data)	串口发送字符串函数	*Data 为将要发送的字符串指针
int uart_recv_char(void)	串口接收字节函数	返回接收的串口数据

2.4.4　小结

本节先介绍了气压海拔传感器的特点、功能和基本工作原理，然后介绍了 I2C 总线以及 CC2530 驱动 FBM320 型气压海拔传感器方法，最后通过开发实践，将理论知识应用于实践当中，实现了小型飞行器海拔高度数据采集的设计，完成系统的硬件设计及和软件设计。

2.4.5　思考与拓展

（1）气压校准和温度补偿的注意事项有哪些？

（2）气压数据同海拔高度的转换关系是什么？

（3）如何使用 CC2530 微处理器的驱动气压海拔传感器？

（4）气压海拔传感器可以采集气压参数，并将气压参数转化为海拔高度信息，这是一种静态的使用方式。如果动态地使用气压海拔传感器，则可以衍生出更多的用途，比如记录一个运动的物体两侧海拔信息可以得到物体在垂直方向的高度变化；若将时间变化加入其中还可以得到一段时间内物体的垂直平均运动速度；若物体持续运动，还可通过微分的方法获取物体的垂直方向的加速度。请尝试模拟飞机测高仪，检测两次海拔值，通过差值来计算垂直方向的速度，并在 PC 上打印海拔信息、速度信息、海拔变化信息（向上为+、向下为-）。

2.5 综合应用开发：仓库环境采集系统

在仓库管理中，为了保证温湿度的稳定，通常需要安装温湿度检测系统来检测温湿度信息。为了实现温湿度检测系统的无人化，需要配合使用温湿度管理系统。整体工作流程是：通过温湿度检测系统来检测数据，并传送到温湿度管理系统。温湿度管理系统接收到这些数据后根据预先设定的条件来打开或者关闭风机、空调等设备，从而达到无人化管理的目的。

本节将 CC2530 作为物联网系统的节点，在获取各种传感器的数据后控制相应的设备，从而实现仓库环境采集系统的设计。

2.5.1 理论回顾

1. LED

发光二极管（LED）是一种能够将电能转化为可见光的固态半导体器件，其核心是一个半导体晶片，晶片附在一个支架上，一端连接电源的负极，另一端连接电源的正极，整个晶片用环氧树脂封装起来。

半导体晶片由两部分组成，一部分是 P 型半导体（空穴占主导地位），另一部分是 N 型半导体（电子占主导地位），当这两种半导体连接起来时，连接处就会形成一个 PN 结。当 PN 结正向偏置电子就会流向 P 区并在 P 区与空穴复合，这时就会以光子的形式发出能量，这就是 LED 发光的原理。光的波长，也就是光的颜色，是由形成 PN 结的材料决定的。

2. 继电器

继电器是一种自动、远距离操纵用的电器。从电路角度来看，其包含输入回路和输出回路两个主要部分。输入回路是继电器的控制部分，如电、磁、光、热、流量、加速度等；输出回路是被控制部分电路，也就是实现外围电路的通或断的功能部分。继电器就是指输入回路中输入的某信号（输入量）达到某一定值时，能够使输出回路的电参量发生阶跃式变化的控制元件。其广泛地应用于各种电力保护系统、自动控制系统、遥控和遥测系统以及通信系统中，实现控制、保护和调节等作用。

3. 温湿度传感器

本节采用 Humirel 公司 HTU21D 型温湿度传感器，它采用了适于回流焊的双列扁平无引脚 DFN 封装，底面积为 3 mm×3 mm，高度为 1.1 mm。传感器输出经过标定的数字信号，符合标准 I2C 总线格式。

HTU21D 型温湿度传感器可为应用提供一个准确、可靠的温湿度测量数据，通过微和处理器的接口连接，可实现温度和湿度数值的输出。

每一个 HTU21D 型温湿度传感器都经过校准和测试，在产品表面印有产品批号，同时在芯片内存储了电子识别码（可以通过输入命令读出这些识别码）。此外，HTU21D 型温湿度传感器的分辨率可以通过输入命令来改变，传感器可以检测到电池低电量状态，并且输出校验和，有助于提高通信的可靠性。

4. 空气质量传感器

MP503 型空气质量传感器采用多层厚膜制造工艺，在微型 Al_2O_3 陶瓷基片上的两面分别形成加热器和金属氧化物半导体气敏层，用电极引线引出，经 TO-5 金属外壳封装而成。当环境空气中存在被检测气体时，空气质量传感器的电导率会发生变化，被测气体的浓度越高，空气质量传感器的电导率就越高。采用简单的电路即可将这种电导率的变化转换为与气体浓度对应的输出信号。

MP503 型空气质量传感器特点有对于酒精、烟雾灵敏度高；响应、恢复快；迷你型、低功耗；检测电路简单；稳定性好、寿命长。MP503 型空气质量传感器广泛应用于家庭环境及办公室有害气体检测、空气清新机等场合。

5. 光照度传感器

BH1750FVI 光敏传感器集成有一个数字处理芯片，可以将检测信息转换为光照度物理量，微处理器可以通过 I2C 总线获取光照度信息。

BH1750FVI 光敏传感器是一种采用二线式串行总线接口的数字型光照度传感器，可以根据收集的光照度数据来调整液晶或者键盘背景灯的亮度，利用它的高分辨率可以探测较大范围的光照度变化。

6. 气压海拔传感器

FBM320 型气压海拔传感器包含 MEMS 压阻式压力传感器和高效的信号调理数字电路，信号调理数字电路包括 24 位的 $\Sigma-\Delta$ 型模/数转换单元，用于校准数据的 OTP 存储单元和串行接口电路单元。FBM320 型气压海拔传感器可以同时支持 I2C 和 SPI 两种总线接口。

7. 串口通信

串行通信的特点是数据位的传送是按位顺序一位一位地发送或接收的，最少只需一根传输线即可完成；成本低但传送速率慢。串行通信的距离可以从几米到几千米，根据数据的传送方向，串行通信可以进一步分为单工、半双工和全双工三种。

串口通信常用的参数有波特率、数据位、停止位和奇偶校验，通信双方的这些参数必须匹配。起始位、数据位、校验位、停止位组成了异步串行通信的 1 个字符帧，如图 2.42 所示。异步串行通信的最大传输速率是 115200 bps。

起始位：位于字符帧开头，只占 1 位，始终为逻辑 0（低电平）。

数据位：根据情况可取 5 位、6 位、7 位或 8 位，低位在前，高位在后。若所传送数据为

ASCII 字符，则取 7 位。

奇偶校验位：仅占 1 位，用于表征串行通信采用的是奇校验还是偶校验。

停止位：位于字符帧末尾，为逻辑 1（高电平），通常可取 1 位、1.5 位或 2 位。

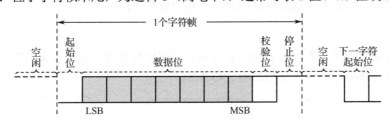

图 2.42　异步通信的数据帧格式

2.5.2　开发实践：仓库环境监控系统

本项目通过温湿度传感器、空气质量传感器、光照度传感器、气压海拔传感器构成仓库环境采集系统，并将采集到的数据显示到串口，通过与设置的阈值进行比较来控制 LED 与继电器开关。本项目的功能如下：

（1）通过串口显示温湿度传感器、空气质量传感器、光照度传感器、气压海拔传感器采集到的数据。

（2）通过串口设置相关信息的阈值。

通信控制命令如表 2.15 所示。

表 2.15　通信控制命令

序　号	命　　　令	设　置　阈　值
1	温度阈值设置命令	set-tem:(value)
2	光照度阈值设置命令	set-light:(value)
3	空气阈值设置命令	set-air:(value)
4	串口上报信息设置命令	set-rep:(value)；0 表示不上报，1 表示上报
5	显示阈值命令	show-info
6	帮助	help

（3）通过与阈值的比较，控制 LED 与继电器开关。控制功能如表 2.16 所示。

表 2.16　控制功能

序　号	传感器数据与阈值比较	控　制　设　备
1	光照度超限	LED1 亮
2	光照度正常	LED1 灭
3	空气质量超限	继电器 1 开
4	空气质量正常	继电器 1 关
5	温度超限	继电器 2 开
6	温度正常	继电器 2 关

1．开发设计

本项目的开发分为两个方面，一方面是硬件，另一方面是软件。硬件方面主要是系统的硬件设计和组成，软件方面则是硬件的设备驱动和软件的控制逻辑。

1）硬件设计

本项目的硬件部分主要包括 LED、继电器、温湿度传感器、空气质量传感器、光照度传感器、气压海拔传感器。硬件架构如图 2.43 所示。

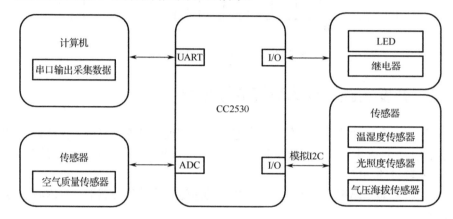

图 2.43　硬件架构

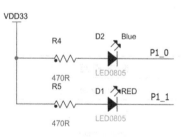

图 2.44　LED 接口电路

图 2.43 中，计算机通过串口显示传感器采集到的数据，通过与设置的阈值进行比较来控制 CC2530 驱动各个设备模块工作。

（1）LED 硬件设计。LED 接口电路如图 2.44 所示。

图 2.44 中，D1 与 D2 一端接电阻，另一端接在 P1_0 和 P1_1 上，CC2530 通过设置引脚为低电平或高电平来控制 LED 的亮或灭。

（2）继电器硬件设计。继电器接口电路如图 2.45 所示。

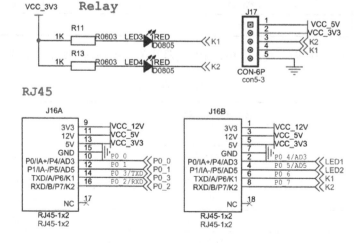

图 2.45　继电器接口电路

图 2.45 中，继电器一端接电阻，另一端接在 J17 上，J17 再接到 RJ45 端口的 K1、K2 上，RJ45 端口再与 CC2530 的 P0_6 和 P0_7 相连接，CC2530 通过将引脚置为低电平来打开继电器，将引脚置为高电平来关闭继电器。

（3）温湿度传感器硬件设计。温湿度传感器接口电路如图 2.46 所示。

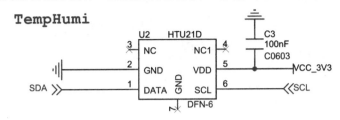

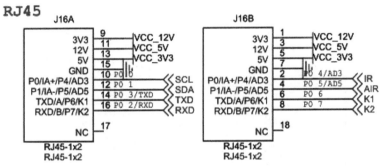

图 2.46　温湿度传感器接口电路

温湿度传感器通过 SCL、SDA 引脚连接到 RJ45 端口的 SCL、SDA 上，RJ45 端口的 SCL、SDA 连接到 CC2530 的 P0_0 和 P0_1 上，使用 I2C 总线协议实现对温湿度传感器数据的获取。

（4）空气质量传感器硬件设计。空气质量传感器接口电路如图 2.47 所示。

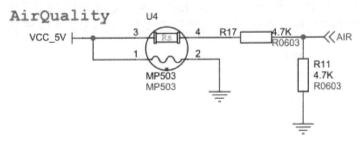

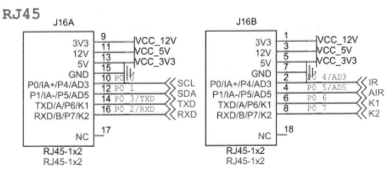

图 2.47　空气质量传感器接口电路

空气质量传感器通过 AIR 引脚连接到 RJ45 端口的 AIR 引脚，RJ45 端口的 AIR 引脚连接到 CC2530 的 P0_5 引脚，通过 ADC 将采集到的模拟量转化为数字量。

（5）光照度传感器硬件设计。光照度传感器接口电路如图 2.48 所示。

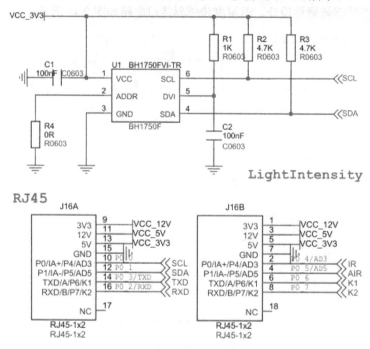

图 2.48　光照度传感器接口电路

光照度传感器通过 SCL、SDA 引脚连接到 RJ45 端口的 SCL、SDA 上，RJ45 端口的 SCL、SDA 连接到 CC2530 的 P0_0 和 P0_1 上，使用 I2C 总线协议实现对光照度传感器数据的获取。

（6）气压海拔传感器硬件设计。气压海拔传感器接口电路如图 2.49 所示。

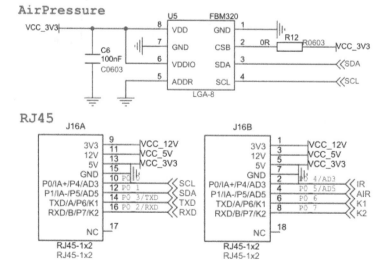

图 2.49　气压海拔传感器接口电路

气压海拔传感器通过 SCL、SDA 引脚连接到 RJ45 端口的 SCL、SDA 上，RJ45 端口的 SCL、SDA 连接到 CC2530 的 P0_0 和 P0_1 上，使用 I2C 总线协议实现对气压海拔传感器数据的获取。

2）软件设计

本项目的软件设计需要从软件的项目原理和业务逻辑来综合考虑，通过分析程序设计流程中每个部分使软件设计的脉络更加清晰，实施起来更加简单。程序设计流程如图 2.50 所示。

（1）需求分析。本项目的设计需求如下：

● 通过串口显示温湿度传感器、空气质量传感器、光照度传感器、气压海拔传感器检测到的数据。

● 通过串口设置各个传感器采集数据的阈值。

● 通过与阈值的比较来控制 LED 与继电器。

（2）功能分解。根据实际的设计情况可将本项目分解为两层，分别为硬件驱动层和逻辑控制层，硬件驱动层主要用于实现各个模块的初始化，逻辑控制层主要实现对各个模块的控制。

图 2.50　程序设计流程图

（3）实现方法。项目事件的实现方式需要根据项目本身的设定和资源来进行分析，通过分析可以确定从系统中抽象出来的硬件外设，通过对硬件外设操作来实现对系统事件的操作。

（4）功能逻辑分解。将项目事件的实现方式设置为项目场景设备的实现抽象后，就可以轻松地建立项目设计的模型，然后将硬件与硬件抽象的部分进行一一对应即可。在对应的过程中可以实现硬件设备与项目系统本身的联系，同时又让软件层与驱动层的设计变得更加独立，具有较好的耦合性。

仓库环境采集系统的逻辑分解如图 2.51 所示。

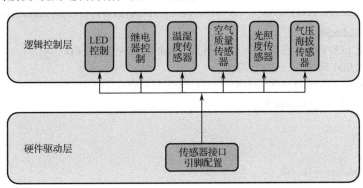

图 2.51　仓库环境采集系统的逻辑分解

通过系统逻辑功能的分解，可以清晰地了解系统的每个功能细节。程序的实现过程中应按照从下至上的思路进行，上一层的功能设计均以下层程序为基础，只有下层的软件设计稳定才能保证上层程序不出现功能性的问题。

2．功能实现

1）硬件驱动层的软件设计

硬件驱动层的软件设计主要是对系统相关的硬件外设的驱动进行编程。硬件驱动层的设计对象有 LED、继电器、温湿度传感器、空气质量传感器、光照度传感器、气压海拔传感器。

（1）LED 驱动模块。LED 驱动的头文件如下：

```
#define LED2      P1_0          //定义 LED2 为 P1_0 口控制
#define LED1      P1_1          //定义 LED1 为 P1_1 口控制
```

LED 驱动的代码如下：

```
/*******************************************************************************
* 说明：LED 驱动
*******************************************************************************/
unsigned char led_Flicker=0;
/*******************************************************************************
* 名称：led_init
* 功能：LED 初始化
*******************************************************************************/
void led_init(void)
{
    P1SEL &= ~((1<<0)+(1<<1));      //设置 P1_0 和 P1_1 为普通 I/O 口
    P1DIR |= (1<<0)+(1<<1);         //输出

    LED2 = 1;                       //关 LED
    LED1 = 1;
}
/*******************************************************************************
* 名称：ledFlickerSet
* 功能：设置 LED 闪烁，点亮 LED，第二次运行 ledFlicker 后熄灭 LED
* 参数：1—LED1 闪烁，2—LED2 闪烁
*******************************************************************************/
void ledFlickerSet(unsigned char led)
{
    if(led==1)
    {
        led_Flicker |= (1<<0);
    }
    else if(led==2)
    {
        led_Flicker |= (1<<1);
    }
}
/*******************************************************************************
* 名称：ledFlicker
* 功能：LED 闪烁服务函数
```

```
* 参数：1—LED1 闪烁，2—LED2 闪烁
*****************************************************************************/
void ledFlicker(unsigned char led)
{
    if(led= =1)
    {
        if(led_Flicker&0x01)
        {
            LED1=0;
            led_Flicker &= ~(1<<0);
        } else {
            LED1=1;
        }
    } else if(led==2)
    {
        if(led_Flicker&0x02)
        {
            LED2=0;
            led_Flicker &= ~(1<<1);
        } else {
            LED2=1;
        }
    }
}
```

（2）继电器驱动模块。继电器驱动的头文件如下：

```
/*****************************************************************************
* 文件：relay.h
*****************************************************************************/
#define RELAY1 P0_6                    //定义继电器控制引脚
#define RELAY2 P0_7                    //定义继电器控制引脚
继电器驱动源代码如下：
#include "relay.h"
/*****************************************************************************
* 名称：relay_init()
* 功能：继电器传感器初始化
*****************************************************************************/
void relay_init(void)
{
    P0SEL &= ~0xC0;                    //配置引脚为通用 I/O 模式
    P0DIR |= 0xC0;                     //配置控制引脚为输入模式
}
```

（3）温湿度传感器驱动模块。温湿度传感器驱动的头文件如下：

```
/*****************************************************************************
* 宏定义
```

```
**********************************************************************************/
#define      SCL            P0_0                           //I2C 时钟引脚定义
#define      SDA            P0_1                           //I2C 数据引脚定义
#define      HTU21DADDR     0x80                           //HTU21 的 I2C 地址
#define      TEMP           0XF3                           //HTU21 的温度地址
#define      HUMI           0XF5                           //HTU21 的湿度地址
/*********************************************************************************
* 外部原型函数
**********************************************************************************/
void   htu21d_init(void);
unsigned char htu21d_read_reg(unsigned char cmd);
int htu21d_get_data(unsigned char order);
```

温湿度传感器驱动的代码如下：

```
/*********************************************************************************
* 文件：htu21d.c
**********************************************************************************/
/*********************************************************************************
* 全局变量
**********************************************************************************/
unsigned char flag;
/*********************************************************************************
* 名称：htu21d_init()
* 功能：HTU21D 型温湿度传感器初始化
**********************************************************************************/
void htu21d_init(void)
{
    iic_init();                                        //I2C 初始化
    iic_start();                                       //启动 I2C 总线
    iic_write_byte(HTU21DADDR&0xfe);                   //写 HTU21D 型温湿度传感器的 I2C 总线地址
    iic_write_byte(0xfe);
    iic_stop();                                        //停止 I2C 总线
    delay(600);                                        //短延时
}
/*********************************************************************************
* 名称：htu21d_read_reg()
* 功能：htu21 读取寄存器
* 参数：cmd—寄存器地址
* 返回：data 寄存器数据
**********************************************************************************/
unsigned char htu21d_read_reg(unsigned char cmd)
{
    unsigned char data = 0;
    iic_start();                                       //启动 I2C 总线
    if(iic_write_byte(HTU21DADDR & 0xfe) == 0){        //写 HTU21D 型温湿度传感器的 I2C 总线地址
        if(iic_write_byte(cmd) == 0){                  //写寄存器地址
```

```
            do{
                delay(30);                                          //延时 30 ms
                iic_start();                                        //启动 I2C 总线通信
            }
            while(iic_write_byte(HTU21DADDR | 0x01) == 1);          //发送读信号
            data = iic_read_byte(0);                                //读取一个字节数据
            iic_stop();                                             //停止 I2C 总线
        }
    }
    return data;
}
/**************************************************************************
* 名称：htu21d_get_data()
* 功能：htu21d 测量温湿度
* 参数：order—指令
* 返回：temperature—温度值   humidity—湿度值
**************************************************************************/
int htu21d_get_data(unsigned char order)
{
    float temp = 0,TH = 0;
    unsigned char MSB,LSB;
    unsigned int humidity,temperature;
    iic_start();                                                    //启动 I2C 总线
    if(iic_write_byte(HTU21DADDR & 0xfe) == 0){                     //写 HTU21D 型温湿度传感器的 I2C 总线地址
        if(iic_write_byte(order) == 0){                             //写寄存器地址
            do{
                delay(30);
                iic_start();
            }
            while(iic_write_byte(HTU21DADDR | 0x01) == 1);          //发送读信号
            MSB = iic_read_byte(0);                                 //读取数据高 8 位
            delay(30);                                              //延时
            LSB = iic_read_byte(0);                                 //读取数据低 8 位
            iic_read_byte(1);
            iic_stop();                                             //停止 I2C 总线
            LSB &= 0xfc;                                            //取出数据有效位
            temp = MSB*256+LSB;                                     //数据合并
            if (order == 0xf3){                                     //触发开启温度检测
                TH=(175.72)*temp/65536-46.85;                       //温度:T= -46.85 + 175.72 * ST/2^16
                temperature =(unsigned int)(fabs(TH)*100);
                if(TH >= 0)
                flag = 0;
                else
                flag = 1;
                return temperature;
            }else{
                TH = (temp*125)/65536-6;
```

```
                    humidity = (unsigned int)(fabs(TH)*100);         //湿度：RH%= -6 + 125 * SRH/2^16
                    return humidity;
                }
            }
        }
        iic_stop();
        return 0;
}
```

（4）空气质量传感器驱动模块。空气质量传感器驱动的代码如下：

```
/***********************************************************************
* 文件：MP-503.c
* 说明：MP503 型空气质量传感器的驱动代码
************************************************************************/

/***********************************************************************
* 名称：airgas_init()
* 功能：MP503 型空气质量传感器初始化
************************************************************************/
void airgas_init(void)
{
    APCFG |= 0x20;                      //模拟 I/O 使能
    P0SEL |= 0x20;                      //端口 P0_5 功能选择外设功能
    P0DIR &= ~0x20;                     //设置输入模式
    ADCCON3  = 0xB5;                    //选择 AVDD5 为参考电压，12 分辨率，P0_5 接 ADC
    ADCCON1 |= 0x30;                    //选择 ADC 的启动模式为手动
}

/***********************************************************************
* 名称：unsigned int get_airgas_data(void)
* 功能：获取 MP503 型空气质量传感器的状态
************************************************************************/
unsigned int get_airgas_data(void)
{
    unsigned int   value;
    ADCCON3  = 0xB5;                    //选择 AVDD5 为参考电压，12 分辨率，P0_5 接 ADC
    ADCCON1 |= 0x30;                    //选择 ADC 的启动模式为手动
    ADCCON1 |= 0x40;                    //启动 A/D 转化
    while(!(ADCCON1 & 0x80));           //等待 A/D 转化结束
    value =   ADCL >> 2;
    value |= (ADCH << 6)>> 2;           //取得最终转化结果，存入 value 中
    return value;                       //返回有效值
}
```

（5）光照度传感器驱动模块。光照度传感器驱动的头文件如下：

```
/***********************************************************************
* 宏定义
************************************************************************/
```

```
#define uint              unsigned int
#define uchar             unsigned char
#define DPOWR             0X00                          //断电
#define POWER             0X01                          //上电
#define RESET             0X07                          //重置
#define CHMODE            0X10                          //连续 H 分辨率
#define CHMODE2           0X11                          //连续 H 分辨率 2
#define CLMODE            0X13                          //连续低分辨
#define H1MODE            0X20                          //一次 H 分辨率
#define H1MODE2           0X21                          //一次 H 分辨率 2
#define L1MODE            0X23                          //一次 L 分辨率模式
#define    SlaveAddress   0x46 //定义器件在 I2C 总线中的从地址,根据 ALT ADDRESS 地址引脚不同修改
//ALT   ADDRESS 引脚接地时地址为 0xA6，接电源时地址为 0x3A
/***************************************************************************
* 内部原型函数
***************************************************************************/
uchar bh1750_send_byte(uchar sla,uchar c);
uchar bh1750_read_nbyte(uchar sla,uchar *s,uchar no);
void bh1750_init(void);                                 //初始化光照度传感器
float bh1750_get_data(void);
```

光照度传感器驱动的代码如下：

```
/***************************************************************************
* 文件：BH1750.c
* 说明：BH1750 FVI-TR 光敏传感器的驱动程序
***************************************************************************/


/***************************************************************************
* 全局变量
***************************************************************************/
uchar buf[2];                                           //接收数据缓存区
float s;
/***************************************************************************
* 名称：bh1750_send_byte()
* 功能：向无子地址的器件发送字节数据函数，从启动总线到发送地址、数据，结束总线的全过程，
        从器件地址为 sla，使用前必须已停止 I2C 总线
* 返回：如果返回 1 表示操作成功，否则操作有误
***************************************************************************/
uchar bh1750_send_byte(uchar sla,uchar c)
{
    iic_start();                                        //启动 I2C 总线
    if(iic_write_byte(sla) == 0){                       //发送器件地址
        if(iic_write_byte(c) == 0){                     //发送数据
        }
    }
    iic_stop();                                         //停止 I2C 总线
```

```
            return(1);
    }
    /*******************************************************************************
    * 名称：bh1750_read_nbyte()
    * 功能：连续读出 BH1750 FVI-TR 光敏传感器内部数据
    * 返回：应答或非应答信号
    *******************************************************************************/
    uchar bh1750_read_nbyte(uchar sla,uchar *s,uchar no)
    {
        uchar i;
        iic_start();                                    //起始信号
        if(iic_write_byte(sla+1) == 0){                 //发送设备地址+读信号
            for (i=0; i<no-1; i++){                      //连续读取 6 个地址数据，存储在 BUF 中
                *s=iic_read_byte(0);
                s++;
            }
            *s=iic_read_byte(1);
        }
        iic_stop();
        return(1);
    }
    /*******************************************************************************
    * 名称：bh1750_init()
    * 功能：初始化 BH1750
    *******************************************************************************/
    //初始化 BH1750，根据需要请参考 pdf 进行修改****
    void bh1750_init()
    {
        iic_init();                                     //初始化 I2C 总线
    }
    /*******************************************************************************
    * 名称：bh1750_get_data()
    * 功能：BH1750 数据处理函数
    * 返回：处理结果
    *******************************************************************************/
    float bh1750_get_data(void)
    {
        uchar *p=buf;
        bh1750_init();                                  //初始化 BH1750 FVI-TR 光敏传感器
        bh1750_send_byte(0x46,0x01);                    //power on
        bh1750_send_byte(0x46,0X20);                    //H 分辨率模式
        delay_ms(180);                                  //延时 180 ms
        bh1750_read_nbyte(0x46,p,2);                    //连续读出数据，存储在 BUF 中
        unsigned short x = buf[0]<<8 | buf[1];
        return x/1.2;
    }
```

（6）气压海拔传感器驱动模块。气压海拔传感器驱动的头文件如下：

```
#define   FBM320_ADDR        0xD8
#define   FBM320_ID_ADDR 0x6B
#define   FBM320_ID          0x42
#define   FBM320_CONFIG      0XF4
#define   FBM320_RESET       0XE0
#define   FBM320_DATAM       0xF6
#define   FBM320_DATAC       0xF7
#define   FBM320_DATAL       0xF8
#define   OSR1024            0x34
#define   OSR2048            0x74
#define   OSR4096            0xB4
#define   OSR8192            0xF4
#define   TEMPERATURE        0x2E
#define   RESET_DATA         0xB6
/*********************************************************************
* 外部原型函数
*********************************************************************/
unsigned char fbm320_read_id(void);
unsigned char fbm320_read_reg(unsigned char reg);
void fbm320_write_reg(unsigned char reg,unsigned char data);
long fbm320_read_data(void);
void Coefficient(void);
void Calculate(long UP, long UT);
unsigned char fbm320_init(void);
void fbm320_data_get(float *temperature,long *pressure);
```

气压海拔传感器驱动的代码如下：

```
#include "fbm320.h"
#include "iic.h"
#include "delay.h"
long UP_S=0, UT_S=0, RP_S=0, RT_S=0, OffP_S=0;
long UP_I=0, UT_I=0, RP_I=0, RT_I=0, OffP_I=0;
float H_S=0, H_I=0;
float Rpress;
unsigned int C0_S, C1_S, C2_S, C3_S, C6_S, C8_S, C9_S, C10_S, C11_S, C12_S;
unsigned long C4_S, C5_S, C7_S;
unsigned int C0_I, C1_I, C2_I, C3_I, C6_I, C8_I, C9_I, C10_I, C11_I, C12_I;
unsigned long C4_I, C5_I, C7_I;
unsigned char Formula_Select=1;
/*********************************************************************
* 名称：fbm320_read_id()
* 功能：读取 FBM320 型气压海拔传感器 ID
*********************************************************************/
unsigned char fbm320_read_id(void)
{
```

```c
    iic_start();                                                    //启动 I2C 总线
    if(iic_write_byte(FBM320_ADDR) == 0){                           //检测总线 I2C 地址
        if(iic_write_byte(FBM320_ID_ADDR) == 0){                    //检测信道状态
            do{
                delay(30);                                          //延时 30 ms
                iic_start();                                        //启动 I2C 总线
            }
            while(iic_write_byte(FBM320_ADDR | 0x01) == 1);         //等待 I2C 总线通信完成
            unsigned char id = iic_read_byte(1);
            if(FBM320_ID == id){
                iic_stop();                                         //停止 I2C 总线传输
                return 1;
            }
        }
    }
    iic_stop();                                                     //停止 I2C 总线传输
    return 0;                                                       //地址错误返回 0
}
/****************************************************************************
* 名称: fbm320_read_reg()
* 功能: 数据读取
* 返回: data1—返回数据, 返回 0 表示错误
****************************************************************************/
unsigned char fbm320_read_reg(unsigned char reg)
{
    iic_start();                                                    //启动 I2C 总线传输
    if(iic_write_byte(FBM320_ADDR) == 0){                           //检测 I2C 总线地址
        if(iic_write_byte(reg) == 0){                               //检测信道状态
            do{
                delay(30);                                          //延时 30 ms
                iic_start();                                        //启动 I2C 总线传输
            }
            while(iic_write_byte(FBM320_ADDR | 0x01) == 1);         //等待 I2C 总线启动成功
            unsigned char data1 = iic_read_byte(1);                 //读取数据
            iic_stop();                                             //停止 I2C 总线
            return data1;                                           //返回数据
        }
    }
    iic_stop();                                                     //停止 I2C 总线
    return 0;                                                       //返回错误 0
}
/****************************************************************************
* 名称: fbm320_write_reg()
* 功能: 发送识别信息
****************************************************************************/
void fbm320_write_reg(unsigned char reg,unsigned char data)
{
```

```c
        iic_start();                               //启动 I2C 总线
        if(iic_write_byte(FBM320_ADDR) == 0){      //检测 I2C 总线地址
            if(iic_write_byte(reg) == 0){          //检测信道状态
                iic_write_byte(data);              //发送数据
            }
        }
        iic_stop();                                //停止 I2C 总线
}
/*******************************************************************************
* 名称：fbm320_read_data()
* 功能：数据读取
********************************************************************************/
long fbm320_read_data(void)
{
    unsigned char data[3];
    iic_start();                                   //启动 I2C 总线
    iic_write_byte(FBM320_ADDR);                   //设置 I2C 总线地址
    iic_write_byte(FBM320_DATAM);                  //读取数据指令
    iic_start();                                   //启动 I2C 总线
    iic_write_byte(FBM320_ADDR | 0x01);            //读取数据
    data[2] = iic_read_byte(0);
    data[1] = iic_read_byte(0);
    data[0] = iic_read_byte(1);
    iic_stop();                                    //停止 I2C 总线传输
    return (((long)data[2] << 16) | ((long)data[1] << 8) | data[0]);
}
/*******************************************************************************
* 名称：unsigned char fbm320_init(void)
* 功能：气压海拔传感器初始化
********************************************************************************/
unsigned char fbm320_init(void)
{
    iic_init();                                    //初始化 I2C 总线
    if(fbm320_read_id() == 0)                      //判读初始化是否成功
    return 0;
    return 1;
}
/*******************************************************************************
* 名称：fbm320_data_get()
* 功能：传感器数据读取函数
********************************************************************************/
void fbm320_data_get(float *temperature,long *pressure)
{
    Coefficient();                                 //系数换算
    fbm320_write_reg(FBM320_CONFIG,TEMPERATURE);   //发送识别信息
    delay_ms(5);                                   //延时 5 ms
    UT_I = fbm320_read_data();                     //读取传感器数据
```

```
fbm320_write_reg(FBM320_CONFIG,OSR8192);          //发送识别信息
delay_ms(10);                                     //延时 10 ms
UP_I = fbm320_read_data();                        //读取传感器数据
Calculate( UP_I, UT_I);                           //传感器数值换算
*temperature = RT_I * 0.01f;                      //温度计算
*pressure = RP_I;                                 //压力计算
}
```

（7）I2C 总线驱动模块。I2C 总线驱动模块包括 I2C 总线专用延时函数、I2C 总线初始化函数、I2C 总线起始信号函数、I2C 总线停止信号函数、I2C 总线发送应答函数、I2C 总线接收应答函数、I2C 总线写字节函数和 I2C 总线读一个字节函数，部分信息如表 2.17 所示，更详细的源代码请参考 2.1 节内容。

表 2.17　I2C 驱动模块函数

名　称	功　能	说　明
void　iic_delay_us(unsigned int i)	I2C 总线专用延时函数	i：延时设置
void iic_init(void)	I2C 总线初始化函数	无
void iic_start(void)	I2C 总线起始信号	无
void iic_stop(void)	I2C 总线停止信号	无
void iic_send_ack(int ack)	I2C 总线发送应答	ack：应答信号
int iic_recv_ack(void)	I2C 总线接收应答	返回应答信号
unsigned char iic_write_byte(unsigned char data)	I2C 总线写字节数据，返回 ACK 或者 NACK，从高到低依次发送	data：要写的数据 返回写成功与否
unsigned char iic_read_byte(unsigned char ack)	I2C 总线读字节数据，返回读取的数据	ack：应答信号 返回：采样数据

（8）串口驱动模块。串口驱动模块包括串口初始化函数、串口发送字节函数、串口发送字符串函数和串口接收字节函数，部分信息如表 2.18 所示，更详细的源代码请参考 2.1 节内容。

表 2.18　串口驱动模块函数

名　称	功　能	说　明
uart0_init(unsigned char StopBits,unsigned char Parity)	串口 0 初始化函数	StopBits：停止位。Parity：奇偶校验
void uart_send_char(char ch)	串口发送字节函数	ch：将要发送的数据
void uart_send_string(char *Data)	串口发送字符串函数	*Data：将要发送的字符串
int uart_recv_char(void)	串口接收字节函数	返回接收的串口数据

2）逻辑控制层的软件设计

硬件驱动主要是将系统底层的硬件驱动，供上层调用。逻辑控制层主要是通过驱动代码驱动 LED 和继电器，本节主要使用串口指令控制设备。逻辑控制的流程如图 2.52 所示。

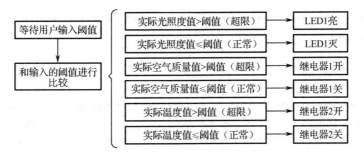

图 2.52 逻辑控制的流程

主函数模块的代码如下：

```
/*****************************************************************************
* 文件：main.c
* 说明：采集类传感器综合实验
*       通过采集类传感器采集当前环境的各种数据，并将数据信息打印在 PC 上，每秒更新一次
*****************************************************************************/

static float A0 = 0.0;                          //A0 存储温度值
static float A1 = 0.0;                          //A1 存储湿度值
static float A2 = 0.0;                          //A2 存储光照度值
static short A3 = 0;                            //A3 存储空气质量
static float A4 = 0.0;                          //A4 存储气压值

unsigned short tempCriticalValue=60;
unsigned short lightCriticalValue=120;
unsigned short airCriticalValue=800;
unsigned reportedEnable=1;
/*****************************************************************************
* 名称：getSensorData
* 功能：获取传感器数据
*****************************************************************************/
void getSensorData()
{
    float temperature = 0;                      //存储温度数据的变量
    long pressure = 0;                          //存储气压数据的变量

    A0 = (htu21d_get_data(TEMP)/100.0f);        //读取温度值
    A1 = (htu21d_get_data(HUMI)/100.0f);        //读取湿度值
    A2 = bh1750_get_data();                     //获取光照度值
    A3 = get_airgas_data();                     //获取空气质量状态
    fbm320_data_get(&temperature,&pressure);    //获取气压数据
    A4 = pressure/100.0f;
}
/*****************************************************************************
* 名称：uartReported
* 功能：串口上报传感器采集到的数据
```

```
**********************************************************************/
void uartReported()
{
    char tx_buff[100]={0};

    Uart1_Send_String("\r\n*******************************\r\n");        //串口打印
    Uart1_Send_String("            Sensor data\r\n");                      //串口打印
    Uart1_Send_String("*******************************\r\n");             //串口打印

    sprintf(tx_buff,"temperature:%.2f\r\nhumidity:%.2f\r\n",A0,A1);       //字符串复制
    Uart1_Send_String(tx_buff);                                          //串口打印
    memset(tx_buff,0,64);                                               //清空串口缓存

    sprintf(tx_buff,"light:%.2f\r\n",A2);                                //字符串复制
    Uart1_Send_String(tx_buff);                                          //串口打印
    memset(tx_buff,0,64);                                               //清空串口缓存

    sprintf(tx_buff,"airgas:%d\r\n",A3);                                 //字符串复制
    Uart1_Send_String(tx_buff);                                          //串口打印
    memset(tx_buff,0,64);                                               //清空串口缓存

    sprintf(tx_buff,"airpressure:%.2f\r\n",A4);                          //字符串复制
    Uart1_Send_String(tx_buff);                                          //串口打印
    memset(tx_buff,0,64);                                               //清空串口缓存

    Uart1_Send_String("*******************************\r\n");             //串口打印
}
/**********************************************************************
* 名称：uartShellHandle
* 功能：串口 shell 处理
* 注释：
         温度阈值设置命令：set-tem:(value)
         光照度阈值设置命令：set-light:(value)
         气压阈值设置命令：set-air:(value)
         串口上报信息设置命令：set-rep:(value)；0 表示不上报，1 表示上报
         显示阈值命令：show-info
         帮助：help
**********************************************************************/
void uartShellHandle()
{
    char buf[200]={0};
    char* pdata;

    if(UART1_RX_STA&0x80)
    {
        if(memcmp(U1RX_Buf,"set-tem:",8)==0)
        {
```

```c
        pdata = &U1RX_Buf[8];
        tempCriticalValue = atoi(pdata);
        Uart1_Send_String("OK\r\n");
    } else if(memcmp(U1RX_Buf,"set-light:",10)==0)
    {
        pdata = &U1RX_Buf[10];
        lightCriticalValue = atoi(pdata);
        Uart1_Send_String("OK\r\n");
    } else if(memcmp(U1RX_Buf,"set-air:",8)==0)
    {
        pdata = &U1RX_Buf[8];
        airCriticalValue = atoi(pdata);
        Uart1_Send_String("OK\r\n");
    }else if(memcmp(U1RX_Buf,"set-rep:",8)==0)
    {
        pdata = &U1RX_Buf[8];
        reportedEnable = atoi(pdata);
        Uart1_Send_String("OK\r\n");
    }else if(memcmp(U1RX_Buf,"show-info",9)==0)
    {
        sprintf(buf,"tempCriticalValue: %u\r\nlightCriticalValue: %u\r\nairCriticalValue: %u\r\n",
                tempCriticalValue,lightCriticalValue,airCriticalValue);
        Uart1_Send_String(buf);
        Uart1_Send_String("OK\r\n");
    } else if(memcmp(U1RX_Buf,"help",4)==0)
    {
        Uart1_Send_String("\r\n");

        Uart1_Send_String("温度阈值设置命令：set-tem:(value)\r\n");
        Uart1_Send_String("光照度阈值设置命令：set-light:(value)\r\n");
        Uart1_Send_String("气压阈值设置命令：set-air:(value)\r\n");
        Uart1_Send_String("串口上报信息设置命令：set-rep:(value)   0 or 1\r\n");
        Uart1_Send_String("显示阈值命令：show-info\r\n");
        Uart1_Send_String("帮助：help");

        Uart1_Send_String("\r\n");
    } else {
        Uart1_Send_String("Command not found!\r\n");
        Uart1_Send_String("Input 'help' view commend list.\r\n");
    }

    UART1_RX_STA = 0;
    }
}
/******************************************************************************
* 名称：sensorControl
* 功能：传感器控制
```

```
********************************************************************************/
void sensorControl()
{
    if(A2>lightCriticalValue)
    {
        LED1=0;
    } else {
        LED1=1;
    }
    if(A3>airCriticalValue)
    {
        RELAY1=0;
    } else {
        RELAY1=1;
    }
    if(A0>tempCriticalValue)
    {
        RELAY2=0;
    } else {
        RELAY2=1;
    }
}
/*******************************************************************************
* 名称：main()
********************************************************************************/
void main(void)
{
    unsigned short tick=0;

    xtal_init();                                        //系统时钟初始化
    led_init();
    uart1_init(38400);                                  //串口初始化
    //初始化传感器
    htu21d_init();
    bh1750_init();
    airgas_init();
    fbm320_init();
    relay_init();

    while(1)
    {
        if(tick%1000==0)
        {
            getSensorData();
            if(reportedEnable)
            uartReported();
        }
```

```
        uartShellHandle();
        sensorControl();

        tick++;
        if(tick>59999) tick=0;
        delay_ms(1);
    }
}
```

2.5.3 小结

通过本项目的综合应用开发，读者可以对 CC2530 外设的属性和原理重新进行回顾并加深理解，深入理解采集类传感器的原理和应用并掌握驱动传感器的方法，深入理解 I2C 总线和 ADC 的应用。

2.5.4 思考与拓展

（1）如何将采集的数据通过显示模块显示到 OLED 显示屏上？
（2）在程序中如何判断传感器是否损坏？采集到的数据是否异常？

第3章

安防类传感器应用开发技术

本章学习安防类传感器的基本原理和应用开发，主要介绍人体红外传感器、可燃气体传感器、振动传感器、霍尔传感器、火焰传感器和光电传感器等安防类传感器。本章通过楼道红外感应灯的设计、厨房燃气报警器的设计、汽车振动报警器的设计、变频器保护装置的设计、燃烧机火焰检测的设计、工厂生产线计件器的设计，以及综合性项目——楼宇安防设备系统的设计，详细介绍了 CC2530 和常用的采集类传感器的应用，以及系统需求分析、逻辑功能分解和软/硬件架构设计的方法。

通过理论学习和开发实践，读者可以掌握基于 CC2530 的安防类传感器的应用开发技术，从而具备基本的开发能力。

3.1　人体红外传感器的应用开发

红外线是不可见光，具有很强的隐蔽性和保密性，在防盗、警戒等安保装置中得到了广泛的应用。人体红外传感器能以非接触形式检测出人体辐射的红外线，并将其转变为电压信号，既可用于防盗报警装置，也可用于制动控制、接近开关、遥测等领域，在人体运动检测方面具有极大的优势。

本节重点学习 AS312 型人体红外传感器的基本原理，掌握其功能和应用，并通过 CC2530 驱动 AS312 型人体红外传感器，从而实现楼道红外感应灯的设计。

3.1.1　人体红外传感器

黑体热辐射的三个基本定律是研究红外线辐射的基本准则，揭示了红外线辐射与温度之间的关系，量化了其中的相关性。第一个基本定律是普朗克辐射，它揭示了红外线辐射中辐射能量的光谱分布情况；第二个基本定律是维恩位移定律，它揭示了红外线辐射中辐射光谱主要能量的波长与温度的关系，如图 3.1 所示；第三个基本定律是斯蒂芬-玻尔兹曼定律，它揭示了红外线辐射中的辐射能量与温度的关系。

红外线传感器（即红外传感器）是利用红外线的物理性质来进行测量的传感器。红外线又称为红外光，具有反射、折射、散射、干涉、吸收等性质。任何高于绝对零度的物体都将发射红外线，不同的物体释放的红外线能量波长是不一样的，红外线波长与温度的高低有关。

红外传感器在测量时不需要与被测物体直接接触，因而不存在摩擦，并且有灵敏度高、反应快等优点。

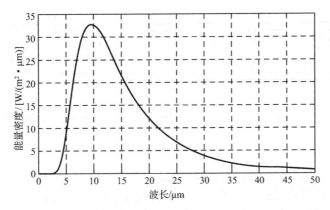

图 3.1 红外线辐射中辐射光谱主要能量的波长与温度的关系

被动式热释电红外传感器中有两个关键的元件，其中一个元件是热释电元件，它能将波长为 8～12 μm 的红外线信号转变为电信号，并对自然界中的白光信号具有抑制作用，因此在被动式热释电红外传感器的警戒区内，当无人体移动时被动式热释电红外传感器感应到的只是背景温度，当人体进入警戒区时，通过菲涅耳透镜，被动式热释电红外传感器感应到的是人体温度与背景温度的差异信号。红外传感器的重要作用之一就是感应移动物体与背景的温度差异。

另一个元件就是菲涅耳透镜。菲涅耳透镜有折射式和反射式两种形式，其作用有两个：一是聚焦作用，将红外线信号集中在被动式热释电红外传感器上；二是将探测区内分为若干个明区和暗区，使进入警戒区的移动物体能以温度变化的形式在被动式热释电红外传感器（PIR）上产生变化的热释电红外线信号，从而在 PIR 上产生变化的电信号。

红外传感器常用于无接触温度测量、气体成分分析和无损探伤，在医学、军事、空间技术和环境工程等领域得到了广泛的应用。例如，可以采用红外传感器远距离地测量人体表面温度的热像图，可以发现温度异常的部位，及时对疾病进行诊断治疗；利用人造卫星上的红外传感器可对地球云层进行监视，实现大范围的天气预报；采用红外传感器还可检测飞机上正在运行的发动机的过热情况等。

3.1.2 被动式热释电红外传感器

被动式热释电红外传感器具有热电效应，即在温度上升或下降时，物质的表面会产生电荷的变化，这种现象在钛酸钡等强电介质材料中是非常明显的。被动式热释电红外传感器发展迅速，已被广泛应用在多个领域。目前，市场上主要的被动式热释电红外传感器有 IH1954、IH1958、PH5324、SCA02-1、RS02D、P2288 等，其主要结构形式和技术参数大致是一样的，很多器件可以彼此互换使用。被动式热释电红外传感器主要由敏感单元、阻抗变换器和滤光窗三大部分组成。

被动式热释电红外传感器的工作过程主要有三个阶段：第一阶段是将外部辐射转换成热吸收阶段；第二阶段是吸收热能，用于提高加热阶段的温度；第三阶段是将热信号转变为电信号的温度测量阶段。热释电效应示意图如图 3.2 所示。

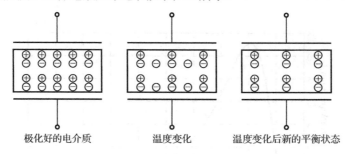

极化好的电介质　　　温度变化　　　温度变化后新的平衡状态

图 3.2　热释电效应示意图

任何发热体都会辐射红外线，红外线的波长跟物体温度有关，表面温度越高，辐射能量越强。人体的正常体温为 36～37.5℃，其辐射能量最强的红外线波长为 9.67～9.64 μm。被动式热释电红外传感器是利用热释电材料自发极化强度随温度变化所产生的热释电效应来探测红外线辐射能量的器件，它能够非接触地检测出来自人体及外界物体辐射出的微弱红外线辐射能量并将其转化成电信号，将这个电信号加以放大后便可驱动各种控制电路，如电源开关控制、防盗报警、自动监测等。

被动式热释电红外传感器内部电路如图 3.3 所示，其内部的热释电元件由高热电系数的铁钛酸铅汞陶瓷、钽酸锂、硫酸三甘铁等组成，在极化后产生正、负电荷，电压值随温度的变化而变化。

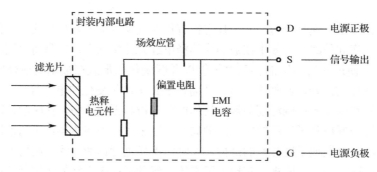

图 3.3　被动式热释电红外传感器内部电路图

滤光片是在一块薄玻璃片镀上多层滤光层薄膜制成的，能有效滤除 7.0～14 μm 波长以外的红外线。当人体体温正常时，辐射能量最强的红外线的中心波长为 9.65 μm，正好在滤光片的响应波长中，因此滤光片能最大限度地阻止外界可见光及灯光中的红外线通过，而让人体辐射的红外线有效地通过，很好地避免了其他光线的干扰。

在实际使用被动式热释电红外传感器时，需要配合使用一个重要器件——菲涅耳透镜，该透镜的作用有两个：一是聚焦作用，即将探测空间的红外线有效地集中到传感器上，不使用菲涅耳透镜时传感器的探测半径不足 2 m，使用菲涅耳透镜后传感器的探测半径可达到 10 m，因此只有配合菲涅耳透镜使用才能最大限度地发挥传感器的作用；二是将探测区域内分为若干个明区和暗区，进入探测区域的物体被探测感知后会在产生变化的热释电红外线信号。

由于被动式热释电红外传感器输出的信号变化缓慢、幅值小，不能直接作为控制系统的控制信号，因此传感器的输出信号必须经过一个专门的信号处理电路，使传感器输出信号的不规则波形转换成适合微处理器处理的高、低电平。因此，实际使用的被动式热释电红外传感器检测系统的结构如图 3.4 所示。

图 3.4　被动式热释电红外传感器检测系统的结构

由于被动式热释电红外传感器具有响应速度快、探测率高、频率响应宽、可在室温下工作等特点，目前在日常生活中出现了许多应用，如自动门、红外线防盗报警器、高速公路车辆车流计数器、自动开关的照明灯等。

人体都有恒定的体温，一般都在 37 ℃左右，所以会发出波长为 10 μm 左右的红外线，被动式热释电红外传感器就是靠人体发出的波长为 10 μm 左右的红外线工作的。波长为 10 μm 左右的红外线通过菲涅耳透镜增强后聚集到红外线感应源上。红外线感应源通常采用热电释元件，这种元件收到人体红外线辐射时温度会发生变化，从而使失去电荷的平衡，向外释放电荷，经电路检测处理后就能产生报警信号。人体红外传感器的关键部件的工作原理如下：

（1）人体红外传感器是以探测人体辐射为目标的，所以热释电元件对波长为 10 μm 左右的红外线必须非常敏感。

（2）为了仅对人体辐射的红外线敏感，在它辐射照面通常覆盖有特殊的菲涅耳透镜，使环境的干扰受到明显的抑制。

（3）被动式热释电红外传感器包括两个互相串联或并联的热释电元件，而且两个电极化的方向正好相反，环境辐射的红外线对两个热释电元件具有相同的作用，使其产生的热释电效应相互抵消，于是传感器无信号输出。

（4）一旦人体入侵探测区域内时，其辐射的红外线被菲涅耳透镜聚焦并被热释电元件接收，但是两个热释电元件接收到的热量不同，热释电效应也不同，不能抵消，经信号处理后报警。

（5）根据性能要求的不同，菲涅耳透镜具有不同的焦距，从而产生不同的监控视场，视场越多，监制越严密。

被动式热释电红外传感器的优点是本身不发任何辐射，器件功耗很小、隐蔽性好、价格低廉。其缺点如下：

● 容易受各种热源、光源的干扰。

● 红外线穿透力差，人体辐射的红外线容易被遮挡，不易被探头接收。

● 易受射频辐射的干扰。

● 环境温度和人体温度相接近时，灵敏度会明显降低，有时会造成暂时失灵。

● 不能直对着门窗及阳光直射的地方，否则窗外的热气流扰动和人员走动会引起误报警。

3.1.3　AS312 型人体红外传感器

AS312 型人体红外传感器如图 3.5 所示，它将数字智能控制电路与人体探测敏感元件都集成在电磁屏蔽罩内，人体探测敏感元件将感应到的人体移动信号通过其高阻抗差分输入电路耦合到数字智能控制电路芯片上，并经 15 位 A/D 转换器转化成数字信号，当信号超过设定的数字阈值时就会有 LED 动态输出，以及具有定时时间的 REL 电平输出。灵敏度和时间参数可通过电阻设置，对于相应的数值，其电压被转化为具有 7 位分辨率的数字阈值，所有的信号处理都是在芯片上完成的。AS312 型人体红外传感器的内部框图如图 3.6 所示。

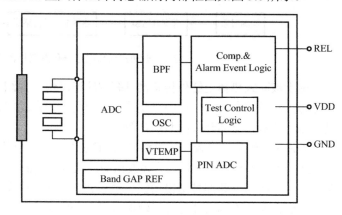

图 3.5　AS312 型人体红外传感器　　　　　图 3.6　AS312 型人体红外传感器的内部框图

3.1.4　开发实践：楼道红外感应灯设计

本项目通过人体红外传感器实现楼道红外感应灯的设计，通过红外检测来控制灯的亮灭。楼道红外感应灯如图 3.7 所示。

某小区楼道需要使用红外感应灯，需设计一套楼道红外感应灯系统，本项目使用 AS312 型人体红外传感器来进行开发。

1. 开发设计

1）硬件设计

本项目使用 AS312 型人体红外传感器来采集人体信息，硬件部分主要由 CC2530、AS312 型人体红外传感器、LED 等组成。

图 3.7　楼道红外感应灯

微处理器（CC2530）通过 IO 接口连接到人体红外传感器，当人体红外传感器检测有人员活动时，向接口输入高电平，微处理器控制 LED 灯亮表示检测有人活动。硬件架构如图 3.8 所示。

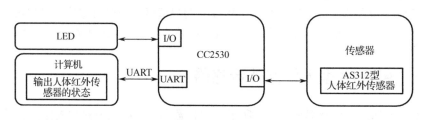

图 3.8　硬件架构

AS312 型人体红外传感器的接口电路如图 3.9 所示。

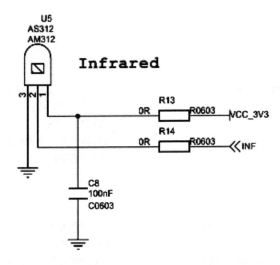

图 3.9　AS312 型人体红外传感器的接口电路

2）软件设计

要实现人体红外检测，还需要合理的软件设计。软件设计流程如图 3.10 所示。

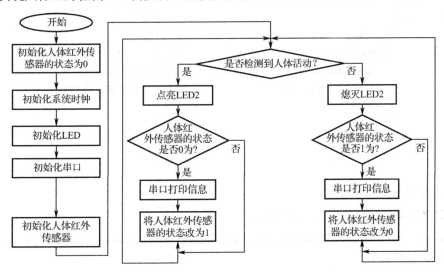

图 3.10　软件设计流程

2．功能实现

1）相关头文件模块

```
/*************************************************************
* 文件：led.h
**************************************************************/
#define D1      P1_1              //宏定义 LED1 控制引脚 P1_1
#define D2      P1_0              //宏定义 LED2 控制引脚 P1_0
#define ON      0                 //宏定义打开状态控制为 ON
#define OFF     1                 //宏定义关闭状态控制为 OFF
```

2）主函数模块

```
void main(void)
{
    unsigned char infrared_status = 0;              //人体红外传感器状态为 0
    xtal_init();                                    //系统时钟初始化
    led_io_init();                                  //LED 初始化
    infrared_init();                                //人体红外传感器初始化
    uart0_init(0x00,0x00);                          //串口初始化

    while(1)
    {
        if(get_infrared_status() == 1){             //检测到人体活动
            D2 = ON;                                //点亮 LED2
            if(infrared_status == 0){               //人体红外传感器状态发生改变
                uart_send_string("human!\r\n");     //串口打印提示信息
                infrared_status = 1;                //更新人体红外传感器的状态
            }
        }
        else{                                       //没有检测到人体
            D2 = OFF;                               //熄灭 LED2
            if(infrared_status == 1){               //人体红外传感器状态发生改变
                uart_send_string("no human!\r\n");  //串口打印提示信息
                infrared_status = 0;                //更新人体红外传感器的状态
            }
        }
    }
}
```

3）系统时钟初始化模块

CC2530 系统时钟初始化的代码如下：

```
/*******************************************************************************
* 名称：xtal_init()
* 功能：CC2530 系统时钟初始化
*******************************************************************************/
void xtal_init(void)
{
    CLKCONCMD &= ~0x40;                             //选择 32 MHz 的外部晶体振荡器
    while(CLKCONSTA & 0x40);                        //晶体振荡器开启且稳定
    CLKCONCMD &= ~0x07;                             //选择 32 MHz 系统时钟
}
```

4）LED 初始化模块

LED 初始化的代码如下：

```
/*******************************************************************************
```

```
* 名称：led_init()
* 功能：LED 控制引脚初始化
***************************************************************************/
void led_init(void)
{
    P1SEL &= ~0x03;                    //配置控制引脚（P1_0 和 P1_1）为通用 I/O 模式
    P1DIR |= 0x03;                     //配置控制引脚（P1_0 和 P1_1）为输出模式

    D1 = OFF;                          //初始状态为关闭
    D2 = OFF;                          //初始状态为关闭
}
```

5）人体红外传感器模块初始化模块

```
/***************************************************************************
* 名称：infrared_init()
* 功能：人体红外传感器初始化
***************************************************************************/
void infrared_init(void)
{
    P0SEL &= ~0x01;                    //配置引脚为通用 I/O 模式
    P0DIR &= ~0x01;                    //配置控制引脚为输入模式
}
```

6）人体红外传感器数据获取模块

```
/***************************************************************************
* 名称：unsigned char get_infrared_status(void)
* 功能：获取人体红外传感器数据
* 返回：检测结果
***************************************************************************/
unsigned char get_infrared_status(void)
{
    if(P0_0==1)                        //检测 I/O 口电平
    return 1;
    else
    return 0;
}
```

7）串口驱动模块

串口驱动模块包括串口初始化函数、串口发送字节函数、串口发送字符串函数和串口接收字节函数，部分信息如表 3.1 所示，更详细的源代码请参考 2.1 节内容。

表 3.1　串口驱动模块函数

名　　称	功　　能	说　　明
uart0_init(unsigned char StopBits,unsigned char Parity)	串口 0 初始化函数	StopBits 为停止位，Parity 为奇偶校验
void uart_send_char(char ch)	串口发送字节函数	ch 为将要发送的数据
void uart_send_string(char *Data)	串口发送字符串函数	*Data 为将要发送的字符串
int uart_recv_char(void)	串口接收字节函数	返回接收的串口数据

3.1.5　小结

本节先介绍了人体红外传感器的工作原理、特点和功能，然后介绍了 CC2530 驱动 AS312 型人体红外传感器的方法，最后通过开发实践将理论知识应用于实践中，实现了楼道红外感应灯的设计，完成系统的硬件设计和软件设计。

3.1.6　思考与拓展

（1）人体红外传感器的工作原理是什么？

（2）人体红外传感器在检测中有哪些注意事项？

（3）如何使用 CC2530 驱动人体红外传感器？

（4）由于人体红外传感器可以高精度地检测人体红外信号的变化，使其在门禁、安防、自动门窗灯等领域有着广泛的应用。请尝试模拟家居安防系统，无人时每 3 秒打印一次安全结果，有人时每秒打印一次结果，同时 LED1 和 LED2 闪烁。

3.2　可燃气体传感器的应用开发

可燃气体检测预警装置可对周边环境中的可燃气浓度进行检测，并在其浓度超过安全界限时及时发出预警。

在家庭等用气环境的安全防护中，以甲烷为主的可燃气体的危害性检测一直是其中极为关键的部分之一，对生产、生活中的用气环境状况进行有效的实时监控，确保及时发现异常状况，并迅速实施有针对性的防治手段，已在企业生产、家庭用气、环保监测等诸多方面得到了推广与普及。厨房燃气报警器因其自身体积小、操作简便、安装工艺简单、可有效实现对周边环境的实时检测等优点，在家庭用气的检测中得到了广泛的应用。

本节重点学习可燃气体传感器的基本原理，掌握其功能和基本工作原理，通过 CC2530 驱动可燃气体传感器，从而实现厨房燃气报警器的设计。

3.2.1　可燃气体传感器

在可燃气体传感器中，可燃气体检测传感装置是其核心部件，其性能决定着可燃气体传感器的可靠性。气体传感器的种类很多，应用于可燃气体检测领域的气体传感器按照检测原理的不同大致可分为半导体气体传感器、电化学气体传感器、催化燃烧式气体传感器、光学式气体传感器，如图 3.11 所示。

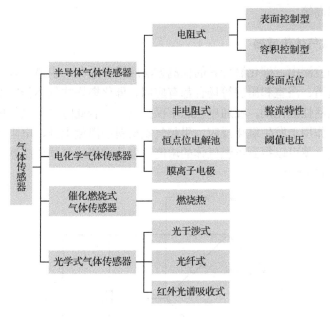

图 3.11 气体传感器分类

1. 半导体气体传感器

半导体气体传感器是使用最广的一类气体传感器，其基本原理是：采用金属氧化物或金属半导体氧化物材料做成气敏元件，在工作时，气敏元件与气体相互作用产生表面吸附或反应，其电学特性会发生变化，通过分析电学特性的变化，可检测出被测气体的浓度。气敏元件在工作时必须加热，加热的作用是加速被测气体的吸附、脱出；烧去气敏元件的油塘或污物；不同的加热温度可选择不同的气体，加热温度与气敏元件的输出灵敏度有关。半导体气体传感器的工作原理如图 3.12 所示。

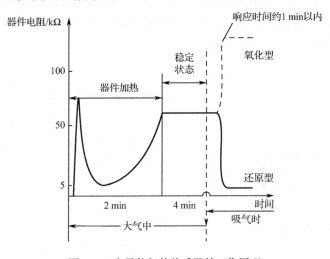

图 3.12 半导体气体传感器的工作原理

半导体气体传感器的优点是成本低、制造简单、灵敏度高、响应快、寿命长、对湿度敏感低、电路简单等；其缺点是必须在高温下工作、对气体的选择性差、元件参数分散、稳定性不高、要求功率高等。

2. 催化燃烧式气体传感器

在可燃气体的检测中，催化燃烧式的检测方法应用得最久，也最有效，在石油化工厂、造船厂、矿井、隧道、浴室和厨房等场合都有应用。催化燃烧式气体传感器的工作原理是：在气敏材料上涂敷活性催化剂，在通电状态下保持高温，若此时与可燃气体接触，可燃气体将在催化剂的催化作用下发生氧化反应，引起气敏材料的温度上升、电阻值升高，通过测量气敏材料电阻的变化就可以得到可燃气体的浓度。催化燃烧式气体传感器采用惠斯通电桥，其工作原理如图 3.13 所示。

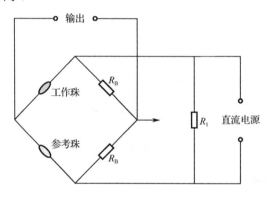

图 3.13　催化燃烧式气体传感器的工作原理

惠斯通电桥是通过与已知电阻相比较来测量未知电阻的，其中，R_1 是微调电位器，用于保持电桥的均衡，使电桥输出信号为 0。R_B 电阻及微调电位器 R_1 通常选择阻值相对较大的电阻，以确保电路正常运行。当气体在传感器表面发生无焰燃烧时将导致温度上升，温度上升反过来又会改变传感器的电阻，打破电桥的均衡，使其输出稳定的电流信号。

催化燃烧式气体传感器的优点是稳定性高、电路设计简单等，但有寿命短、催化剂容易"中毒"等缺点，而且催化燃烧式气体传感器要求将可燃气体采集到传感器内进行化学反应，存在不安全性和不稳定性的缺点，例如必须经常进行校准等操作，需要有专业技术人员，不便于日常使用。

3. 电化学气体传感器

最早的电化学气体传感器可以追溯到 20 世纪 50 年代，当时主要用于氧气的检测。电化学气体传感器是通过与目标气体发生反应并产生与气体浓度成正比的电信号来工作的。典型的电化学气体传感器由传感电极（或工作电极）和反电极组成，两者之间由一个薄电解层隔开，其基本结构如图 3.14 所示。

气体首先通过微小的毛管扩散屏障的开孔

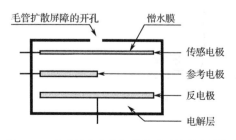

图 3.14　典型的电化学气体传感器的基本结构

与传感器发生反应，然后通过憎水膜到达传感电极表面。穿过毛管扩散屏障开孔的气体与传感电极发生反应，传感电极可以采用氧化机理或还原机理，这些反应由针对目标气体而设计的电极材料进行催化。通过电极间连接的电阻器（参考电极），与气体浓度成正比的电流会在正极与负极间流动，测量该电流即可确定气体浓度。由于该过程中会产生电流，因此电化学气体传感器又常被称为电流气体传感器或微型燃料电池。参考电极的作用是为了保持传感电极上的固定电压值，从而改善传感器的性能。

4. 光学式气体传感器

根据检测方法和原理不同，光学式气体传感器可以分为光干涉式、光纤式、红外光谱吸收式等类型，其中以红外光谱吸收式气体传感器（红外气体传感器）的运用最广。红外气体传感器是近几年发展和采用的传感器，它可以有效地分辨气体的种类，准确地测定气体的浓度，已经成功用于 CO_2、CH_4 等气体的检测。红外气体传感器工作的基本原理是：不同气体的具有不同的特征吸收波长，通过测量和分析红外线通过气体后特征吸收波长的变化来检测气体。

红外气体传感器的优点是：选择性强、灵敏度高、不损害待测气体、不需要加热、使用寿命长、受环境影响小等，是一种安全、无损、高效的气体传感器。但同时也存在制作成本高、制作工艺严格、抗外界光干扰能力弱的缺点。

3.2.2 MP-4 型可燃气体传感器

MP4 型可燃气体传感器的主要部件是平面半导体气敏元件，采用先进的平面生产工艺，在微型 Al_2O_3 陶瓷基片上形成加热器和金属氧化物半导体气敏材料，用电极引线引出，封装在金属管座、管帽内。当存在被检测气体时，该气体的浓度越高，传感器的电导率就越高，使用简单的电路即可将这种电导率的变化转换为与气体浓度对应的输出信号。MP-4 型可燃气体传感器如图 3.15 所示，主要用于家庭、工厂、商业等场所的可燃气体泄漏检测装置以及防火/安全探测系统。

图 3.15 MP-4 型可燃气体传感器

MP-4 型可燃气体传感器的内部结构如图 3.16 所示。

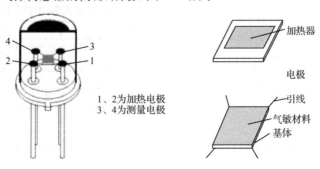

图 3.16 MP-4 型可燃气体传感器的内部结构

图 3.17　厨房燃气报警器

3.2.3　开发实践：厨房燃气报警器的设计

　　现在很多家庭都在使用燃气，然而燃气泄漏会造成很大的安全隐患，所以需要对厨房燃气是否泄露进行检测。本项目设计的厨房燃气报警器可检测燃气浓度，当燃气在空气中的浓度超过设定值时，报警器就会被触发报警，并对外发出声光报警信号。厨房燃气报警器如图 3.17 所示。

　　本项目采用 MP-4 型可燃气体传感器和 CC2530 实现厨房燃气报警器的设计。

1．开发设计

1）硬件设计

本项目的硬件部分主要由 CC2530、MP-4 型可燃气体传感器组成。硬件架构如图 3.18 所示。

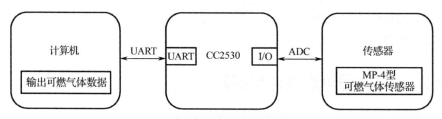

图 3.18　硬件架构

MP-4 型可燃气体传感器的接口电路如图 3.19 所示。

2）软件设计

要实现可燃气体的检测，还需要合理的软件设计。软件设计流程如图 3.20 所示。

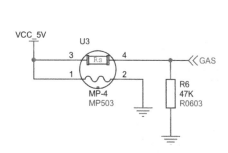

图 3.19　MP-4 型可燃气体传感器的接口电路

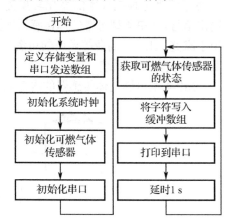

图 3.20　软件设计流程

2. 功能实现

1）主函数模块

```
void main(void)
{
    unsigned int combustiblegas = 0;                        //定义存储可燃气体状态变量
    char tx_buff[64];
    xtal_init();                                            //系统时钟初始化
    combustiblegas_init();                                  //可燃气体传感器初始化
    uart0_init(0x00,0x00);                                  //串口初始化

    while(1)
    {
        combustiblegas = get_combustiblegas_data();         //获取可燃气体传感器状态
        //添加可燃气体传感器状态数据到串口缓存
        sprintf(tx_buff,"combustiblegas:%d\r\n",combustiblegas);
        uart_send_string(tx_buff);                          //打印到串口
        delay_s(1);                                         //延时 1 s
    }
}
```

2）系统时钟初始化模块

系统时钟初始化代码如下：

```
/********************************************************************
* 名称：xtal_init()
* 功能：CC2530 系统时钟初始化
********************************************************************/
void xtal_init(void)
{
    CLKCONCMD &= ~0x40;                      //选择 32 MHz 的外部晶体振荡器
    while(CLKCONSTA & 0x40);                 //晶体振荡器开启且稳定
    CLKCONCMD &= ~0x07;                      //选择 32 MHz 系统时钟
}
```

3）可燃气体传感器模块初始化

```
/********************************************************************
* 名称：combustiblegas_init()
* 功能：可燃气体传感器初始化
********************************************************************/
void combustiblegas_init(void)
{
    APCFG |= 0x20;                //模拟 I/O 使能
    P0SEL |= 0x20;                //端口 P0_5 功能选择外设功能
    P0DIR &= ~0x20;               //设置输入模式
    ADCCON3  = 0xB5;              //选择 AVDD5 为参考电压，12 位分辨率，P0_5 连接 A/D 转换器
```

```
    ADCCON1 |= 0x30;                //选择 A/D 转换器的启动模式为手动
}
```

4）可燃气体传感器状态获取模块

```
/********************************************************************************
* 名称：unsigned int get_infrared_status(void)
* 功能：获取可燃气体传感器的状态
*********************************************************************************/
unsigned int get_combustiblegas_data(void)
{
    unsigned int    value;
    ADCCON3    = 0xB5;              //选择 AVDD5 为参考电压，12 位分辨率，P0_5 连接 A/D 转换器
    ADCCON1 |= 0x30;               //选择 A/D 转换器的启动模式为手动
    ADCCON1 |= 0x40;               //启动 A/D 转化

    while(!(ADCCON1 & 0x80));       //等待 A/D 转化结束
    value =   ADCL >> 2;
    value |= (ADCH << 6)>> 2;       //取得最终转化结果，存入 value 中
    return value;                   //返回有效值
}
```

5）串口驱动模块

串口驱动模块包括串口初始化函数、串口发送字节函数、串口发送字符串函数和串口接收字节函数，部分信息如表 3.2 所示，更详细的源代码请参考 2.1 节内容。

表 3.2   串口驱动模块函数

名　　称	功　　能	说　　明
uart0_init(unsigned char StopBits,unsigned char Parity)	串口 0 初始化函数	StopBits 为停止位，Parity 为奇偶校验
void uart_send_char(char ch)	串口发送字节函数	ch 为将要发送的数据
void uart_send_string(char *Data)	串口发送字符串函数	*Data 为将要发送的字符串
int uart_recv_char(void)	串口接收字节函数	返回接收的串口数据

3.2.4　小结

本节先介绍了可燃气体传感器的特点、功能和基本工作原理，然后介绍了 CC2530 驱动 MP-4 可燃气体传感器方法，最后通过开发实践，将理论知识应用于实践当中，实现了厨房燃气报警器的设计，完成了系统的硬件设计和软件设计。

3.2.5　思考与拓展

（1）可燃气体传感器的工作原理是什么？

（2）现实生活中哪些领域都应用了可燃气体传感器？

（3）如何使用 CC2530 驱动可燃气体传感器？

（4）MP-4 型可燃气体传感器的检测精度较高，可采集可燃气体浓度的模拟量信息，其应用十分广泛。请尝试模拟家居燃气安全检测，当燃气浓度达到一定阈值时系统向 PC 每秒打印一次危险信息，未超过阈值时每 3 s 打印一次安全信息，并打印燃气的浓度值。

3.3 振动传感器的应用开发

振动传感器是一种目前广泛应用的报警检测传感器，它通过内部的压电陶瓷片加弹簧重锤结构感受机械运动振动的参量（如振动速度、频率、加速度等）并转换成可用输出信号。振动传感器广泛应用于能源、化工、医学、汽车、冶金、机器制造、军工、科研等诸多领域。

本节重点学习振动传感器的工作原理，通过 CC2530 驱动振动传感器，从而实现汽车振动报警器的设计。

3.3.1 振动信号

在现实世界中，振动可谓无处不在。不管有生命的物体，还是没有生命的物体，只要存在运动就必然会产生或强或弱的振动信号，通过数据采集系统对振动信号进行采集、分析、处理，就可以得到目标物体的运动特征。

信号是信息的载体和具体表现形式，信息需转化为传输媒介能够接收的信号形式方能传输。广义地说，信号是随着时间变化的某种物理量。

振动信号可分为连续信号和离散信号两大类。

3.3.2 振动传感器

随着科技的高速发展，越来越多的振动传感器被开发研制出来了，其种类也随之增多。常用的振动传感器有电涡流振动传感器、光纤光栅振动传感器、振动加速度传感器、振动速度传感器，每种振动传感器的工作范围都是由它们固定的频率响应特性所决定的。众所周知，每种振动传感器都需要在其自身频率响应特性内工作，如果超出了其线性频率响应区域，得到的测量结果将会有较大的偏差。

1．电涡流振动传感器

电涡流振动传感器的头部有一个线圈，此线圈利用高频电流（由前置放大器的高频振荡器提供）产生交变磁场，如果待测量的物体表面具有一定的铁磁性能，那么此交变磁场将会产生一个电涡流，此电涡流会产生另一个磁场，这个磁场与传感器的磁场在方向上恰好相反，所以对传感器有一定的阻抗性。这样就会得到如下结论：待测量物体的表面与传感器之间的间隙大小将直接影响电涡流强度，当间隙较小时，电涡流较强，导致最终传感器的输出电压变小；当间隙较大时，电涡流较弱，导致最终传感器的输出电压变大，间隙的大小和涡流的强弱成反比。电涡流振动传感器结构如图 3.21 所示，其原理如图 3.22 所示。

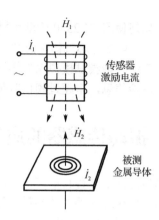

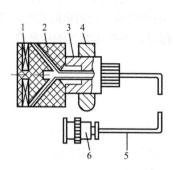

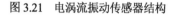

1—线圈；2—框架；3—框架衬套；4—支座；5—电缆；6—插头

图 3.21　电涡流振动传感器结构　　　　　图 3.22　电涡流振动传感器原理

2. 振动速度传感器

振动速度传感器的内部有一个被固定的永久性磁铁和一个被弹簧固定的线圈，当存在振动时，永久性磁铁会随着外壳和物体一同振动，但此时的线圈却不能和磁铁一起振动，这样就形成了电磁感应，线圈以一定的速度切割磁体产生磁力线，最终输出由此产生电动势。输出的电动势大小不仅和磁通量的大小有关，还和线圈参数、线圈切割磁力线的速度成正比，这样就会得到如下结论：磁铁的运动速度和输出电动势成正比，也就是说，传感器的输出电压正比于待测量物体的振动速度。振动速度传感器的结构示意图如图 3.23 所示。

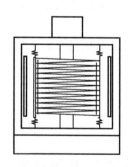

图 3.23　振动速度传感器的结构示意图

3. 振动加速度传感器

振动加速度传感器是以某些晶体元件受力后会在其表面产生不同电荷的压电效应为原理工作的，压电原理如图 3.24 所示，振动加速度传感器的结构模型如图 3.25 所示。

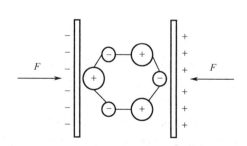

图 3.24　压电原理

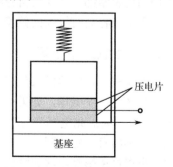

图 3.25　振动加速度传感器的结构模型

当晶体受外力影响时，其内部会产生一定的变化，当受力方向一定时就会产生极化现象，在晶体的两个表面产生电荷，且电荷的极性恰好相反。电荷的极性和受力方向有关，电荷的极性会随着受力方向的改变而改变；电荷量的多少和所受外力的大小有关，当受到的外力较大时，产生的电荷量较多，当受到的外力较小时，产生的电荷量较少。力的大小与物体的运动加速度大小成正比，即 $F=ma$，而当去掉外力时，晶体就会恢复到原来的状态（不带电状态）。上述现象称为正压电效应。当把交变电场作用于晶体上时，晶体就会产生机械形变，把这种现象称为逆压电效应或者电致伸缩效应，经常用在电声材料上，如喇叭、超声探头等。振动加速度传感器最大的特点就是具有极宽的频率响应范围，最高可以达到几十千赫，也因为这一特性使得它的测量范围特别大，最大可达十几万个重力加速度 g，因此被广泛应用于高频振动检测中，如接触式测量齿轮、滚动轴承等。

4. 光纤光栅振动传感器

光纤光栅振动传感器是利用光纤光栅的波长对温度、应力的反应敏感的特性研制的，光纤光栅基于掺杂光纤的特殊的光敏特性，通过特殊的工艺加工使得外界激光器（如紫外光激光器等）射入的光子和光纤纤芯内的掺杂粒子相互作用，从而使折射率发生轴向周期或非周期调制而形成的空间相位光栅。光纤光栅振动传感器的原理如图3.26所示。

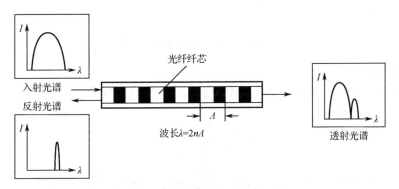

图 3.26　光纤光栅振动传感器的原理

光纤光栅振动传感器的核心元件就是光纤光栅，光纤光栅在外界振动信号的作用下，通过光路传输及折射效应，进而引起光纤光栅中的波长发生移位，这种移位能够精确地反映外界信号的振动信息。

3.3.3　开发实践：汽车振动报警器的设计

某汽车需要一个振动报警器来防止盗窃，本项目采用振动传感器和CC2530来实现该报警器的设计。

1. 开发设计

1）硬件设计

本项目的目的是帮助读者掌握振动传感器的使用，硬件部分主要由 CC2530、振动传感器与 LED 组成。硬件架构如图3.27所示。

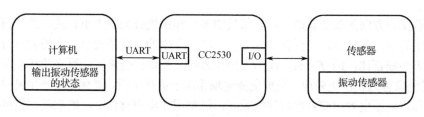

图 3.27　硬件架构

振动传感器的接口电路如图 3.28 所示。

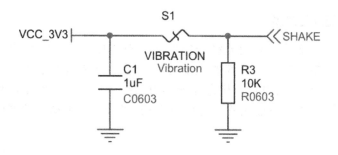

图 3.28　振动传感器的接口电路

2）软件设计

要实现振动的检测，还需要合理的软件设计。软件设计流程如图 3.29 所示。

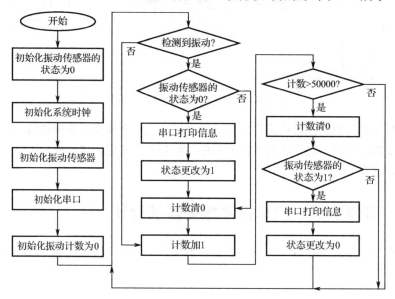

图 3.29　软件设计流程

2. 功能实现

1）主函数模块

```
void main(void)
```

```
{
    char Vibration_status = 0;                              //初始化振动传感器的状态为0
    xtal_init();                                            //系统时钟初始化
    vibration_init();                                       //振动传感器初始化
    uart0_init(0x00,0x00);                                  //串口初始化
    unsigned int count = 0;                                 //无振动计数
    while(1)
    {
        if(get_vibration_status() == 1){                    //检测到振动
            if(Vibration_status == 0){                      //振动传感器的状态发生改变
                uart_send_string("Vibration!\r\n");         //串口打印提示信息
                Vibration_status = 1;                       //更新振动传感器的状态
            }
            count = 0;                                      //计数清0
        }
        else{                                               //没有检测到振动
            count ++;                                       //计数加1
            if(count > 50000)                               //判断是否停止振动
            {
                count =   0;                                //计数清0
                if(Vibration_status == 1){                  //振动传感器的状态发生改变
                    uart_send_string("no Vibration!\r\n");  //串口打印提示信息
                    Vibration_status = 0;                   //更新振动传感器的状态
                }
            }
        }
    }
}
```

2）系统时钟初始化模块

系统时钟初始化的代码如下：

```
/********************************************************************************
* 名称：xtal_init()
* 功能：系统时钟初始化
********************************************************************************/
void xtal_init(void)
{
    CLKCONCMD &= ~0x40;                 //选择32 MHz的外部晶体振荡器
    while(CLKCONSTA & 0x40);            //晶体振荡器开启且稳定
    CLKCONCMD &= ~0x07;                 //选择32 MHz系统时钟
}
```

3）振动传感器初始化模块

```
/********************************************************************************
* 名称：vibration_init()
```

```
* 功能：振动传感器初始化
***********************************************************************/
void vibration_init(void)
{
    P0SEL &= ~0x02;                          //配置引脚为通用 I/O 模式
    P0DIR &= ~0x02;                          //配置控制引脚为输入模式
}
```

4）获取振动传感器状态模块

```
/**********************************************************************
* 名称：unsigned char get_vibration_status(void)
* 功能：获取振动传感器的状态
* 返回：检测结果
***********************************************************************/
unsigned char get_vibration_status(void)
{
    if(P0_1)                                 //振动传感器检测引脚
    return 0;                                //没有检测到信号则返回 0
    else
    return 1;                                //检测到信号则返回 1
}
```

5）串口驱动模块

串口驱动模块包括串口初始化函数、串口发送字节函数、串口发送字符串函数和串口接收字节函数，部分信息如表 3.3 所示，更详细的源代码请参考 2.1 节内容。

表 3.3　串口驱动模块函数

名　　称	功　　能	说　　明
uart0_init(unsigned char StopBits,unsigned char Parity)	串口 0 初始化函数	StopBits 为停止位，Parity 为奇偶校验
void uart_send_char(char ch)	串口发送字节函数	ch 为将要发送的数据
void uart_send_string(char *Data)	串口发送字符串函数	*Data 为将要发送的字符串
int uart_recv_char(void)	串口接收字节函数	返回接收的串口数据

3.3.4　小结

本节先介绍了振动传感器的特点、功能和基本工作原理，然后介绍了 CC2530 驱动振动传感器的方法，最后通过开发实践将理论知识应用于实践中，实现了汽车振动报警器的设计，完成了系统的硬件设计和软件设计。

3.3.5　思考与拓展

（1）如何设置振动传感器的灵敏度？如何控制误报警问题？

（2）振动传感器在生活中还有哪些应用？

（3）如何使用 CC2530 驱动振动传感器？

（4）振动传感器可以采集振动信号，当振动强度达到振动传感器设置的阈值时，振动传感器的电信号将会发生变化。振动传感器在车辆防盗方面有着广泛的应用，如果在大范围内同时使用多个振动传感器可实现更强大的功能。例如，通过振动传感器阵列可以实现对地震波的检测，检测地震的影响范围等。当振动发生时 LED 跟随振动传感器同步闪烁，并且每秒向 PC 打印一次数据，若未检测到振动，则每 3 s 打印一次安全信息。

3.4 霍尔传感器的应用开发

霍尔传感器是根据霍尔效应制作的一种磁场传感器。霍尔效应是磁电效应的一种，该现象是霍尔于 1879 年在研究金属导电时发现的。后来发现半导体、导电流体等也有这种效应，而半导体的霍尔效应要比金属强得多，利用这现象制成的各种霍尔元件，广泛地应用于工业自动化技术、检测技术及信息处理等方面。

霍尔效应是研究半导体材料性能的基本方法，通过霍尔效应实验测定的霍尔系数，能够判断半导体材料的导电类型、载流子浓度及载流子迁移率等重要参数。

本节重点学习霍尔传感器的功能和基本工作原理，通过 CC2530 驱动霍尔传感器，从而实现变频器保护装置的设计。

3.4.1 霍尔传感器

1. 霍尔传感器概念与应用

1）霍尔传感器基本概念

霍尔传感器具有许多优点，如结构牢固、体积小、寿命长、安装方便、功耗小、频率高（可达 1 MHz）、耐振动，不怕灰尘、油污、水汽及盐雾等的污染或腐蚀。

霍尔传感器的精度高、线性度好；无触点、无磨损、输出波形清晰、无抖动、无回跳、位置重复精度高（可达 μm 级）；采用各种补偿和保护措施的霍尔传感器的工作温度范围宽，可达-55 ℃～150 ℃。

按被检测的对象的性质可将霍尔传感器的应用分为直接应用和间接应用。前者直接检测被测对象本身的磁场，后者检测被检对象上人为设置的磁场，用这个磁场来作为被检测的信息载体，通过它将许多非电、非磁的物理量，如力、力矩、压力、应力、位置、位移、速度、加速度、角度、角速度、转数、转速以及工作状态等，转变成电量来进行检测和控制。

2）霍尔传感器的应用

霍尔传感器在汽车工业中有着广泛的应用，包括动力、车身控制、牵引力控制，以及防抱死制动系统。为了满足不同系统的需要，霍尔传感器有开关式、模拟式和数字式三种形式。

霍尔传感器可以采用金属和半导体等制成，霍尔效应取决于导体的材料，材料会直接影响流过霍尔传感器的正离子和电子。在制造霍尔传感器时，通常使用三种半导体材料，即砷化镓、锑化铟及砷化铟，最常用的半导体材料是砷化铟。

霍尔传感器的形式决定了放大电路的形式，放大电路的输出要适应控制的装置，可以是模拟式输出，如加速位置传感器或节气门位置传感器，也可以是数字式输出，如曲轴或凸轮轴位置传感器。

当霍尔传感器用于模拟信号时，如作为空调系统中的温度表或动力控制系统中的节气门位置传感器，霍尔传感器与微分放大器连接，微分放大器与晶体管连接，磁铁固定在旋转轴上，当轴在旋转时，霍尔元件上的磁场加强，其产生的霍尔电压与磁场强度成正比。

当霍尔传感器用于数字信号时，如作为曲轴位置传感器、凸轮轴位置传感器或车速传感器，霍尔传感器与微分放大器连接，微分放大器与施密特触发器连接，霍尔传感器输出一个开或关的信号。在大多数汽车电路中，霍尔传感器是电流吸收器或者使信号电路接地。要完成这项工作，需要一个晶体管与施密特触发器的输出连接。

2. 霍尔传感器的工作原理与分类

霍尔传感器是基于霍尔效应的一种传感器，霍尔效应最先是在金属材料中发现的，但由于金属材料的霍尔现象太微弱而没有得到发展。由于半导体技术的迅猛发展和半导体显著的霍尔效应现象，使得霍尔传感器的发展极为迅速，被广泛用于日常电磁、压力、加速度、振动等方面的测量。霍尔传感器可分为直测式和磁平衡式两种。

1）直测式霍尔传感器

当电流通过一根长导线时，将在导线周围产生磁场，该磁场的大小与流过导线的电流成正比，它可以通过磁芯聚集感应到霍尔传感器上并使其有一信号输出，该信号经信号放大器放大后直接输出。直测式霍尔传感器的结构示意图如图 3.30 所示。

2）磁平衡式霍尔传感器

磁平衡式霍尔传感器也称为补偿式传感器，即主回路被测电流 I_P 在聚磁环处所产生的磁场通过一个次级线圈对电流所产生的磁场进行补偿，从而使霍尔传感器处于零磁通的工作状态。磁平衡式霍尔传感器的结构示意图如图 3.31 所示。

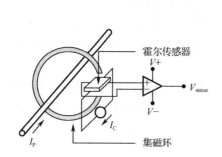

图 3.30 直测式霍尔传感器的结构示意图

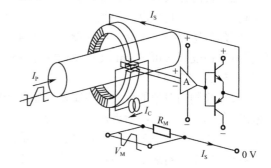

图 3.31 磁平衡式霍尔传感器的结构示意图

当主回路有一电流通过时，在导线上产生的磁场被聚磁环聚集并感应到霍尔传感器上，所产生的信号输出用于驱动相应的功率管并使其导通，从而获得一个补偿电流 I_S。这一电流再通过多匝绕组产生磁场，该磁场与被测电流产生的磁场正好相反，从而补偿了原来的磁场，使霍尔传感器的输出逐渐减小。当 I_P 与匝数相乘所产生的磁场相等时，I_S 不再增加，这时的霍尔传感器起指示零磁通的作用，可以通过 I_S 来平衡。被测电流的任何变化都会破坏这一平衡,一旦磁场失去平衡,霍尔传感器就有信号输出。该信号经功率放大器放大后,立即就有相应的电流流过次级绕组以对失衡的磁场进行补偿。从磁场失衡到再次平衡,所需的时间理论上不到 1 μs,这是一个动态平衡的过程,即原边电流 I_p 的任何变化都会破坏这一磁场平衡,一旦磁场失去平衡,霍尔传感器就有信号输出,经功率放大器放大后,立即有相应的电流流过次级线圈对其补偿。

3.4.2　AH3144 型霍尔传感器

AH3144 型霍尔开关电路(霍尔传感器)是由电压调整器、霍尔电压发生器、差分放大器、施密特触发器和集电极开路的输出级组成的磁敏传感电路,其输入为磁感应强度,输出是一个数字电压信号。它是一种单磁极工作的磁敏电路,适合在矩形或者柱形磁体下工作,工作温度范围为-40 ℃~150 ℃,可应用在汽车工业和军事工程中。

AH3144 型霍尔传感器如图 3.32 所示,广泛应用在无触点开关、位置控制、转速检测、隔离检测、直流无刷电机、电流传感器、汽车点火器、安全报警装置等方面。

3.4.3　开发实践:变频器保护装置的设计

在变频器中,霍尔传感器的主要作用是保护昂贵的大功率晶体管。由于霍尔传感器的响应时间小于 1 μs,因此,当出现过载短路时,在晶体管未达到极限温度之前即可切断电源,使晶体管得到可靠的保护。变频器如图 3.33 所示。

图 3.32　AH3144 型霍尔传感器　　　　　　　　　图 3.33　变频器

本项目采用霍尔传感器和 CC2530 实现变频器保护装置。

1．开发设计

1)硬件设计

本项目的硬件架构如图 3.34 所示。

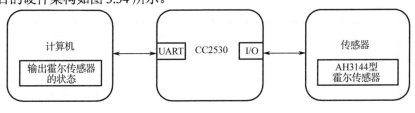

图 3.34　硬件架构

霍尔传感器的接口电路如图 3.35 所示。

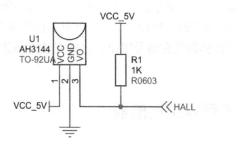

图 3.35　霍尔传感器的接口电路

2）软件设计

要实现磁场检测，还需要合理的软件设计。软件设计流程如图 3.36 所示。

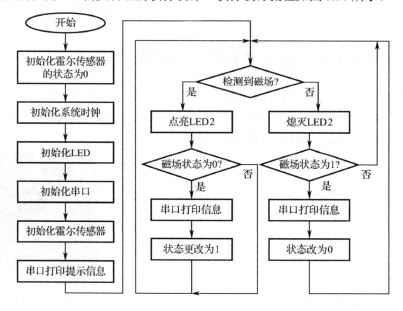

图 3.36　软件设计流程

2．功能实现

1）相关头文件模块

```
/***********************************************************************
* 头文件：led.h
***********************************************************************/
#define D1      P1_1                //宏定义 D1 灯（即 LED1）控制引脚 P1_1
#define D2      P1_0                //宏定义 D2 灯（即 LED2）控制引脚 P1_0
#define ON      0                   //宏定义打开状态控制为 ON
#define OFF     1                   //宏定义关闭状态控制为 OFF
```

2）主函数模块

```
void main(void)
{
    unsigned char hall_status = 0;                    //定义存储霍尔传感器状态的变量
    xtal_init();                                       //系统时钟初始化
    led_init();                                        //LED 初始化
    hall_init();                                       //霍尔传感器初始化
    uart0_init(0x00,0x00);                             //串口初始化

    uart_send_string("hall!\r\n");                     //串口打印提示信息
    while(1)
    {
        if(get_hall_status() == 1){                    //检测到磁场
            D2 = ON;                                   //点亮 LED2
            if(hall_status == 0){                      //霍尔传感器的状态发生改变
                uart_send_string("hall!\r\n");         //串口打印提示信息
                hall_status = 1;                       //更新霍尔传感器的状态
            }
        }
        else{                                          //没有检测到磁场
            D2 = OFF;                                   //熄灭 LED2
            if(hall_status == 1){                      //霍尔传感器的状态发生改变
                uart_send_string("no hall!\r\n");      //串口打印提示信息
                hall_status = 0;                       //更新霍尔传感器的状态
            }
        }
    }
}
```

3）系统时钟初始化模块

系统时钟初始化的代码如下：

```
/********************************************************************************
* 名称：xtal_init()
* 功能：CC2530 系统时钟初始化
********************************************************************************/
void xtal_init(void)
{
    CLKCONCMD &= ~0x40;                                //选择 32 MHz 的外部晶体振荡器
    while(CLKCONSTA & 0x40);                           //晶体振荡器开启且稳定
    CLKCONCMD &= ~0x07;                                //选择 32 MHz 系统时钟
}
```

4）霍尔传感器初始化模块

```
void hall_init(void)
```

```
{
    P0SEL &= ~0x04;                          //配置引脚为通用 I/O 模式
    P0DIR &= ~0x04;                          //配置控制引脚为输入模式
}
```

5）数据获取模块

```
unsigned char get_hall_status(void)
{
    if(P0_2==1)                              //霍尔传感器检测引脚
    return 0;                                //没有检测到信号则返回 0
    else
    return 1;                                //检测到信号则返回 1
}
```

6）串口驱动模块

串口驱动模块包括串口初始化函数、串口发送字节函数、串口发送字符串函数和串口接收字节函数，部分信息如表 3.4 所示，更详细的源代码请参考 2.1 节内容。

表 3.4　串口驱动模块函数

名　　称	功　　能	说　　明
uart0_init(unsigned char StopBits,unsigned char Parity)	串口 0 初始化函数	StopBits 为停止位，Parity 为奇偶校验
void uart_send_char(char ch)	串口发送字节函数	ch 为将要发送的数据
void uart_send_string(char *Data)	串口发送字符串函数	*Data 为将要发送的字符串
int uart_recv_char(void)	串口接收字节函数	返回接收的串口数据

3.4.4　小结

本节先介绍了霍尔传感器的特点、功能和基本工作原理，然后介绍了 CC2530 驱动霍尔传感器的方法，最后通过开发实践，将理论知识应用于实践中，实现了变频器保护装置的设计，完成系统的硬件设计和软件设计。

3.4.5　思考与拓展

（1）霍尔传感器可应用在哪些领域？

（2）霍尔传感器基本原理是什么？有哪些分类？

（3）如何使用 CC2530 驱动霍尔传感器？

（4）霍尔传感器具有检测磁场的功能，当磁场强度发生变化时霍尔传感器的输出信号也会发生变化，在工业领域有着广泛的使用。请读者尝试模拟工厂流水线产品计数，PC 向 CC2530 发送开始计数指令，CC2530 开始记录检测到的磁场变化次数并将次数打印在 PC 上，当发送总计数指令时，向 PC 打印计数数量。

3.5 火焰传感器的应用开发

对于建筑工程来说，防火是必须考虑的要素。在一些特殊的工业场所，如工业厂房、仓库、隧道等，一旦发生火灾后果将不堪设想。这就需要敏锐的感光式火焰传感器，该类火焰传感器的原理是：通过专门的传感器检测火灾初期火焰中含有特殊波长的紫外线和红外线，尽可能在火灾的"萌芽期"就触发报警，为安全保驾护航。

感光式火焰传感器主要分为紫外和红外两大类，它们各有特点。传统上，感光式紫外火焰传感器的响应速度快，但作用距离短，由于对紫外光敏感，不适合室外检测；感光式红外火焰传感器的作用距离长，但响应速度慢，可用于室内和室外。

本节重点学习火焰传感器的功能和基本工作原理，通过 CC2530 驱动火焰传感器，从而实现燃烧机火焰检测的设计。

3.5.1 火焰传感器的工作原理

火焰是由各种燃烧生成物、中间物、高温气体、碳氢物质及无机物质等高温固体微粒构成的，火焰的热辐射具有离散光谱的气体辐射和连续光谱的固体辐射，不同燃烧物的火焰辐射强度、波长分布有所差异，但总体来说，其对应火焰温度的 $1\sim2\ \mu m$ 近红外波长域具有最大的辐射强度火焰光谱分段如图 3.37 所示。

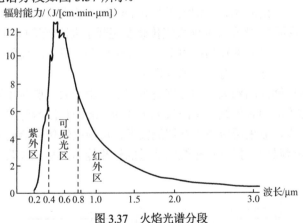

图 3.37　火焰光谱分段

火焰传感器检测火焰时主要是检测火焰光谱中的特征波长的光线，根据不同特征波长的光线，可将火焰传感器分为红外火焰传感器和紫外火焰传感器。

传统火焰传感器主要是感烟式、感温式和感光式火焰传感器。感烟式和感温式火焰传感器虽然漏报率很低，但是易受环境湿气、温度等因素的影响。感光式火焰传感器主要有两种：感光式紫外火焰传感器和感光式红外火焰传感器，又可细分为感光式单紫外、感光式单红外、感光式双红外和感光式三红外火焰传感器。感光式紫外火焰传感器响应快速，对人和高温物体不敏感，但存在本底噪声，且易受雷电、电弧等影响；感光式红外火焰传感器易受高温物体、人、日光等影响，所以感光式单红外火焰传感器易发生误报现象。感光式双红外和感光式三红外火焰传感器响应时间长，在背景复杂的情况下难以区分火焰和背景，误报率较高。

感光式紫红外火焰传感器结合了感光式紫外火焰传感器和感光式红外火焰传感器优势，互补不足，可以快速识别火焰，且准确率高。

感光式紫红外火焰传感器主要应用在石油、煤矿等防爆场所，这类场所对响应时间要求极高，由于恶劣的环境下使得误报现象严重，而且对其外包装有很高的防爆要求，成本高，不适合民用场所。仓库环境相对较好，对响应时间要求较低，对火焰传感器的外包装没有较高的防爆要求。感光式紫红外火焰传感器可快速检测到火焰信息，并可对其信号进行处理，在快速响应的同时提高了准确率，适合仓库防火的应用。

在火焰红外线辐射光谱范围内，辐射强度最大的波长为 4.1～4.7 μm。在火灾检测过程中，感光式红外火焰传感器会受到环境辐射的干扰，干扰源主要为太阳光。在红外光谱分布区，太阳是一种温度为 6000 K 的黑体辐射，这些辐射在穿越大气层时，波长小于 2.7 μm 的辐射大部分被 CO_2 和水蒸气吸收，波大于 4.3 μm 的辐射被 CO_2 吸收。采用具有带通性质的滤光片，仅让波长在 4.3 μm 附近的火焰红外线辐射通过，可减小背景辐射对感光式红外火焰传感器造成的干扰。

3.5.2 火焰传感器的分类

1. 感光式紫外火焰传感器

感光式紫外火焰传感器只对波长为 185～260 nm 的紫外线有响应，对其他频谱范围的光线不敏感，利用这一特性可以对火焰中的紫外线进行检测。经过大气层的太阳光和非透紫材料作为玻璃壳的电光源发出的光波长均大于 300 nm，故波长为 220～280 nm 的紫外线波段属于太阳光谱盲区（日盲区）。感光式紫外火焰传感器避开了太阳光造成的复杂背景，使后续信息处理的负担大为减轻，可靠性较高；由于它是光子检测手段，因而信噪比高，具有检测极微弱信号的能力；此外，它还具有反应速度极快的特点。

在紫外线波段内能够检测到火焰的光谱是带状谱，由于大气层对短波紫外线的吸收，由太阳辐射照射到地球表面的紫外线只有波长大于 0.29 μm 的长波紫外线，小于 0.29 μm 的短波辐射在地球表面极少，故采用紫外火焰探测技术，可使火焰传感器避开最大的干扰源——太阳光，从而可提高信噪比，提升对极微弱信号的检测能力。感光式紫外火焰传感器的检测区域如图 3.38 所示。

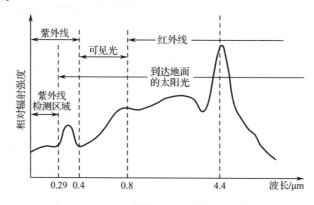

图 3.38　感光式紫外火焰传感器的检测区域

2. 感光式红外火焰传感器

感光式红外火焰传感器的传感元由高热电系数的钛酸铅陶瓷和硫酸三甘肽等组成。为克服环境温度变化对传感元造成的干扰，在设计时将参数相同的两个探测元反向串联或接成差动方式，双探测元感光式红外传感器原理如图 3.39 所示。感光式红外火焰传感器采用非接触的方式检测物体辐射的红外线能量变化并将其转换为电荷信号，在传感器内部用 N 沟道 MOSFET 接成共漏极形式（源极跟随器），将电荷信号转化为电压信号。

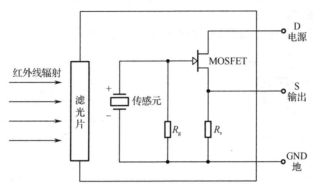

图 3.39　双探测元感光式红外传感器原理图

感光式红外火焰传感器能够检测波长为 700～1000 nm 的红外线，探测角度为 60°，其中红外线波长在 880 nm 附近时，其灵敏度达到最大。感光式红外火焰传感器可将外界红外线的强弱变化转化为电流的变化，通过 A/D 转换器转换为 0～255 范围内数值的变化。外界红外线越强，数值越小；红外线越弱，数值越大。

感光式红外火焰传感器中滤光片用于提高探测元对特定波长范围内红外线辐射的响应灵敏度，滤光片只通过特定波长范围的红外线，其余波长的红外线将被阻止。

3.5.3　红外线接收二极管和光电效应原理

红外线接收二极管是将光信号变成电信号的半导体器件，其核心部件是一个特殊材料的 PN 结。和普通二极管相比，接收管为了更多地接收入射光线，PN 结面积尽量做得比较大，尽量减小电极面积，而且 PN 结的结深很浅，一般小于 1 μm。红外线接收二极管是在反向电压作用之下工作的，没有红外线照射时，反向电流很小（一般小于 0.1 μA），称为暗电流；当有红外线照射时，携带能量的红外线光子进入 PN 结后，把能量传给共价键上的束缚电子，使部分电子挣脱共价键，从而产生电子-空穴对，它们在反向电压作用下参加漂移运动，使反向电流明显变大，光的强度越大，反向电流也越大，这种特性称为光电导。红外线接收二极管在一般光照度的光线照射下，所产生的电流称为光电流。如果在外电路上接上负载，负载上就可获得电信号，而且这个电信号随着光的变化而相应变化。

入射光照射在半导体材料上时，材料中处于价带的电子吸收光子能量后从禁带进入导带，使导带内电子数增多，价带内空穴数增多，产生电子-空穴对，使半导体材料产生光电效应。内光电效应按其工作原理可分为光电导效应和光生伏特效应。

1. 光电导效应

半导体材料受到光照射后会产生光生电子-空穴对，使半导体材料阻值变小，导电能力增强。这种光照射后使材料电阻率发生变化的现象称为光电导效应。基于光电导效应的光电器件有光敏电阻、光敏二极管与光敏三极管等。

（1）光敏电阻。光敏电阻是电阻型器件，其工作原理如图 3.40 所示。使用光敏电阻时可外加直流偏压或交流电压。禁带宽度较大的半导体材料，在室温下产生的电子-空穴对越少，无光照射时的电阻越大。

（2）光敏二极管。光敏二极管的工作原理如图 3.41 所示。

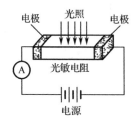

图 3.40　光敏电阻的工作原理

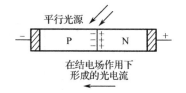

图 3.41　光电二极管的工作原理

（3）光敏三极管。光敏三极管工作原理及等效电路如图 3.42 所示。

2. 光生伏特效应

光生伏特效应是由入射光照射引起 PN 结两端产生电动势的效应，如图 3.43 所示。

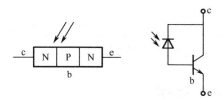

图 3.42　光敏三极管工作原理及等效电路

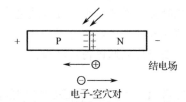

图 3.43　PN 结光生伏特效应原理图

当 PN 结两端没有外加电场时，在 PN 结势垒区的结电场方向从 N 区指向 P 区；当光线照射到 PN 结区时，光照产生的电子-空穴对在结电场作用下，电子移向 N 区，空穴移向 P 区，形成光电流。光电池外电路的连接方式如图 3.44 所示。

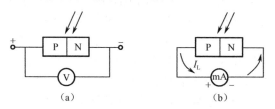

图 3.44　光电池外电路的连接方式

图 3.44（a）所示为开路电压输出，开路电压与光照度之间成非线性关系；图 3.44（b）所示为 PN 结两端直接用导线短接形成输出短路电流，其大小与光照度成正比。

红外线接收二极管除了在火焰检测方面的应用，还在众多领域都有应用，如光控、红外线遥控、光探测、光纤通信、光电耦合等。

3．接收管的技术参数

接收管包含以下几种参数：最高反向工作电压、暗电流、光电流、灵敏度、结电容、正向压降、响应时间。

3.5.4　开发实践：燃烧机火焰检测的设计

感光式紫外火焰传感器可用于燃烧机火焰的检测，该传感器只对紫外线敏感，对灯光和炉膛高温辐射无反应，抗干扰性强。燃烧机的控制器控制点火装置自动点火，在点火的同时自动打开燃料阀。如果在设定时间内没有点燃，控制器将自动关闭燃料阀并报警；如果点火成功，则保持燃料的正常供应。燃烧机如图 3.45 所示。

图 3.45　燃烧机

本项目利用火焰传感器和 CC2530 实现燃烧机火焰检测的设计。

1．开发设计

1）硬件设计

本项目的硬件部分主要由 CC2530、火焰传感器组成。硬件架构如图 3.46 所示。

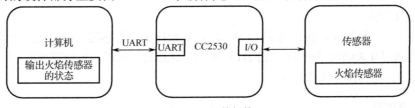

图 3.46　硬件架构

火焰传感器的接口电路如图 3.47 所示。

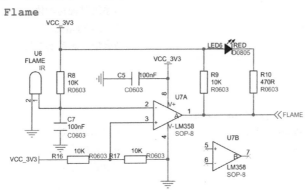

图 3.47　火焰传感器的接口电路

2）软件设计

要实现火焰检测，还需要合理的软件设计。软件设计流程如图 3.48 所示。

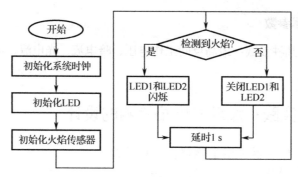

图 3.48　软件设计流程

2．功能实现

1）相关头文件模块

```
/************************************************************************************
* 文件：led.h
************************************************************************************/
#define D1      P1_1                          //宏定义 D1 灯（即 LED1）控制引脚 P1_1
#define D2      P1_0                          //宏定义 D2 灯（即 LED2）控制引脚 P1_0
#define ON      0                             //宏定义打开状态控制为 ON
#define OFF     1                             //宏定义关闭状态控制为 OFF
```

2）主函数模块

主函数中首先初始化系统时钟和 LED，然后初始化火焰传感器，最后进入主函数。当火焰传感器检测到有火焰信号时 D1（LED1）和 D2（LED2）闪烁，当没有检测到火焰信号时 D1 与 D2 熄灭，主函数代码如下：

```
void main(void)
{
    bool flame_status = 0
    xtal_init();                             //系统时钟初始化
    led_init();                              //LED 初始化
    flame_init();                            //火焰传感器初始化

    while(1)
    {
        flame_status   = get_flame_status();
        if(flame_status == 1){               //检测到火焰
            D2 = ~D2;                        //LED2 闪烁
            D1 = ~D1;                        //LED1 闪烁
        }else{
            D1 = OFF;
```

```
            D2 = OFF;
        }
        delay_s(1);                              //延时 1 s
    }
}
```

3）系统时钟初始化模块

系统时钟初始化源代码如下：

```
/***************************************************************************
* 名称：xtal_init()
* 功能：CC2530 系统时钟初始化
***************************************************************************/
void xtal_init(void)
{
    CLKCONCMD &= ~0x40;                      //选择 32 MHz 的外部晶体振荡器
    while(CLKCONSTA & 0x40);                 //晶体振荡器开启且稳定
    CLKCONCMD &= ~0x07;                      //选择 32 MHz 系统时钟
}
```

4）LED 初始化模块

LED 初始化代码如下：

```
/***************************************************************************
* 名称：void led_init(void)
* 功能：LED 控制引脚初始化
***************************************************************************/
void led_init(void)
{
    P1SEL &= ~0x03;                          //配置控制引脚（P1_0 和 P1_1）为通用 I/O 模式
    P1DIR |= 0x03;                           //配置控制引脚（P1_0 和 P1_1）为输出模式

    D1 = OFF;                                //LED1 的初始状态为关闭
    D2 = OFF;                                //LED2 的初始状态为关闭
}
```

5）火焰传感器初始化模块

```
/***************************************************************************
* 名称：flame_init()
* 功能：火焰传感器初始化
***************************************************************************/
void flame_init(void)
{
    P0SEL &= ~0x08;                          //配置引脚为通用 I/O 模式
    P0DIR &= ~0x08;                          //配置控制引脚为输入模式
}
```

6）火焰传感器状态获取模块

```
/*******************************************************************************
* 名称：unsigned char get_flame_status(void)
* 功能：获取火焰传感器的状态
*******************************************************************************/
unsigned char get_flame_status(void)
{
    if(P0_3)                                        //检测 I/O 口电平
    return 1;
    else
    return 0;
}
```

3.5.5　小结

本节先介绍了火焰传感器的特点、功能和基本工作原理，然后介绍了 CC2530 驱动火焰传感器的方法，最后通过开发实践，将理论知识应用于实践中，实现了燃烧机火焰的检测设计，完成了系统的硬件设计和软件设计。

3.5.6　思考与拓展

（1）火焰传感器的工作原理是什么？
（2）火焰传感器在工业上有哪些应用？
（3）如何使用 CC2530 驱动火焰传感器？
（4）尝试模拟仓库火灾报警器，通过火焰传感器采集火焰信号，当检测到火焰时 LED1 和 LED2 每秒闪烁一次，轻击触摸开关则打开两路继电器（模拟灭火装置灭火）；当火焰信号消失时，继电器将自动关闭，LED1 和 LED2 停止闪烁。

3.6　光电传感器的应用开发

随着生产自动化、设备数字化和机电一体化的发展，对光电计数器的需求日益增多。光电计数器在实际生产中已经得到了广泛的应用。光电计数器的核心组成部分是光电传感器，常用的光电传感器有光电断路器和光电开关，后者在工业生产中得到了广泛的应用。

本节重点学习光电传感器的功能和基本工作原理，通过 CC2530 驱动光电传感器，从而实现工厂生产线计件器的设计。

3.6.1　光电传感器

光电开关是一种常用的光电传感器，它可将发射端和接收端之间光的强弱变化转化为电流的变化，从而达到检测遮挡物的目的。由于光电开关的输出回路和输入回路是光电隔离（即电绝缘）的，所以它在工业控制领域得到了广泛的应用。光电开关可分为漫反射式光电开关、镜反射式光电开关、对射式光电开关、槽形光电开关和光纤式光电开关。

　　光电传感器是一种集发射器和接收器于一体的传感器，当有被测物体经过时，被测物体将发射器发射的足够量的光线反射到接收器，于是光电传感器就产生了检测开关信号。光电检测原理如图 3.49 所示。

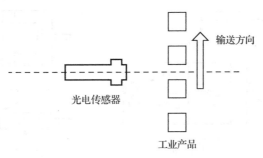

图 3.49　光电检测原理

　　光电传感器具有反应速度快、灵敏度高、分辨率高、可靠性和稳定性好、自身体积小、携带方便、易于安装等优点，可实现非接触式的检测，被广泛应用于各行各业。光电传感器可以分为模拟式光电传感器和脉冲式光电传感器两大类。模拟式光电传感器通过光通量的大小来确定光电流的值，光通量由被测非电量来决定，这样在光电流和测非电量之间就可以建立一个函数关系，从而来测定被测非电量的变化，此类传感器主要用于测量位移、表面粗超度及振动参数等。脉冲式光电传感器中的光电器件仅仅输出通和断两个稳定状态，当光电器件被光照射时，有光照射时则输出信号，无光照射时就没光信号输出，这类光电传感器通常用来测量线位移、角位移、角速度等。

3.6.2　光电开关的原理

　　光电开关主要由发射器、接收器和检测电路三部分构成，其基本原理是光电效应，即光生电，是指在光的照射下，某些物质内部的电子会被光子激发出来而形成电流。光电效应可分为内光电效应、外光电效应和光生伏特效应。内光电效应是指光使光电器件的电阻率发生变化，如光敏电阻；光生伏特效应是指光使物体产生定向的电动势，如光敏二极管、光敏三极管和光电池；外光电效应发生在物体表面，是指被光激发产生的电子离开物质表面的现象。

　　光电开关的发射器用于发射光束，光束一般来源于半导体光源，如发光二极管、激光二极管及红外发射二极管，可根据不同的要求选择光源。接收器一般选择光敏二极管或光敏三极管，光敏三极管除了具有光敏二极管能将光信号转换成电信号的功能，还可对电信号进行放大。在接收器的前面，通常还装有光学元件，如透镜和光圈等，接收器后面是检测电路。检测电路能滤出有效信号并应用该信号。当发射器发射恒定光源并被光电码盘调制后，周期性的光线照射到光敏三极管（接收器），光敏三极管将光信号转换成电信号并将电信号放大。光电码盘有遮光和通光孔之分，这样接收器接收到的电信号就是一系列高、低电平的脉冲。

　　此外，光电开关中还包括发射板和光导纤维。光电开关的结构如图 3.50 所示。

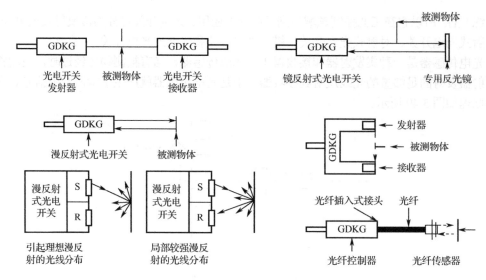

图 3.50　光电开关的结构

3.6.3　光电传感器的应用

采用光电元件作为敏感元件的光电传感器,其种类繁多,用途广泛,主要应用在以下领域。

(1) 烟尘浊度检测仪。防止工业烟尘污染是环保的重要任务之一,为了消除工业烟尘污染,首先要知道烟尘排放量,因此必须对烟尘源进行检测、自动显示,并在超标时报警。烟道里的烟尘浊度是通过光在烟道里传输过程中的变化大小来检测的,如果烟道烟尘浊度增加,光源发出的光被烟尘颗粒的吸收和折射的量会增加,到达光检测器的光就会减少,因而光检测器输出信号的强弱便可反映烟道浊度的变化。

(2) 条形码扫描笔。当扫描笔头在条形码上移动时,若遇到黑色线条,发光二极管的光线将被黑线吸收,光敏三极管接收不到反射光,呈高阻抗,处于截止状态;当遇到白色间隔时,发光二极管所发出的光线被反射到光敏三极管的基极,光敏三极管产生光电流而导通。整个条形码被扫描过之后,光敏三极管将条形码变形一个个电脉冲信号,该信号经放大、整形后便可形成脉冲列,经计算机处理后即可完成对条形码信息的识别。

(3) 产品计件器。产品在传送带上传送时,不断地遮挡光源到光电传感器的光路,使光电脉冲电路产生一个个电脉冲信号。产品每遮挡光路一次,光电传感器便会产生一个脉冲信号,因此,输出的脉冲数即代表产品的数目,该脉冲可由计数电路计数并由显示电路显示出来。

(4) 光电式烟雾报警器。没有烟雾时,发光二极管发出的光线沿直线传播,光敏三极管不会接收信号,没有输出;有烟雾时,发光二极管发出的光线被烟雾颗粒折射,使光敏三极管接收到光线,有信号输出并进行报警。

(5) 测量转速。在电动机的旋转轴上涂上黑白两种颜色,当旋转轴转动时,反射光与不反射光交替出现,光电传感器间断地接收光的反射信号,并输出间断的电信号,再经放大器放大及整形电路整形后输出方波信号,最后可得到电动机的转速。

(6) 光电池在光电检测和自动控制方面的应用。光电池作为光电探测使用时,其基本原理与光敏二极管相同，但它们的基本结构和制造工艺不完全相同。光电池具有在工作时不需要外加电压、光电转换效率高、光谱范围宽、频率特性好、噪声低等优点，已广泛地用于光电读数、光电耦合、光栅测距、激光准直、紫外光监视器和燃气轮机的熄火保护装置等。

工业级光电开关如图 3.51 所示，槽形光电开关的如图 3.52 所示。

图 3.51　工业级光电开关

图 3.52　槽形光电开关

3.6.4　开发实践：工厂生产线计件器的设计

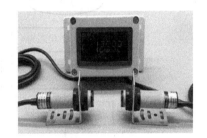

某工厂生产线需要对传送带上的产品进行计数，该设备使用光电传感器来检测产品通过数量，通过串口上传到上位机进行处理。光电计件器如图 3.53 所示。

本项目利用光电传感器和 CC2530 实现工厂生产线计件器的设计。

1．开发设计

1）硬件设计

图 3.53　光电计件器

本项目的硬件部分主要由 CC2530、槽形光电传感器组成。当有物件穿过槽形光电传感器时，传感器会产生电平变化，CC2530 对从传感器接收到的电平变化次数进行统计，从而实现计件功能，硬件架构如图 3.54 所示。

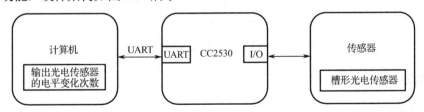

图 3.54　硬件架构

槽形光电传感器的接口电路如图 3.55 所示。

2）软件设计

要实现工厂生产线计数器的设计，还需要合理的软件设计。软件设计流程如图 3.56 所示。

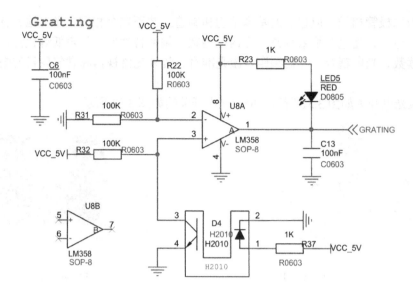

图 3.55　槽形光电传感器的接口电路

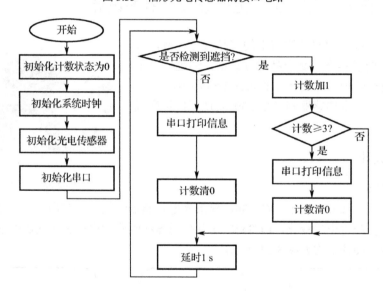

图 3.56　软件设计流程

2．功能实现

1）主函数模块

```
void main(void)
{
    unsigned char num = 0;                      //初始化计数状态为 0
    xtal_init();                                //系统时钟初始化
    grating_init();                             //光电传感器初始化
    uart0_init(0x00,0x00);                      //串口初始化
```

```
        while(1)
        {
            if(get_grating_status() == 1){           //检测到遮挡
                uart_send_string("Grating!\r\n");     //串口打印提示信息
                num = 0;                              //计数清 0
            }
            else{                                     //没有检测到遮挡
                num ++;                               //计数加 1
                if(num == 3){                         //连续 3 次检测到没有遮挡
                    uart_send_string("no Grating!\r\n"); //串口打印提示信息
                    num = 0;                          //计数清 0
                }
            }
            delay_s(1);                               //延时 1 s
        }
}
```

2）系统时钟初始化模块

系统时钟初始化代码如下：

```
/***********************************************************************
* 名称：xtal_init()
* 功能：CC2530 系统时钟初始化
***********************************************************************/
void xtal_init(void)
{
    CLKCONCMD &= ~0x40;           //选择 32 MHz 的外部晶体振荡器
    while(CLKCONSTA & 0x40);      //晶体振荡器开启且稳定
    CLKCONCMD &= ~0x07;           //选择 32 MHz 系统时钟
}
```

3）光电传感器初始化模块

```
/***********************************************************************
* 名称：grating_init()
* 功能：光电传感器初始化
***********************************************************************/
void grating_init(void)
{
    P0SEL &= ~0x10;               //配置引脚为通用 I/O 模式
    P0DIR &= ~0x10;               //配置控制引脚为输入模式
}
```

4）光电传感器状态获取模块

```
/***********************************************************************
* 名称：unsigned char get_grating_status(void)
```

```
* 功能：获取光电传感器状态
***************************************************************************/
unsigned char get_grating_status(void)
{
    if(P0_4)                            //检测光电传感器引脚
    return 1;                           //检测到信号返回 1
    else
    return 0;                           //没有检测到信号返回 0
}
```

5）串口驱动模块

串口驱动模块包括串口初始化函数、串口发送字节函数、串口发送字符串函数和串口接收字节函数，部分信息如表 3.5 所示，更详细的代码请参考 2.1 节内容。

表 3.5　串口驱动模块函数

名　　称	功　　能	说　　明
uart0_init(unsigned char StopBits,unsigned char Parity)	串口 0 初始化函数	StopBits 为停止位，Parity 为奇偶校验
void uart_send_char(char ch)	串口发送字节函数	ch 为将要发送的数据
void uart_send_string(char *Data)	串口发送字符串函数	*Data 为将要发送的字符串
int uart_recv_char(void)	串口接收字节函数	返回接收的串口数据

3.6.5　小结

本节先介绍了光电传感器的特点、功能和基本工作原理，然后介绍了 CC2530 驱动光电传感器的方法，最后通过开发实践，将理论知识应用于实践当中，实现了工厂生产线计件器的设计，完成了系统的硬件设计和软件设计。

3.6.6　思考与拓展

（1）光电传感器的工作原理是什么？

（2）光电传感器对生产线上被检测对象有什么要求？

（3）如何使用 CC2530 驱动光电传感器？

（4）光电传感器因其反应速度快、无接触且不易察觉的特性，在安防领域有着广泛的应用。请读者尝试模拟家居的门窗非法闯入检测系统，当未检测到有人体闯入时，系统每 3 s 将安全信息打印在 PC 上；当检测到有人体闯入时，LED 闪烁并将危险信息打印在 PC 上。

3.7　综合应用开发：楼宇安防系统的设计

楼宇安防系统是智能楼宇系统的重要组成部分，承担了安全检测和保障的任务。当楼宇安防系统中相关传感器设备检测到安全隐患时，就会发出警报，通知物业和相关人员，从而保障生命财产的安全。

CC2530 除了作为计算单元和提供一些硬件资源，并不能对环境信息进行感知，然而基于 CC2530 构成的物联网节点又必须获取自然界的环境数据。为了达到获取环境信息的目的，就需要采用相关的传感器来感知环境信息。楼宇安防系统通过安防类传感器来获取环境信息，并根据获取的信息来控制相应设备的动作。

3.7.1 理论回顾

1．人体红外传感器

AS312 系列产品是将数字智能控制电路与人体探测敏感元集成在电磁屏蔽罩内的热释电人体红外传感器。人体探测敏感元将感应到的人体移动信号通过甚高阻抗差分输入电路耦合到数字智能控制电路中，通过 ADC 将信号转化成 15 位的数字信号，当数字信号超过设定的阈值时就会有 LED 动态输出，以及具有定时时间的 REL 电平输出。

2．可燃气体传感器

MP-4 型可燃气体传感器采用先进的平面生产工艺，在微型 Al_2O_3 陶瓷基片上形成加热器和金属氧化物半导体气敏材料，用电极引线引出，封装在金属管座、管帽内。当存在被检测气体时，该气体的浓度越高，传感器的电导率就越高。使用简单的电路即可将这种电导率的变化转换为与气体浓度对应的输出信号。

3．火焰传感器

火焰传感器主要是依靠光谱中特征波长的光线来检测火焰的，根据不同特征波长的光线，可将火焰传感器分为红外火焰传感器和紫外火焰传感器。

火焰传感器主要包括感烟式传感器、感温式传感器和感光式传感器。虽然感烟式传感器和感温式传感器的漏报率很低，但是易受环境湿度、温度等因素的影响。感光式传感器主要有两种：感光式紫外传感器和感光式红外传感器。传统的感光式火焰传感器有单紫外、单红外、双红外和三红外感光式传感器。感光式紫外传感器的响应速度快，对人和高温物体不敏感，但有本底噪声存在，且易受雷电、电弧等影响；感光式红外传感器易受高温物体、人、日光等影响，所以单紫外、单红外感光式传感器易发生误报现象。双红外和三红外感光式传感器的响应时间长，在背景复杂情况下难以区分火焰和背景，误报率较高。紫红外传感器结合了紫外传感器和红外传感器优势，互补不足，可以快速识别火焰，并且准确率高。

4．光栅传感器

光栅传感器是指采用光栅叠栅条纹原理测量位移的传感器，主要由标尺光栅、指示光栅、光路系统和测量系统四部分组成。标尺光栅相对于指示光栅移动时，便形成大致按正弦规律分布的明暗相间的叠栅条纹。这些条纹以光栅的相对运动速度移动，并直接照射到光电元件上，在它们的输出端得到一串电脉冲，通过放大、整形、辨向和计数系统产生数字信号输出，直接显示被测的位移量。光栅传感器主要包括透射式光栅传感器和反射式光栅传感器两种。

5. 串口通信

串行通信的特点是数据的传送是一位一位地进行的，最少只需一根传输线即可完成；成本低但传送速率低。串行通信的距离可以从几米到几千米；根据信息的传送方向，串行通信可以进一步分为单工、半双工和全双工三种。

串口通信常用的参数有波特率、数据位、停止位和奇偶校验，通信双方的参数必须匹配才能正常进行通信。异步串行通信的一个帧包括起始位、数据位、校验位、停止位，其最大传输波特率是 115200 bps。

3.7.2 开发实践：楼宇安防系统

本项目根据人体红外传感器和光栅传感器检测到的信息来控制继电器，从而控制照明；根据可燃气体传感器和火焰传感器检测到的信息来控制 LED 的亮灭，从而达到楼宇安防报警的目的。

本项目的操作如下：通过串口连接计算机，打开串口工具，按下按键，串口显示系统采集的信息；再次按下按键，系统停止采集。串口显示、传感器状态与控制设备的关系如表 3.6 所示。

表 3.6　串口显示、传感器状态与控制设备的关系

序　　号	串 口 显 示	传感器状态	控制设备操作
1	humen	检测到人体	继电器 1 开
2	no humen	没有检测到人体	继电器 1 关
3	flame	检测到火焰	LED2 亮
4	no flame	没有检测到火焰	LED2 灭
5	combustiblegas	检测到可燃气体	LED1 亮
6	no combustiblegas	没有检测到可燃气体	LED1 灭
7	grating	检测到光栅状态	继电器 2 开
8	no grating	没有检测到光栅状态	继电器 2 关

1. 开发设计

楼宇安防系统的开发包括硬件和软件两个方面，硬件方面主要是硬件设计和组成，软件方面主要是硬件的设备驱动和软件的控制逻辑。

1）硬件设计

楼宇安防系统的硬件部分主要包括人体红外传感器、可燃气体传感器、火焰传感器、继电器、光栅传感器、LED 和按键。硬件架构如图 3.57 所示。

（1）LED 的硬件设计。LED1（D1）和 LED2（D2）的接口电路如图 3.58 所示。

图中，LED1（D1）与 LED2（D2）一端接电阻，另一端接在 P1_1 和 P1_0 上，CC2530通过设置引脚的高低电平来控制 LED 的灭和亮。

（2）人体红外传感器的硬件设计。人体红外传感器的接口电路如图 3.59 所示。

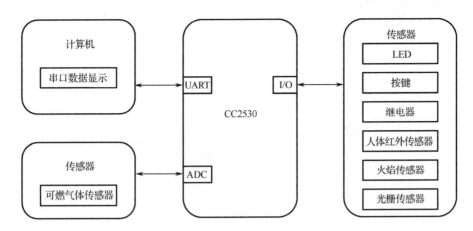

图 3.57　硬件架构

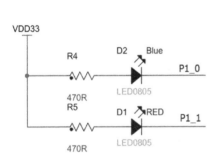

图 3.58　LED1 和 LED2 接口电路

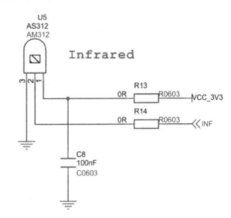

图 3.59　人体红外传感器的接口电路

　　AS312 型人体红外传感器是一种信号输出型传感器，当检测到人体红外信号时，其输出端电平发生相应变化，INF 引脚连接在 CC2530 的 P0_0 上。

　　（3）可燃气体传感器的硬件设计。可燃气体传感器的接口电路如图 3.60 所示。

　　MP-4 型可燃气体传感器是一种信号输出型传感器，当检测到可燃气体时，其输出端电平发生相应变化，GAS 引脚连接在 CC2530 的 P0_5 上。

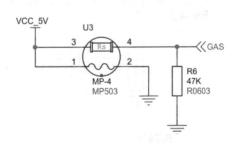

图 3.60　可燃气体传感器的接口电路

　　（4）火焰传感器的硬件设计。火焰传感器的接口电路如图 3.61 所示。

　　火焰传感器是一种信号输出型传感器，当检测到火焰时，其输出端电平发生相应变化，FLAME 引脚连接在 CC2530 的 P0_3 上。

　　（5）光栅传感器的硬件设计。光栅传感器的接口电路如图 3.62 所示。

　　光栅传感器是一种信号输出型传感器，当检测到物体穿过时，其输出端电平发生相应变化，CC2530 对光栅传感器接收到的电平变化次数进行统计。GRATING 引脚连接在 CC2530 的 P0_4 上。

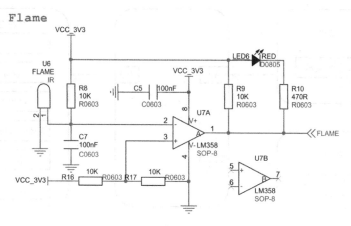

图 3.61　火焰传感器的接口电路

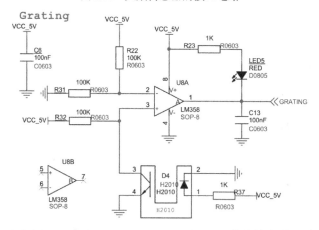

图 3.62　光栅传感器的接口电路

（6）继电器的硬件设计。继电器的接口电路如图 3.63 所示。

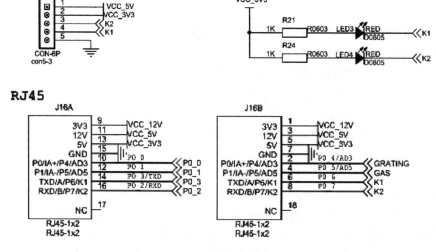

图 3.63　继电器接口电路

图中继电器一端接电阻，另一端接在 J17 上，J17 再接到 RJ45 端口的 K1、K2 上，RJ45 端口再与 CC2530 的 P0_6 和 P0_7 相连接，CC2530 通过设置引脚为低电平来打开继电器，设置为高电平时关闭继电器。

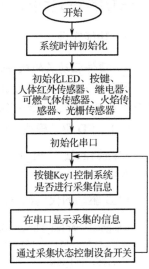

2）软件设计

系统的软件设计需要从软件的项目原理和业务逻辑来综合考虑，通过分析程序逻辑中每个部分的程序逻辑分层让软件的设计脉络变得更加清晰，实施起来更加简单。程序设计流程如 3.64 所示。

（1）需求分析。系统设计需求如下：

● 按键 Key1 控制系统是否进行采集信息。

● 检测到燃气状态，LED1 亮；未检测到燃气状态，LED1 灭。

● 检测到火焰状态，LED2 亮；未检测到火焰状态，LED2 灭。

● 检测到人体红外信号，打开继电器 1；未检测到人体红外信号，关闭继电器1。

● 检测到光栅，打开继电器 2；未检测到光栅，关闭继电器2。

图 3.64　程序设计流程

（2）功能分解。本项目可以根据实际的设计情况将系统分解为两层，分别为硬件驱动层和逻辑控制层。硬件驱动层主要用于实现各个模块的初始化，逻辑控制层主要实现对模块的控制。

（3）实现方法。通过对项目进行分析得出项目事件后，就可以考虑项目事件的实现方式。项目事件的实现方式需要根据项目本身的设置和资源来进行对应的分析，通过分析可以确定系统中抽象出来的硬件外设，通过对硬件外设操作可以实现对项目事件的操作。

（4）功能逻辑分解。将项目事件的实现方式设置为项目场景设备的实现抽象后，就可以轻松地建立项目的设计模型了，因此接下来做的事情就是将硬件与硬件抽象的部分进行一一对应。在对应的过程中，可以实现硬件设备与项目事件的联系，同时又可让逻辑控制层与硬件驱动层的设计变得更加独立，具有较好的耦合性。

项目系统功能分解如图 3.65 所示。

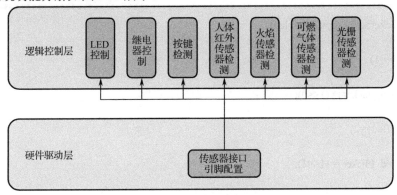

图 3.65　项目系统功能分解

通过项目系统功能分解，可以清晰地了解系统的每个功能细节。程序的实现过程应按照从下至上的思路进行，上一层的功能设计均以下层程序为基础，只有下层的软件稳定才能保证上层程序不出现功能性问题。

2. 功能实现

1）硬件驱动层的软件设计

硬件驱动层的软件设计主要对硬件外设的驱动进行编程，本项目主要包括 LED、继电器、人体红外传感器、可燃气体传感器、火焰传感器、光栅传感器等。

（1）LED 驱动模块。LED 驱动的头文件如下：

```
#define LED2      P1_0                      //定义 LED2 为 P1_0 口控制
#define LED1      P1_1                      //定义 LED1 为 P1_1 口控制
```

LED 驱动的代码如下：

```
unsigned char led_Flicker=0;
/*********************************************************************************
* 名称：led_init
* 功能：LED 初始化
*********************************************************************************/
void led_init(void)
{
    P1SEL &= ~((1<<0)+(1<<1));              //P1.0 P1.1 为普通 I/O 口
    P1DIR |= (1<<0)+(1<<1);                 //输出

    LED2 = 1;                               //关 LED
    LED1 = 1;
}


/*********************************************************************************
* 名称：ledFlickerSet
* 功能：设置 LED 闪烁，点亮 LED，ledFlicker 第二次运行后熄灭
* 参数：1—LED1 闪烁，2—LED2 闪烁
*********************************************************************************/
void ledFlickerSet(unsigned char led)
{
    if(led==1)
    {
        led_Flicker |= (1<<0);
    }
    else if(led==2)
    {
        led_Flicker |= (1<<1);
    }
}
```

```
/********************************************************************
* 名称：ledFlicker
* 功能：led 闪烁服务函数
* 参数：1—LED1 闪烁，2—LED2 闪烁
********************************************************************/
void ledFlicker(unsigned char led)
{
    if(led==1)
    {
        if(led_Flicker&0x01)
        {
            LED1=0;
            led_Flicker &= ~(1<<0);
        }
        else
        {
            LED1=1;
        }
    }
    else if(led==2)
    {
        if(led_Flicker&0x02)
        {
            LED2=0;
            led_Flicker &= ~(1<<1);
        }
        else
        {
            LED2=1;
        }
    }
}
```

（2）按键驱动模块。按键驱动的头文件如下：

```
#define KEY1 P1_2
#define KEY2 P1_3
```

按键驱动代码如下：

```
void key_init()
{
    P1SEL &= ~(1<<2);        //通用 I/O 模式
    P1DIR &= ~(1<<2);        //输入
    P1INP &= ~(1<<2);        //上下拉模式
```

```
P1SEL &= ~(1<<3);                    //通用 I/O 模式
P1DIR &= ~(1<<3);                    //输入
P1INP &= ~(1<<3);                    //上下拉模式

//P1,P2,P3-->5,6,7
P2INP &= ~(1<<6);                    //上拉
}
```

（3）人体红外传感器驱动模块。人体红外传感器驱动的代码如下：

```
/********************************************************************************
* 名称：infrared_init()
* 功能：人体红外传感器初始化
********************************************************************************/
void infrared_init(void)
{
    P0SEL &= ~0x01;                  //配置引脚为通用 I/O 模式
    P0DIR &= ~0x01;                  //配置控制引脚为输入模式
}
/********************************************************************************
* 名称：unsigned char get_infrared_status(void)
* 功能：获取人体红外传感器状态
********************************************************************************/
unsigned char get_infrared_status(void)
{
    if(P0_0)                         //人体红外传感器检测引脚
    return 1;                        //检测到信号返回 1
    else
    return 0;                        //没有检测到信号则返回 0
}
```

（4）可燃气体传感器驱动模块。可燃气体传感器驱动的代码如下：

```
/********************************************************************************
* 名称：CombustibleGas_init()
* 功能：可燃气体传感器初始化
********************************************************************************/
void combustiblegas_init(void)
{
    APCFG |= 0x20;                   //模拟 I/O 使能
    P0SEL |= 0x20;                   //端口 0_5 功能选择外设功能
    P0DIR &= ~0x20;                  //设置输入模式
    ADCCON3 = 0xB5;                  //选择 AVDD5 为参考电压，12 分辨率，P0_5 接 ADC
    ADCCON1 |= 0x30;                 //选择 ADC 的启动模式为手动
}
/********************************************************************************
* 名称：unsigned int get_infrared_status(void)
* 功能：获取可燃气体传感器状态
```

```
*************************************************************************/
unsigned int get_combustiblegas_data(void)
{
    unsigned int    value;
    ADCCON3    = 0xB5;                         //选择 AVDD5 为参考电压，12 分辨率，P0_5 接 ADC
    ADCCON1 |= 0x30;                           //选择 ADC 的启动模式为手动
    ADCCON1 |= 0x40;                           //启动 A/D 转换

    while(!(ADCCON1 & 0x80));                  //等待 A/D 转换结束
    value =    ADCL >> 2;
    value |= (ADCH << 6)>> 2;                  //取得最终转换结果，存入 value 中
    return value;                              //返回有效值
}
```

（5）火焰传感器驱动模块。火焰传感器驱动的代码如下：

```
/************************************************************************
* 名称：flame_init()
* 功能：火焰传感器初始化
*************************************************************************/
void flame_init(void)
{
    P0SEL &= ~0x08;                            //配置引脚为通用 I/O 模式
    P0DIR &= ~0x08;                            //配置控制引脚为输入模式
}
/************************************************************************
* 名称：unsigned char get_flame_status(void)
* 功能：获取火焰传感器状态
*************************************************************************/
unsigned char get_flame_status(void)
{
    if(P0_3)                                   //检测 I/O 口电平
    return 1;
    else
    return 0;
}
```

（6）光栅传感器驱动模块。光栅传感器驱动的代码如下：

```
/************************************************************************
* 名称：grating_init()
* 功能：光栅传感器初始化
*************************************************************************/
void grating_init(void)
{
    P0SEL &= ~0x10;                            //配置引脚为通用 I/O 模式
    P0DIR &= ~0x10;                            //配置控制引脚为输入模式
}
```

```
/*******************************************************************************
* 名称：unsigned char get_grating_status(void)
* 功能：获取光栅传感器状态
*******************************************************************************/
unsigned char get_grating_status(void)
{
    if(P0_4)                                        //振动传感器检测引脚
    return 1;                                       //检测到信号则返回 1
    else
    return 0;                                        //没有检测到信号则返回 0
}
```

（7）继电器驱动模块。继电器驱动的头文件如下：

```
/*******************************************************************************
* 文件：relay.h
*******************************************************************************/
#define RELAY1        P0_6
#define RELAY2        P0_7
```

继电器驱动的代码如下：

```
/*******************************************************************************
* 名称：relay_init()
* 功能：继电器初始化
*******************************************************************************/
void relay_init(void)
{
    P0SEL &= ~0xC0;                                 //配置引脚为通用 I/O 模式
    P0DIR |= 0xC0;                                  //配置控制引脚为输入模式
}
```

2）逻辑控制层的程序设计

逻辑控制层主要任务是通过驱动程序驱动 LED、继电器，并在串口显示安防类传感器的状态。

```
/*******************************************************************************
* 名称：main()
*******************************************************************************/
void main(void)
{
    unsigned char mode=0;
    unsigned short tick=0;
    char tx_buff[64];                               //串口发送缓冲数组

    xtal_init();                                     //系统时钟初始化
    led_init();
    key_init();
```

```
            relay_init();

            flame_init();
            hall_init();
            infrared_init();
            grating_init();
            combustiblegas_init();
            uart1_init(0,0);
            while(1)
            {
                if(KEY1==0)
                {
                    delay_ms(10);
                    if(KEY1==0)
                    {
                        mode = !mode;
                    }
                }

                if(tick%1000==0)
                {
                    if(mode)
                    {
                        if(get_infrared_status())
                        {
                            sprintf(tx_buff,"humen\r\n");              //字符串复制
                            uart1_send_string(tx_buff);               //串口打印
                            RELAY1 = 0;
                        }
                        else
                        {
                            sprintf(tx_buff,"no humen\r\n");           //字符串复制
                            uart1_send_string(tx_buff);               //串口打印
                            RELAY1 = 1;
                        }

                        if(get_flame_status())
                        {
                            sprintf(tx_buff,"flame\r\n");              //字符串复制
                            uart1_send_string(tx_buff);               //串口打印
                            LED1 = 0;
                        }else{
                            sprintf(tx_buff,"no flame\r\n");           //字符串复制
                            uart1_send_string(tx_buff);               //串口打印
                            LED1 = 1;
                        }
```

```
                    if(get_combustiblegas_data())
                    {
                        sprintf(tx_buff,"combustiblegas\r\n");        //字符串复制
                        uart1_send_string(tx_buff);                  //串口打印
                        LED2 = 0;
                    } else {
                        sprintf(tx_buff,"no combustiblegas\r\n");     //字符串复制
                        uart1_send_string(tx_buff);                  //串口打印
                        LED2 = 1;
                    }

                    if(get_grating_status())
                    {
                        sprintf(tx_buff,"grating\r\n");              //字符串复制
                        uart1_send_string(tx_buff);                  //串口打印
                        RELAY2 = 0;
                    } else {
                        sprintf(tx_buff,"no grating\r\n");           //字符串复制
                        uart1_send_string(tx_buff);                  //串口打印
                        RELAY2 = 1;
                    }
                }
            }

            tick++;
            if(tick>59999) tick=0;
        }
    }
```

3.7.3　小结

通过本项目的学习，读者可以回顾并加深理解 CC2530 外围接口和原理，进一步掌握安防类传感器的工作原理和应用，掌握 CC2530 驱动安防类传感器的方法。

3.7.4　思考与拓展

（1）通过本项目的学习，读者可以尝试将可燃气体传感器采集到的数值显示到显示模块上。

（2）如何防止人体红外传感器多次重复报警？

第 4 章

控制类传感器应用开发技术

本章学习控制类传感器技术的基本原理和应用开发，主要介绍继电器、轴流风机、步进电机、RGB 灯等控制类传感器。本章通过定时电饭煲开关的设计、工厂排风扇的设计、电动窗帘的设计、声光报警器的设计，以及综合性项目——家庭电器控制系统的设计，详细介绍了 CC2530 和常用的控制类传感器的应用，以及系统需求分析、逻辑功能分解和软/硬件架构设计的方法。

通过理论学习和开发实践，读者可以掌握基于 CC2530 的控制类传感器的应用开发技术，从而具备基本的开发能力。

4.1 继电器的应用开发

继电器是一种自动、远距离操纵用的电器。从电路角度来看，继电器包含两个主要部分：输入回路和输出回路。输入回路就是继电器的控制部分，如电、磁、光、热、流量、加速度等；输出回路就是被控制部分电路，也就是实现外围电路的通或断的功能部分。继电器就指控制部分（输入回路）中输入的某信号（输入量），当达到某一定值时，能使输出回路的电参量发生阶跃式变化的控制元件。继电器广泛地应用于各种电力保护系统、自动控制系统、遥控和遥测系统，以及通信系统中，可实现控制、保护和调节等功能。常用的继电器如图 4.1 所示。

图 4.1　常用的继电器

继电器有很多种类，可按不同的原则对其分类。按输入回路控制信号的性质，可分为电磁继电器、电流继电器、电压继电器、温度继电器、加速度继电器、风速继电器、频率继电器等；按照输出控制回路触点负载的大小，可分为大功率继电器、中功率继电器、弱功率继电器、微功率继电器；按照外型尺寸、体积的大小，可分为微型继电器、超小型继电器、小型继电器。另外，还有根据继电器的封装形式、工作原理等进行分类。

本节重点学习继电器的功能和基本工作原理，通过 CC2530 驱动继电器，从而实现定时电饭煲开关的设计。

4.1.1 电磁继电器原理

电磁继电器是利用电磁铁控制工作电路通断的一组开关，其工作原理如图 4.2 所示。

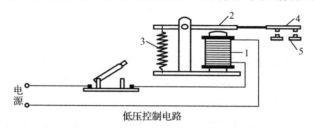

1—电磁铁；2—衔铁；3—弹簧；4—动触点；5—静触点

图 4.2 电磁继电器的工作原理

电磁继电器一般由电磁铁、衔铁、触点和弹簧等组成。只要在线圈两端加上一定的电压，线圈中就会流过一定的电流，从而产生电磁效应，衔铁就会在电磁力吸引的作用下克服返回弹簧的拉力吸向铁芯，从而带动衔铁的动触点与静触点（常开触点）吸合。当线圈断电后，电磁的吸力也随之消失，衔铁就会在弹簧的作用下返回原来的位置，使动触点与原来的静触点（常闭触点）释放。通过吸合和释放，达到导通、切断的目的。

常开触点和常闭触点：继电器线圈未上电时处于断开状态的静触点称为常开触点；处于接通状态的静触点称为常闭触点。

4.1.2 电磁继电器的开关分类

电磁继电器的开关可分为常闭开关和常开开关，如图 4.3 所示。

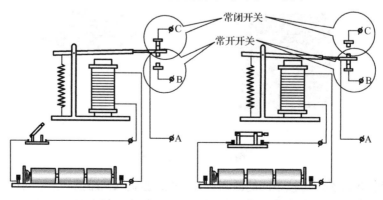

图 4.3 电磁继电器的常开开关和常闭开关

动合型（常开）线圈在不通电时两触点是断开的，通电后两个触点就闭合，以字母"H"表示；

动开型（常闭）线圈在不通电时两触点是闭合的，通电后两个触点就断开，以字母"D"表示。

4.1.3 电磁继电器组成

电磁继电器的电路由两部分组成，分别是控制电路和工作电路，如图 4.4 所示。

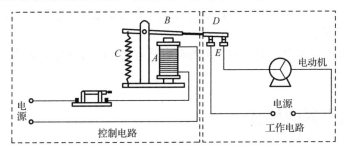

图 4.4 电磁继电器的组成

电磁继电器正常的吸合过程如下：电磁继电器的线圈两端施加电压后，会产生电流。线圈的等效电路为 RL 回路，由于有电感的存在，所以电流不会发生突变，而是以一定的指数规律逐渐增大。此时磁路通常不饱和，磁通量逐渐增强，电磁吸力也逐渐增加。当线圈电流继续增大，电磁吸力大于弹簧弹力时，衔铁就会被铁芯吸引，进而使动触头离开静触点向常开静触点运动。当动触头接触到常开静触点后，动触头会发生弹跳，此时衔铁不会立刻停止运动，而是继续带动动触头继续运动，此时动触头会给予常开静触头一定的压力。在电磁吸力与弹簧弹力、动/静触头之间的压力达到平衡时，衔铁停止运动，电磁系统逐渐变化到稳定状态，吸合过程结束。

电磁继电器正常的释放过程如下：当线圈两端的电压消失后，由于线圈电感内存在储能，线圈回路的电流不会发生突变，而是会以指数规律逐渐减小，此时电磁吸力仍大于弹簧弹力，衔铁不会运动。线圈电流继续减小，当电磁吸力小于弹簧弹力时，衔铁会带动动触头离开常开静触点直至与常闭静触点接触，动触头发生弹跳。此时弹簧会继续通过动触头给予常闭静触点一定的压力使动静触头有效接触。随着线圈电感内的储能被消耗，线圈回路的电流逐渐降为零，释放过程结束。

电磁继电器是一种电控制器件，当输入量的变化达到规定要求时，输出电路中的被控量会发生阶跃变化。电磁继电器常用于自动化的控制电路中，它实际上是用小电流去控制大电流的一种"自动开关"，在电路中起着自动调节、安全保护、转换电路等作用。

4.1.4 继电器的作用

继电器是具有隔离功能的自动开关元件，广泛应用于遥控、遥测、通信、自动控制、机电一体化及电力电子设备中。

继电器一般都有能反映一定输入变量（如电流、电压、功率、阻抗、频率、温度、压力、速度、光等）的感应机构（输入部分），能对被控电路实现通断控制的执行机构（输出部分）。在继电器的输入部分和输出部分之间，还有对输入量进行耦合隔离、功能处理和对输出部分进行驱动的中间机构（驱动部分）。

作为控制元件，概括起来，继电器有如下几种作用。

（1）扩大控制范围：如多触点继电器控制信号达到某一定值时，可以按触点的不同形式，同时换接、开断、接通多路电路。

（2）放大：如灵敏型继电器、中间继电器等，可用一个很微小的控制量控制功率很大的电路。

（3）综合信号：当多个控制信号按规定的形式输入多绕组继电器时，经过比较综合，可达到预定的控制效果。

（4）自动、遥控、监测：自动装置上的继电器与其他电器一起可以组成程序控制线路，从而实现自动化运行。

4.1.5　继电器的种类

继电器有很多不同的种类，可按不同的原则对其分类。

（1）按继电器的工作原理或结构特征，可分为：

● 电磁继电器：利用输入电路内电磁铁铁芯与衔铁间产生的吸力作用而工作的一种继电器。

● 固体继电器：指由电子元件执行其功能而无机械运动构件的、输入和输出隔离的一种继电器。

● 温度继电器：当外界温度达到给定值时而动作的继电器。

● 舌簧继电器：利用密封在管内、具有触电簧片和衔铁磁路双重作用的舌簧动作来开闭或转换电路的继电器。

● 时间继电器：当加上或除去输入信号时，输出部分需延时或限时到规定时间才会闭合或断开被控电路继电器。

● 高频继电器：用于切换高频、射频电路且具有最小损耗的继电器。

● 极化继电器：由极化磁场与控制电流通过控制线圈所产生的磁场综合作用而动作的继电器，继电器的动作方向取决于控制电圈中流过电流的方向。

● 其他类型的继电器：如光继电器、声继电器、热继电器、仪表式继电器、霍尔效应继电器、差动继电器等。

（2）按继电器的负载，可分为微功率继电器、弱功率继电器、中功率继电器、大功率继电器。

（3）按继电器按照动作原理，可分为电磁型、感应型、整流型、电子型、数字型继电器等。

本节使用的继电器为 5 V 电压驱动，受控引脚为常开开关，如图 4.5 所示。

4.1.6　开发实践：定时电饭煲开关的设计

定时电饭煲可在定时时间到达时来开启继电器，从而让电饭煲工作，如图 4.6 所示。

图 4.5　继电器

图 4.6　定时电饭煲

本项目利用继电器和 CC2530 实现定时电饭煲开关的设计。

1. 开发设计

1）硬件设计

本项目的硬件部分主要由 CC2530 和继电器组成。硬件架构如图 4.7 所示。

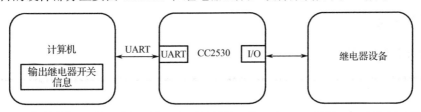

图 4.7　硬件架构

继电器的接口电路如图 4.8 所示。

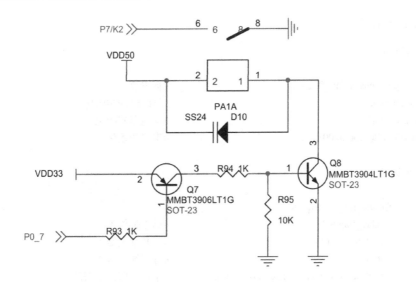

图 4.8　继电器的接口电路

2）软件设计

要实现定时电饭煲开关的设计，还需要合理的软件设计。软件设计流程如图 4.9 所示。

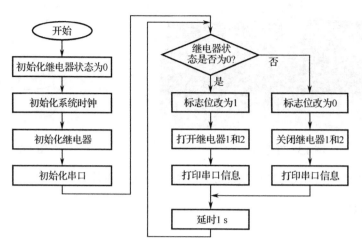

图 4.9　软件设计流程

2．功能实现

1）相关头文件模块

```
/**************************************************************************
* 文件：relay.h
**************************************************************************/
#define RELAY1    P0_6
#define RELAY2    P0_7
```

2）主函数模块

```
void main(void)
{
    unsigned char relay_flag = 0;                //标志位
    xtal_init();                                 //系统时钟初始化
    relay_init();                                //继电器初始化
    uart0_init(0x00,0x00);                       //串口初始化

    while(1)
    {
        if(relay_flag == 0){
            relay_flag = 1;                      //标志位置 1
            RELAY1 = ON;                         //打开继电器 1
            RELAY2 = ON;                         //打开继电器 2
            uart_send_string("RELAY ON!\r\n");   //串口打印提示信息
        }
        else{
            relay_flag = 0;                      //标志位清 0
            RELAY1 = OFF;                        //关闭继电器 1
            RELAY2 = OFF;                        //关闭继电器 2
            uart_send_string("RELAY OFF!\r\n");  //串口打印提示信息
```

```
    }
        delay_s(1);                                    //延时 1 s
    }
}
```

3）系统时钟初始化模块

系统时钟初始化的代码如下：

```
/*********************************************************************
* 名称：xtal_init()
* 功能：CC2530 系统时钟初始化
**********************************************************************/
void xtal_init(void)
{
    CLKCONCMD &= ~0x40;                                //选择 32 MHz 的外部晶体振荡器
    while(CLKCONSTA & 0x40);                           //晶体振荡器开启且稳定
    CLKCONCMD &= ~0x07;                                //选择 32 MHz 系统时钟
}
```

4）继电器初始化模块

```
/*********************************************************************
* 名称：relay_init()
* 功能：继电器初始化
**********************************************************************/
void relay_init(void)
{
    P0SEL &= ~0xC0;                                    //配置引脚为通用 I/O 模式
    P0DIR |= 0xC0;                                     //配置控制引脚为输入模式
}
```

5）串口驱动模块

串口驱动模块包括串口初始化函数、串口发送字节函数、串口发送字符串函数和串口接收字节函数，部分信息如表 4.1 所示，更详细的代码请参考 2.1 节内容。

表 4.1　串口驱动模块函数

名　称	功　能	说　明
uart0_init(unsigned char StopBits,unsigned char Parity)	串口 0 初始化函数	StopBits 为停止位，Parity 为奇偶校验
void uart_send_char(char ch)	串口发送字节函数	ch 为将要发送的数据
void uart_send_string(char *Data)	串口发送字符串函数	*Data 为将要发送的字符串
int uart_recv_char(void)	串口接收字节函数	返回接收的串口数据

4.1.7　小结

本节先介绍了继电器的特点、功能和基本工作原理，然后介绍了 CC2530 驱动继电器的方法，最后通过开发实践，将理论知识应用于实践中，实现了定时电饭煲开关的设计，完成了系统的硬件设计和软件设计。

4.1.8　思考与拓展

（1）常见的继电器有哪些分类？各有什么特点？

（2）继电器的触点的基本形式是什么？

（3）如何使用 CC2530 驱动继电器？

（4）继电器具有隔离强电、弱电控制强电的作用，在工控领域有着十分广泛的应用，例如，工业上的电机控制通常都是采用继电器实现的。请读者尝试模拟工业继电器开关的控制，通过两路按键控制两路继电器的开关，并将每个继电器状态打印在 PC 上。

4.2　轴流风机的应用开发

普通型轴流风机可用于一般工厂、仓库、办公室、住宅内等场所的通风换气，也可用于冷风机（空气冷却器）、蒸发器、冷凝器等矿用轴流风机，以及防腐、防爆型轴流风机采用防腐材料及防爆措施，可用于易爆、易挥发、具有腐蚀性物质的场合。

本节重点学习轴流风机的功能和基本工作原理，通过 CC2530 驱动轴流风机，从而实现工厂排风扇的设计。

4.2.1　轴流风机

1. 轴流风机的构成

轴流风机主要用于加速空气流动和散热，用途非常广泛，轴流风机的气流方向与风机轴的方向相同，如电风扇、空调外机风扇就是以轴流方式运行的。轴流风机通常用在对流量要求较高而压力要求较低的场合。轴流风机如图 4.10 所示

轴流风机一般由叶轮、机壳、集流器、流线罩、导叶和扩散器等部分组成，叶轮是轴流风机的关键部件。

（1）叶轮：主要由叶片和轮毂组成，叶片截面可以是机翼形或单板形。

（2）机壳：机壳与轮毂一起形成气体的流动通道，提供电动机传动机构安装部件、与基础的连接部件、与管道的连接法兰等部件。

（3）集流器与流线罩：集流器与流线罩组合形成一个渐缩的光滑通道，有利于气流顺畅地进入由轮毂与机壳形成的通道，减少气流进口损失。

（4）导叶：导叶对风机性能有重要影响，它可分前导叶与后导叶。前导叶在叶轮前使气流产生旋绕，可以改变气流进入叶片的进口气流角，从而改变叶轮的气动性能；后导叶在叶轮后使气流旋绕产生的部分动能转变为压力的升高。

（5）扩散器：扩散器可将气流的部分动能转化为提高通风机的静压，从而提高风机的静压效率。

轴流风机通过叶片旋转输送气体，属于透平式风机的一种，其特点为工作时气体沿轴向

流动，低压、大流量。图 4.11 所示为典型的轴流风机结构，其工作原理为：当叶轮旋转时，气体进入集流器，通过叶轮获得能量，将机械能转换为气体的动能和压力能，之后气流流入导叶，在导叶的作用下偏转气流变为轴向流，最后经由出风筒吹出。

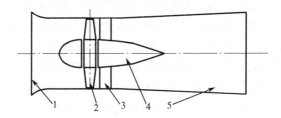

1—集流器；2—叶轮；3—导叶；4—导流体；5—出风筒

图 4.10　轴流风机　　　　　　　　　图 4.11　典型的轴流风机结构

　　由于轴向流动面内气流在不同半径上所受离心力的大小不同，故气流参数为变量。基于此，可将动叶片设计为沿叶高方向扭曲状，将半径相同的环形叶栅展开所得到的平面叶栅称为基元级。通过分析基元级可研究在不同半径上的流面内的气体流动情况，图 4.12 所示为基元级内速度三角形。

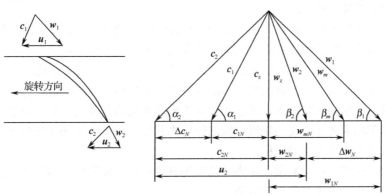

图 4.12　基元级内速度三角形

　　气体在叶轮中做复合运动，在叶轮进口处，气流以相对速度 w_1 进入叶轮中的叶栅，通过叶轮旋转获得牵连速度 u_1、气体绝对速度 c_1 为相对速度 w_1 与牵连速度 u_1 的矢量和。w_1、u_1、c_1 构成叶栅进口速度三角形。在叶轮出口处，气流获得相对速度 w_2，牵连速度为 u_2，绝对速度 c_2 随之确定。为了便于分析，将叶轮进、出口速度三角形画在同一矢量图中，如图 4.12 所示，c_1、c_2 的轴向分速度分别为 c_{1z}、c_{2z}，α_1、α_2、β_1、β_2 分别为气流绝对速度、相对速度和叶轮旋转方向的夹角。

2. 轴流风机的性能参数

轴流风机的主要参数包括流量、压力、功率、效率和转速，称为轴流风机的性能参数。

下面分别介绍轴流风机的性能参数。

（1）轴流风机进口标准状态。轴流风机进口标准状态指轴流风机进口处的压力为一个标准大气压（温度为 20℃，相对湿度为 50%RH）。轴流风机进口标准状态下的空气密度为 1.2 kg/m³，但在汽车用轴流风机中的进口处的压力往往有特殊的要求。

（2）流量。轴流风机的流量一般指单位时间内流过轴流风机通道某一截面的气体容积，也称为轴流风机的送风量。如无特殊说明，是指轴流风机进口标准状态下的容积流量。

（3）压力。压力主要分为气体的压力和轴流风机的压力。

气体的压力：气体在平直通道中流动时，通道某一截面上垂直于壁面的气体压力称为该截面上气体的静压；该截面上气体流动速度所产生的压力称为动压。截面上的气体速度分布是不均匀的，通常所说的截面上气体的动压，是指该截面上所有气体的动压平均值。在同一截面上气体的静压和动压之和，称为气体的全压。

轴流风机的压力：轴流风机出口截面上气体的全压与进口截面上气体的全压之差称为轴流风机的全压，它表示了单位体积气体轴流风机内获得的能量。轴流风机出口截面上气体的动压定义为轴流风机的动压。轴流风机的全压与轴流风机的动压之差定义为轴流风机的静压。轴流风机性能中所给出的压力一般是指轴流风机的全压。

（4）功率。轴流风机的功率可分为轴流风机的有效功率、轴功率和内部功率。轴流风机的有效功率是指轴流风机所输送的气体在单位时间内从轴流风机所获得的有效能量；轴功率是指单位时间内原动机传递给轴流风机轴上的能量，也称为输入功率；内部功率是指轴流风机的有效功率加上轴流风机内部的流动损失功率，等于轴流风机的轴功率减去外部机械损失，如轴承和传动装置等所耗的功率。

（5）效率。轴流风机在把原动机的机械能传递给气体的过程中，要克服各种损失而消耗一部分能量。轴流风机的轴功率不可能全部转变为有效功率，可用效率来反映轴流风机能量损失的大小。轴流风机的全压效率是指轴流风机的有效功率与轴功率之比，也就是在全压下的输出能量与输入能量之比。轴流风机的静压有效功率与轴功率之比定义为轴流风机静压效率，轴流风机的全压功率与内部功率之比定义为轴流风机的全压内效率。而轴流风机的静压有效功率与内部功率之比定义为轴流风机的静压内效率，表示轴流风机内部流动过程的好坏，是轴流风机气动力设计的主要指标。

（6）转速。轴流风机的流量、压力、功率等参数都随着轴流风机的转速而改变，所以轴流风机的转速也是一个重要的性能参数。

3．轴流风机的工作原理与分类

（1）轴流风机的工作原理。当叶轮旋转时，气体从进口进入叶轮，受到叶轮上叶片的推挤后使气体的能量升高，然后进入导叶。导叶将偏转气流变为轴向流动，同时将气体导入扩压管，进一步将气体动能转换为压力能，最后引入工作通道。

轴流风机叶片的工作方式与飞机的机翼类似，但后者是将升力向上作用于机翼上，并支撑飞机的重量，而轴流风机则固定位置并使空气移动。

轴流风机的横截面一般为翼剖面，叶片可以固定位置，也可以围绕轴旋转，叶片与气流的角度或者叶片间距可以不可调或可调。改变叶片角度或间距是轴流式风机的主要优势之一，小的叶片间距产生较低的流量，而增加间距则可产生较高的流量。

先进的轴流风机能够在风机运转时改变叶片间距（这与直升机旋翼颇为相似），从而相应

地改变流量，这种轴流风机称为动叶可调轴流式风机。工业轴
流风机如图 4.13 所示。

（2）轴流风机的分类。

- 按材质可分为：钢制风机、玻璃钢风机、塑料风机、PP
  风机、PVC 风机、镁合金风机、铝风机等类型。
- 按用途可分为：防爆风机、防腐风机、防爆防腐风机、
  专用轴流风机等类型。
- 按使用要求可分为：管道式、壁式、岗位式、固定式、
  防雨防尘式、移动式、电机外置式等类型。
- 按安装方式可分为：皮带传动式、电机直连式。

图 4.13 工业轴流风机

（3）离心风机与轴流风机。离心风机和轴流风机主要区别
在于：

- 离心风机改变了通道内介质的流向，而轴流风机不改变通道内介质的流向；
- 离心风机安装较复杂；
- 离心电机一般是通过皮带带动转动轮的，轴流电机一般在风机内；
- 离心风机常安装在空调机组进/出口处、锅炉鼓/引风机等位置，轴流风机常安装在风
  管当中或风管出口前端。

4.2.2　GM0501PFB3 型轴流风机

GM0501PFB3 型轴流风机有三根引出线，这三根线分别是电源正极接线、电源负极接线、
转速控制接线。电源正极接线和电源负极接线是用来为轴流风机供电的，轴流风机的转速控
制则是通过转速控制接线实现的。控制轴流风机转速的信号是一种脉冲宽度调制信号
（PWM），通过调制 PWM 的脉冲宽度（占空比）可以实现对轴流风机的转速调节。PWM 信
号波形如图 4.14 所示。

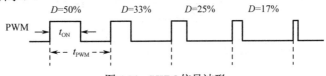

图 4.14　PWM 信号波形

本项目使用的是小型轴流风机，如图 4.15 所示。

4.2.3　开发实践：工厂排风扇设计

工厂的密闭空间对于作业人员有着很大的影响，通过使用轴流风机可实现通风换气的目
的。轴流风机如图 4.16 所示，可以通过开关来控制轴流风机的运转。

本项目使用轴流风机和 CC2530 实现工厂排风扇的设计。

1. 开发设计

1）硬件设计

本项目的硬件部分主要由 CC2530 和轴流风机组成。硬件架构如图 4.17 所示。

图 4.15　小型轴流风机

图 4.16　轴流风机

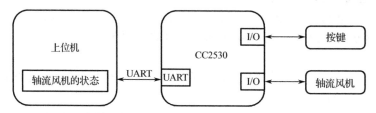

图 4.17　硬件架构

轴流风机的接口电路如图 4.18 所示

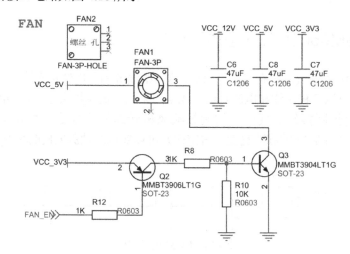

图 4.18　轴流风机的接口电路

2）软件设计

要实现工厂排风扇的设计，还需要合理的软件设计。软件设计流程如图 4.19 所示

2．功能实现

1）相关头文件模块

```
/**********************************************************************
* 文件：led.h
**********************************************************************/
#define D1        P1_1                              //宏定义 D1 灯（即 LED1）控制引脚 P1_1
```

```
#define D2        P1_0                                  //宏定义 D2 灯（即 LED2）控制引脚 P1_0
#define ON        0                                     //宏定义打开状态控制为 ON
#define OFF       1                                     //宏定义关闭状态控制为 OFF
/*******************************************************************************
* 文件：key.h
*******************************************************************************/
#define K1        P1_2                                  //宏定义按键检测引脚 P1_2
#define K2        P1_3                                  //宏定义按键检测引脚 P1_3
#define UP        1                                     //按键弹起
#define DOWN      0                                     //按键被按下
```

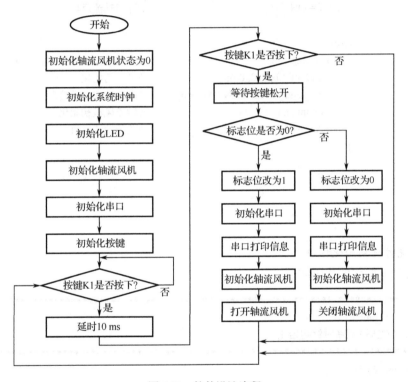

图 4.19　软件设计流程

2）主函数模块

```
void main(void)
{
    unsigned char fan_flag = 0;                        //轴流风机状态标志位
    xtal_init();                                       //系统时钟初始化
    led_io_init();                                     //LED 初始化
    fan_init();                                        //轴流风机初始化
    uart0_init(0x00,0x00);                             //串口初始化
    key_io_init();                                     //按键初始化
    while(1)
    {
        if(KEY1 == ON)                                 //按键按下，改变 2 个 LED 的状态
```

```
    {
        delay_ms(10);                              //按键防抖
        if(KEY1 == ON)                             //按键按下，改变 2 个 LED 的状态
        {
            while(KEY1 == ON);                     //松手检测
            if(fan_flag == 0){                     //检测轴流风机的状态
                fan_flag = 1;                      //轴流风机状态标志位置 1
                uart0_init(0x00,0x00);             //串口初始化
                uart_send_string("FAN ON!\r\n");   //串口打印提示信息
                fan_init();                        //轴流风机初始化
                FAN = ON;                          //开启轴流风机
            }
            else{
                fan_flag = 0;                      //轴流风机状态标志位清 0
                uart0_init(0x00,0x00);             //串口初始化
                uart_send_string("FAN OFF!\r\n");  //串口打印提示信息
                fan_init();                        //轴流风机初始化
                FAN = OFF;                         //关闭轴流风机
            }
        }
    }
}
```

3）系统时钟初始化模块

系统时钟初始化的代码如下：

```
/*****************************************************************************
* 名称：xtal_init()
* 功能：CC2530 系统时钟初始化
*****************************************************************************/
void xtal_init(void)
{
    CLKCONCMD &= ~0x40;                     //选择 32 MHz 的外部晶体振荡器
    while(CLKCONSTA & 0x40);                //晶体振荡器开启且稳定
    CLKCONCMD &= ~0x07;                     //选择 32 MHz 系统时钟
}
```

4）LED 初始化模块

LED 初始化代码如下：

```
/*****************************************************************************
* 名称：void led_init(void)
* 功能：LED 控制引脚初始化
*****************************************************************************/
void led_init(void)
{
```

第 **4** 章
控制类传感器应用开发技术

```
    P1SEL &= ~0x03;          //配置控制引脚（P1_0 和 P1_1）为通用 I/O 模式
    P1DIR |= 0x03;           //配置控制引脚（P1_0 和 P1_1）为输出模式

    D1 = OFF;                //初始状态为关闭
    D2 = OFF;                //初始状态为关闭
}
```

5）轴流风机初始化模块

```
void fan_init(void)
{
    P0SEL &= ~0x08;          //配置引脚为通用 I/O 模式
    P0DIR |= 0x08;           //配置控制引脚为输出模式
}
```

6）串口驱动模块

串口驱动模块包括串口初始化函数、串口发送字节函数、串口发送字符串函数和串口接收字节函数，部分信息如表 4.2 所示，更详细的源代码请参考 2.1 节内容。

表 4.2　串口驱动模块函数

名　　称	功　　能	说　　明
uart0_init(unsigned char StopBits,unsigned char Parity)	串口 0 初始化函数	StopBits 为停止位，Parity 为奇偶校验
void uart_send_char(char ch)	串口发送字节函数	ch 为将要发送的数据
void uart_send_string(char *Data)	串口发送字符串函数	*Data 为将要发送的字符串
int uart_recv_char(void)	串口接收字节函数	返回接收的串口数据

4.2.4　小结

本节先介绍了轴流风机的特点、功能和基本工作原理，然后介绍了 CC2530 驱动轴流风机的方法，最后通过开发实践，将理论知识应用于实践中，实现了工厂排风扇的设计，完成了系统的硬件设计和软件设计。

4.2.5　思考与拓展

（1）轴流风机的工作原理和控制原理是什么？

（2）怎么控制轴流风机的转速？

（3）如何使用 CC2530 驱动轴流风机？

（4）除了能够通过外接电路控制轴流风机的正常开关，还可以通过 PWM 精确地控制轴流风机的转速，如笔记本电脑中的散热器。请读者尝试模拟工业换气扇的功能，将轴流风机的转速分为三个等级，并使用 LED1 和 LED2 来表示，通过按键来控制轴流风机的转速。

4.3 步进电机的应用开发

步进电机是将电脉冲信号转变为角位移或线位移的开环控制电机，是控制系统中的重要执行元件之一，应用极为广泛。步进电机可以通过控制脉冲个数来控制角位移，从而达到准确定位的目的；同时可以通过控制脉冲频率来控制电机转动的速度和加速度，从而达到调速的目的。

本节重点学习步进电机的功能和基本工作原理，通过 CC2530 驱动步进电机，从而实现电动窗帘的设计。

4.3.1 步进电机基本概念

步进电机又称为脉冲电机，可以自由地回转，其动作原理是依靠气隙磁导的变化来产生电磁转矩。20 世纪初，在电话自动交换机中广泛使用了步进电机，在缺乏交流电源的船舶和飞机等独立系统中也得到了广泛的使用。20 世纪 50 年代后期，晶体管也逐渐应用在步进电机上，对于数字化的控制变得更为容易。到了 80 年代后，由于廉价的微型计算机以多功能的姿态出现，步进电机的控制方式更加灵活多样。常用的步进电机如图 4.20 所示。

图 4.20　常用的步进电机

步进电机相对于其他控制用途电机的最大区别是，它接收数字控制信号（电脉冲信号）并将其转化成与之相对应的角位移或线位移，它本身就是一个完成数/模转换的执行元件，而且它可用于开环控制，输入一个脉冲信号就可得到一个规定的位置增量。与传统的直流控制系统相比，其成本明显降低，几乎不必进行系统调整。步进电机的角位移量与输入的脉冲个数严格成正比，而且在时间上与脉冲同步，因而只要控制脉冲的数量、频率和电机绕组的相序，即可获得所需的转角、速度和方向。

根据步进电机的结构形式，可将其分为反应式步进电机、永磁式步进电机、混合式步进电机、单相步进电机、平面步进电机等多种类型，我国所采用的步进电机以反应式步进电机为主。

步进电机的运行性能与控制方式有密切的关系，从其控制方式来看，步进电机的控制系统可以分为开环控制系统、闭环控制系统、半闭环控制系统。目前，半闭环控制系统在实际应用中一般归类于开环或闭环控制系统中。

步进电机的相关参数如下。

1. 静态参数

（1）相数：产生不同对极 N、S 磁场的激磁线圈对数。

（2）拍数：是指完成一个磁场周期性变化所需脉冲数或导电状态，通常用 n 表示，或指步进电机转过一个齿距角所需的脉冲数。以四相步进电机为例，有四相四拍运行方式（即 AB-BC-CD-DA-AB）和四相八拍运行方式（即 A-AB-B-BC-C-CD-D-DA-A）。

（3）步距角：对应一个脉冲信号，步进电机转子转过的角位移用 θ 表示，即

$$\theta = 360° / （转子齿数×运行拍数）$$

以常规的二相/四相转子齿数为 50 的步进电机为例，四拍运行时步距角 $\theta = 360°/(50×4)=$ 1.8°（俗称整步），八拍运行时步距角 $\theta = 360°/(50×8)=0.9°$（俗称半步）。

（4）定位转矩：指步进电机在不通电状态下，步进电机转子自身的锁定力矩（通常是由磁场齿形的谐波以及机械误差造成的）。

（5）静转矩：指步进电机在额定静态电压作用下，当步进电机不做旋转运动时步进电机转轴的锁定力矩，此力矩是衡量步进电机体积的标准，与驱动电压及驱动电源等无关。虽然静转矩与电磁激磁安匝数成正比，与定子间的气隙有关，但过分减小气隙，增加电磁激磁安匝数来提高静力矩是不可取的，这样会造成步进电机的发热及机械噪声。

2. 动态参数

（1）步距角精度：指步进电机每转过一个步距角的实际值与理论值的误差，用百分比表示，即误差/步距角×100%。不同拍数时其值不同，四拍应在 5% 之内，八拍应在 15% 以内。

（2）失步：步进电机运转时运转的步数不等于理论上的步数时，称为失步。

（3）失调角：指转子齿轴线偏移定子齿轴线的角度，步进电机运转必存在失调角，由失调角产生的误差，采用差分驱动是不能解决的。

（4）最大空载起动频率：指步进电机在某种驱动形式、电压及额定电流下，在不加负载的情况下，能够直接起动的最大频率。

（5）最大空载的运行频率：指步进电机在某种驱动形式、电压及额定电流下，步进电机不带负载时最高转速频率。

（6）运行矩频特性：步进电机在某种测试条件下，测得的运行中输出力矩与频率关系的曲线称为运行矩频特性，这是步进电机诸多动态曲线中最重要的，也是步进电机选择的根本依据。其他特性还有惯频特性、起动频率特性等。步进电机一旦选定，其静力矩就确定了，而动力矩却不然，步进电机的动力矩取决于步进电机运行时的平均电流（而非静态电流），平均电流越大，步进电机输出力矩越大，即步进电机的频率特性越强。要使平均电流大，应尽可能提高驱动电压，采用小电感大电流的步进电机。

（7）步进电机的共振点：步进电机均有固定的共振区域，二相、四相感应式的共振区一般在 180～250 pps 之间（步距角为 1.8°）或在 400 pps 左右（步距角为 0.9°），步进电机驱动电压越高，步进电机电流越大，负载越轻，电机体积越小，则共振区向越上偏移。反之亦然。为使步进电机输出电矩增大、不失步和整个系统的噪声降低，一般工作点均应偏移共振区较多。

（8）步进电机正反转控制：当步进电机绕组通电时序为 AB-BC-CD-DA 时正转，通电时序为 DA-CD-BC-AB 时反转。

4.3.2　步进电机的工作原理、结构及控制方式

虽然步进电机已被广泛应用，但步进电机并不能像普通的直流电机、交流电机那样在

常规下使用，它必须由双环形脉冲信号、功率驱动电路等组成控制系统后才能使用，因此用好步进电机绝非易事，它涉及机械、电机、电子及计算机等许多专业知识。步进电机作为执行元件，是机电一体化的关键产品之一，广泛应用在各种自动化控制系统中。随着微电子和计算机技术的发展，步进电机的需求量与日俱增，在多个领域都有应用。步进电机如图 4.21 所示。

图 4.21　步进电机

1. 步进电机的工作原理

通常步进电机的转子为永磁体，当电流流过定子绕组时，定子绕组会产生一矢量磁场，该磁场会带动转子旋转一角度，使得转子的磁场方向与定子的磁场方向一致。当定子的矢量磁场旋转一个角度时，转子也随着该磁场转一个角度。每输入一个电脉冲，步进电机就转动一个角度前进一步，它输出的角位移与输入的脉冲数成正比、转速与脉冲频率成正比。改变绕组通电的顺序，步进电机就会反转，所以可通过控制脉冲数量、频率及步进电机各相绕组的通电顺序来控制步进电机的转动。

2. 步进电机的结构及控制方式

步进电机主要由定子和转子两部分构成，它们均是由磁性材料制成的。以三相步进电机为例，其定子和转子上分别有 6 个和 4 个磁极。步进电机的内部结构如图 4.22 所示。

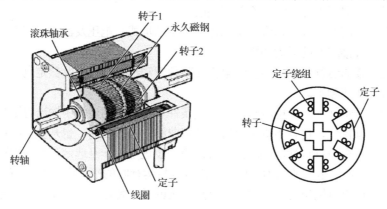

图 4.22　步进电机的内部结构

通过对步进电机的结构进行简化，可将步进电机简化为定子、绕组和转子。定子的 6 个磁极上有三相控制绕组，每两个相对的磁极成一相。步进电机的简化结构如图 4.23 所示。

步进电机的工作流程如图 4.24 所示，A 相通电时，A 方向的磁通经转子形成闭合回路。若转子和磁场轴线方向原有一定角度，在磁场的作用下，转子被磁化，吸引转子，由于磁力

线总是要通过磁阻最小的路径闭合，使转子转动，使得
转子和定子的齿对齐，停止转动。

4.3.3 步进电机的控制方法

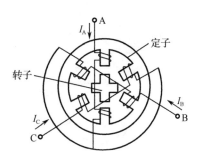

图 4.23 步进电机的简化结构

步进电机最简单的控制方式就是开环控制方式，其
原理框图如图 4.25 所示。

在这种控制方式下，步进电机控制脉冲的输入并不
依赖于转子的位置，而是按一个固定的规律发出控制脉
冲，步进电机仅依靠这一系列既定的脉冲而工作。由于
步进电机的独特性，这种控制方式比较适合控制步进电机。

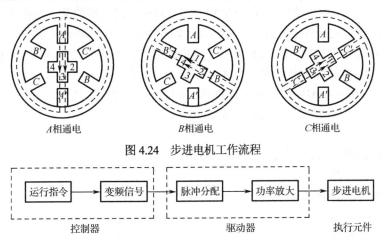

图 4.24 步进电机工作流程

图 4.25 开环控制方式的原理框图

开环控制方式的特点是控制简单、实现容易。在开环控制中，负载位置对控制电路没有
反馈，因此，步进电机必须正确地响应每次励磁的变化，如果励磁变化太快，步进电机不能
移动到新的位置，那么实际负载位置与理想位置就会产生一个偏差，在负载基本不变时，控
制脉冲序列的产生较为简单，但在负载的变化较大的场合，控制脉冲序列的产生就很难照顾
全面，就有可能出现失步等现象。目前随着微处理器应用的普及，依靠微处理器可以实现一
些复杂的步进电机的控制脉冲序列的产生。

步进电机是将电脉冲信号转变为角位移或线位移的开环控制电机，是现代数字程序控制
系统中的主要执行元件，应用极为广泛。在非超载的情况下，步进电机的转速、停止的位置
只取决于脉冲信号的频率和脉冲数，而不受负载变化的影响，当步进驱动器接收到一个脉冲
信号，它就驱动步进电机按设定的方向转动一个固定的角度，称为步距角，它的旋转是以固
定的角度一步一步运行的，可以通过控制脉冲个数来控制角位移，从而达到准确定位的目的；
同时也可以通过控制脉冲频率来控制步进电机转动的速度和加速度，从而达到调速的目的。

步进电机是一种感应电机，它的工作原理是利用电子电路将直流电变成分时供电的、多
相时序控制电流，用这种电流为步进电机供电，步进电机才能正常工作，驱动器就是为步进
电机分时供电的多相时序控制器。

4.3.4 四相五线步机电机

图 4.26 28BYJ-48 型四相五线步进电机

本项目使用的是 28BYJ-48 型四相五线步进电机，如图 4.26 所示。

步进电机是一种将电脉冲转化为角位移的执行机构，当步进驱动器接收到一个脉冲信号时，它就驱动步进电机按设定的方向转动一个固定的角度（即步进角）。可以通过控制脉冲个来控制角位移量，从而达到准确定位的目的；同时也可以通过控制脉冲频率来控制电机转动的速度和加速度，从而达到调速的目的。

28BYJ-48 型步进电机的电压为 DC 5～12 V。在对步进电机施加一系列连续不断的控制脉冲时，它可以连续不断地转动。每一个脉冲信号对应步进电机的某一相或两相绕组的通电状态改变一次，也就对应转子转过一定的角度（即一个步距角）。当通电状态的改变完成一个循环时，转子转过一个齿距。28BYJ-48 型步进电机可以在不同的工作方式下运行，常见的工作方式有单（单相绕组通电）四拍（A-B-C-D-A）、双（双相绕组通电）四拍（AB-BC-CD-DA-AB）、八拍（A-AB-B-BC-C-CD-D-DA-A），如图 4.27 所示。

● 额定电压为 DC 12 V（另有电压 5 V、6 V、24 V）。
● 相数为四。
● 减速比为 1/64（另有减速比 1/16、1/32）。
● 步距角为 5.625°/64。
● 驱动方式为四相八拍。

接线端序号	导线颜色	分 配 顺 序							
		1	2	3	4	5	6	7	8
5	红	+	+	+	+	+	+	+	+
4	橙	−							−
3	黄		−	−	−				
2	蓝				−	−	−		
1	棕						−	−	−

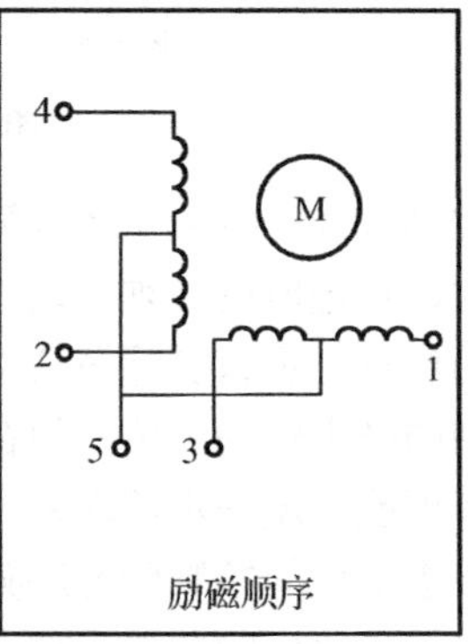

励磁顺序

图 4.27 28BYJ-48 型步进电机常见的工作方式

4.3.5 开发实践：电动窗帘的设计

在智能家居中，可通过步进电机来控制窗帘的开关。电动窗帘如图 4.28 所示。

某家庭需要设计一个电动窗帘，通过微处理器控制步进电机实现。本项目使用步进电机和 CC2530 实现电动窗帘的设计。

1．开发设计

1）硬件设计

本项目的硬件部分主要由 CC2530 和步进电机组成，通过 CC2530 控制步进电机，实现电机旋转角度的变化。硬件架构如图 4.29 所示。

步进电机是一种使用脉冲节拍控制的高效可控电机，为了增强步进电机的电流驱动能力，通常需要使用相应的驱动芯片来对步进电机进行控制。本项目使用 A3967SLB 驱动芯片来驱动步进电机，A3967SLB 的驱动转换非常容易实现，输入一个脉冲，电动机将产生一个步骤。无须相位顺序表、高

图 4.28　电动窗帘

频率控制线或复杂的程序，步进电机由节拍控制更改为了三线控制，即使能信号线（ENALBE 连接到 CC2530 的 P0_2 引脚）、方向控制线（DIR 连接到 CC2530 的 P0_1 引脚）和脉冲控制线（STEP 连接到 CC2530 的 P0_0 引脚）。步进电机的接口电路如图 4.30 所示。

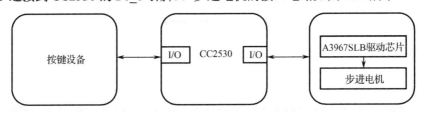

图 4.29　硬件架构

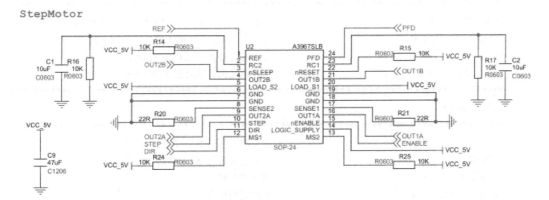

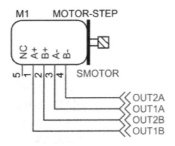

图 4.30　步进电机的接口电路

2）软件设计

要实现电动窗帘的设计，还需要合理的软件设计。软件设计流程如图 4.31 所示。

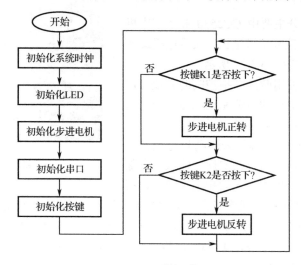

图 4.31　软件设计流程

2. 功能实现

1）相关头文件模块

```
/********************************************************************************
* 文件：led.h
********************************************************************************/
#define D1      P1_1        //宏定义 D1 灯（即 LED1）控制引脚 P1_1
#define D2      P1_0        //宏定义 D2 灯（即 LED2）控制引脚 P1_0
#define ON      0           //宏定义打开状态控制为 ON
#define OFF     1           //宏定义关闭状态控制为 OFF
/********************************************************************************
* 文件：key.h
********************************************************************************/
#define K1      P1_2        //宏定义按键 K1 检测引脚 P1_2
#define K2      P1_3        //宏定义按键 K2 检测引脚 P1_3
#define UP      1           //按键弹起
#define DOWN    0           //按键被按下
```

2）主函数模块

```
void main(void)
{
    xtal_init();            //系统时钟初始化
    led_io_init();          //LED 初始化
    stepmotor_init();       //步进电机初始化
    key_io_init();          //按键初始化
    while(1)
```

```
    {
        if(KEY1 == ON)                          //按键 K1 按下
        forward(1);                             //步进电机正转
        if(KEY2 == ON)                          //按键 K2 按下
        reversion(1);                           //步进电机反转
    }
}
```

3）系统时钟初始化模块

系统时钟初始化的代码如下：

```
/************************************************************************
* 名称：xtal_init()
* 功能：CC2530 系统时钟初始化
************************************************************************/
void xtal_init(void)
{
    CLKCONCMD &= ~0x40;                         //选择 32 MHz 的外部晶体振荡器
    while(CLKCONSTA & 0x40);                    //晶体振荡器开启且稳定
    CLKCONCMD &= ~0x07;                         //选择 32 MHz 系统时钟
}
```

4）步进电机驱动模块

```
/******************************** 宏定义 ********************************/
#define CLKDIV      ( CLKCONCMD & 0x07 )
#define PIN_STEP        P0_0
#define PIN_DIR         P0_1
#define PIN_EN          P0_2
/******************************** 全局变量 ********************************/
static unsigned int dir = 0;
/************************************************************************
* 名称：stepmotor_init
* 功能：步进电机初始化
************************************************************************/
void stepmotor_init(void)
{
    P0SEL &= ~0X07;                             //配置 P0_0、P0_1、P0_2 为输出引脚
    P0DIR |= 0X07;
}
/************************************************************************
* 名称：step(int dir,int steps)
* 功能：步进电机单步驱动
************************************************************************/
void step(int dir,int steps)
{
    int i;
```

```
        if (dir)
        PIN_DIR = 1;                                        //步进电机方向设置
        else
        PIN_DIR = 0;
        delay_us(5);                                        //延时 5 μs
        for (i=0; i<steps; i++){                            //步进电机旋转
            PIN_STEP = 0;
            delay_us(80);
            PIN_STEP = 1;
            delay_us(80);
        }
}
/********************************************************************************
* 名称：forward()
* 功能：步进电机正转
********************************************************************************/
void forward(int data)
{
    dir = 0;                                                //步进电机方向设置
    PIN_EN = 0;
    step(dir, data);                                        //启动步进电机
    PIN_EN = 1;
}
/********************************************************************************
* 名称：reversion()
* 功能：步进电机反转
********************************************************************************/
void reversion(int data)
{
    dir = 1;                                                //步进电机方向设置
    PIN_EN = 0;
    step(dir, data);                                        //启动步进电机
    PIN_EN = 1;
}
```

4.3.6 小结

本节先介绍了步进电机的特点、功能和基本工作原理，然后介绍了 CC2530 驱动步进电机的方法，最后通过开发实践，将理论知识应用于实践中，实现了电动窗帘的设计，完成了系统的硬件设计和软件设计。

4.3.7 思考与拓展

（1）步进电机的工作原理是什么？

（2）步进电机的控制方法有哪些？

（3）如何使用 CC2530 驱动步进电机？

（4）步进电机除了在民用领域有着广泛的应用，在工业领域也有大量的应用。由于步进电机不但可以控制方向、转速，同时还可以控制旋转角度，这使得步进电机在精细控制领域得到了应用，如机床、3D 打印机、机器人等。请读者尝试模拟工业机床，用 LED1 和 LED2 表示步进电机的旋转方向，通过 PC 向微处理器发指令的方式，实现对步进电机旋转的方向和角度的控制，并将控制结果打印在 PC 上。

4.4 RGB 灯的应用开发

声光报警器（Audible and Visual Alarm）又称为声光警号，是为了满足客户对报警响度和安装位置的特殊要求而设置的，可同时发出声、光两种警报信号，主要应用于钢铁冶金、电信铁塔、起重机械、工程机械、港口码头、交通运输、风力发电、远洋船舶等行业的报警设备，是工业报警系统中的一个产品。

本节重点学习 RGB 灯的功能和基本工作原理，通过 CC2530 驱动 RGB 灯，从而实现声光报警器的设计。

4.4.1 声光报警器

声光报警器是通过声音和各种光来向人们发出示警信号的一种报警信号装置。防爆型声光报警器适用于爆炸性气体环境场所，还可应用于石油、化工等行业具有防爆要求的 1 区及 2 区防爆场所，也可以在露天、室外使用。非编码型声光报警器可以和火灾报警控制器配套使用，当发生事故或火灾等紧急情况时，火灾报警控制器送来的控制信号可启动声光报警器，从而发出声和光报警信号，达到报警的目的；也可和手动报警按钮配合使用，达到简单的声、光报警的目的。

4.4.2 RGB 灯原理

RGB 灯是以三原色共同交集成像的。此外，还有蓝光 LED 配合黄色荧光粉，以及紫外 LED 配合 RGB 荧光粉，这两种都有其成像原理，但是衰减问题与紫外线对人体的影响，都是短期内比较难解决的问题。

在应用上，RGB 灯明显比白光 LED 多元化，如车灯、交通号志、橱窗等，需要用到某一波段的灯光时，RGB 灯的混色可以随心所欲，相较之下，白光 LED 就比较单一；从另一方面来说，在照明方面，RGB 灯却不占优势，因为照明方面主要是白光。目前 RGB 灯主要用在装饰灯方面。

近几年来，随着 LED 照明技术的不断发展，LED 在建筑物外观照明、景观照明等商业领域应用越来越广泛。这一类的 LED 可以根据建筑物的外观进行设计，一般采用由红、绿、蓝三基色 LED 所构成的 RGB 灯作为基本照明单位，用于制造色彩丰富的显示效果。

三基色混光，指的是基于红、绿、蓝（RGB）的加性混光原理，三基色加性混光指利用红光、绿光和蓝光进行混光，产生各种照明色彩。根据国际照明委员会的色度图可知，光的色彩与三基色 R、G 和 B 的光通量比例因子 f_R、f_G 和 f_B 有关，并且满足条件 $f_R+f_G+f_B=1$。调节 f_R、f_G 和 f_B 的值就可以调节最终输出光的色彩。因此，不仅能够通过脉宽调制方式在某段时间内进行通断调节，也可以调节流过某颗 LED 的电流，从而调节亮度，同时调节三颗 LED 的电流即可调节输出光的颜色和亮度。

本任务使用蜂鸣器和 RGB 灯模拟声光报警器，其中蜂鸣器模拟喇叭，RGB 灯模拟彩灯。蜂鸣器和 RGB 灯如图 4.32 所示。

（a）蜂鸣器　　　　　　　　　　（b）RGB 灯

图 4.32　蜂鸣器和 RGB 灯

4.4.3　开发实践：声光报警器的设计

图 4.33　声光报警器

声光报警器如图 4.33 所示。

某公司要生产一款消防用的声光报警器，该设备使用 RGB 灯与蜂鸣器，微处理器接收到报警触发信号时，立即触发声光报警器。本项目用 RGB 灯、蜂鸣器和 CC2530 实现声光报警器的设计。

1. 开发设计

1）硬件设计

本项目的硬件部分主要由 CC2530、RGB 灯与蜂鸣器组成。硬件架构如图 4.34 所示。

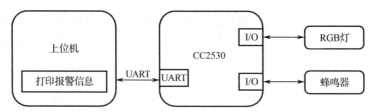

图 4.34　硬件架构

RBG 灯和蜂鸣器的接口电路如图 4.35 和图 4.36 所示。

2）软件设计

要实现声光报警器的设计，还需要合理的软件设计。软件设计流程如图 4.37 所示。

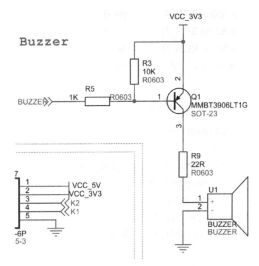

图 4.35　RGB 灯的接口电路　　　　　　　图 4.36　蜂鸣器的接口电路

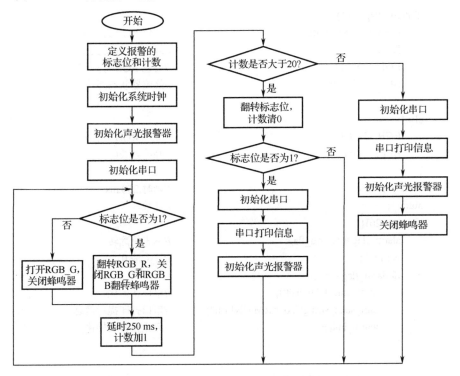

图 4.37　软件设计流程

2. 功能实现

1）相关头文件模块

```
/*************************************************************************
* 文件：Alarm.h
*************************************************************************/
```

#define RGB_R	P0_0	//红色 RGB 灯控制引脚
#define RGB_G	P0_1	//绿色 RGB 灯控制引脚
#define RGB_B	P0_2	//蓝色 RGB 灯控制引脚
#define BEEP	P0_3	//蜂鸣器控制引脚

2）主函数模块

```
void main(void)
{
    unsigned char alarm_flag = 0;                    //报警标志位
    unsigned char num = 0;                           //计数
    xtal_init();                                     //系统时钟初始化
    alarm_init();                                    //声光报警器初始化
    uart0_init(0x00,0x00);                           //串口初始化

    while(1)
    {
        if(alarm_flag == 1){
            RGB_R = !RGB_R;                          //红色 RGB 灯状态翻转
            RGB_G = OFF;                             //绿色 RGB 灯关闭
            RGB_B = OFF;                             //蓝色 RGB 灯关闭
            BEEP = !BEEP;                            //蜂鸣器状态翻转
        }
        else{
            RGB_G = ON;                              //绿色 RGB 灯打开
            BEEP = OFF;                              //蜂鸣器关闭
        }
        delay_ms(250);                               //延时 250 ms
        num++;                                       //计数
        if(num > 20){
            alarm_flag = !alarm_flag;                //标志位翻转
            num = 0;                                 //计数清 0
            if(alarm_flag == 1){
                uart0_init(0x00,0x00);               //串口初始化
                uart_send_string("ALARM ON!\r\n");   //串口打印提示信息
                alarm_init();                        //声光报警初始化
            }
            else{
                uart0_init(0x00,0x00);               //串口初始化
                uart_send_string("ALARM OFF!\r\n");  //串口打印提示信息
                alarm_init();                        //声光报警初始化
                BEEP = OFF;                          //蜂鸣器关闭
            }
        }
    }
}
```

3）系统时钟初始化模块

系统时钟初始化的代码如下：

```
/********************************************************************
* 名称：xtal_init()
* 功能：CC2530 系统时钟初始化
********************************************************************/
void xtal_init(void)
{
    CLKCONCMD &= ~0x40;                    //选择 32 MHz 的外部晶体振荡器
    while(CLKCONSTA & 0x40);               //晶体振荡器开启且稳定
    CLKCONCMD &= ~0x07;                    //选择 32 MHz 系统时钟
}
```

4）声光报警器初始化模块

```
void alarm_init(void)
{
    P0SEL &= ~0x0F;                        //配置引脚为通用 I/O 模式
    P0DIR |= 0x0F;                         //配置控制引脚为输入模式
}
```

5）串口驱动模块

串口驱动模块包括串口初始化函数、串口发送字节函数、串口发送字符串函数和串口接收字节函数，部分信息如表 4.3 所示，更详细的源代码请参考 2.1 节内容。

表 4.3　串口驱动模块函数

名　称	功　能	说　明
uart0_init(unsigned char StopBits,unsigned char Parity)	串口 0 初始化函数	StopBits 为停止位，Parity 为奇偶校验
void uart_send_char(char ch)	串口发送字节函数	ch 为将要发送的数据
void uart_send_string(char *Data)	串口发送字符串函数	*Data 为将要发送的字符串
int uart_recv_char(void)	串口接收字节函数	返回接收的串口数据

4.4.4　小结

本节先介绍了 RGB 灯的特点、功能和基本工作原理，然后介绍了 CC2530 驱动 RGB 灯的方法，最后通过开发实践，将理论知识应用于实践当中，实现了声光报警器的设计，完成了系统的硬件设计和软件设计。

4.4.5　思考与拓展

（1）声光报警器在日常生活中都有哪些应用场景？

（2）声光报警器如何模拟不同的声光警示？

（3）如何使用 CC2530 驱动声光报警器？

（4）声光报警器主要用于对突发情况的预警，例如工厂中并不能将所有设备都实现信息化，很多时候在出现重大事故时仍需要人工进行提醒，此时声光报警器的报警作用就变得尤为重要。请读者尝试模拟工业声光报警器，系统初始状态为绿色 RGB 灯闪烁，当按键 K1 按下时绿色 RGB 灯熄灭，蜂鸣器鸣响，红色 RGB 灯闪烁；当按键 K2 按下时解除报警，系统恢复初始状态。

4.5 综合应用开发：家庭电器控制系统的设计

家庭电器控制系统是智能家居系统的重要组成部分，智能家居系统通过家庭电器控制系统对电器进行远程控制，并获取状态，通过状态获取和远程控制实现用户随时随地地对家庭电器设备进行掌控。

本节利用控制类传感器，实现家庭电器控制系统的设计。

4.5.1 理论回顾

1. LED

发光二极管（LED）是一种能够将电能转化为可见光的固态的半导体器件，它可以直接把电转化为光。LED 的心脏是一个半导体晶片，半导体晶片由两部分组成，一部分是 P 型半导体，另一部分是 N 型半导体。当这两种半导体连接起来时，在它们的连接之处就会形成一个 PN 结。当 PN 结施加正向偏置电压时，电子就会流向 P 区，在 P 区内和空穴复合，会以光子的形式发出能量，这就是 LED 的发光原理。光的波长，也就是光的颜色，是由形成 PN 结的材料决定的。

2. 轴流风机

轴流风机有三根引出线，这三根线分别是电源正极接线、电源负极接线、转速控制接线。电源正极接线和电源负极接线是用来为轴流风机供电的，而轴流风机的转速则是通过转速控制接线实现的。轴流风机的转速的控制信号是一种脉冲宽度调制（PWM）信号，通过调节 PWM 的脉冲宽度（占空比）可以实现对轴流风机的转速控制。

3. 继电器

从电路角度来看，继电器包含两个主要部分：输入回路和输出回路。输入回路是继电器的控制部分，如电、磁、光、热、流量、加速度等。输出回路是被控制部分电路，也就是实现外围电路的通或断的功能部分。继电器就指控制部分（输入回路）中输入的某信号（输入量）达到某一定值时，能使输出回路的电参量发生阶跃式变化的控制元件，广泛地应用于各种电力保护系统、自动控制系统、遥控和遥测系统以及通信系统中。

4．步进电机

步进电机又称为脉冲电机，其工作原理是依靠气隙磁导的变化来产生电磁转矩。20 世纪初，在电话自动交换机中广泛使用了步进电机。步进电机在缺乏交流电源的船舶和飞机等独立系统中得到了广泛的使用。20 世纪 50 年代后期，晶体管也逐渐应用在步进电机上，对于步进电机的控制变得更为容易。到了 80 年代后，由于廉价的微型计算机以多功能的姿态出现，步进电机的控制方式变得更加灵活多样。

步进电机的运行性能与控制方式有密切的关系，从控制方式来看，步进电机控制系统可以分为开环控制系统、闭环控制系统、半闭环控制系统。

4.5.2 开发实践：家庭电器控制系统的设计

智能家居可以通过物联网技术将家中的各种设备（如照明系统、窗帘控制系统、空调控制系统、安防系统、数字影院系统、网络家电以及三表抄送等）联合成一个整体，提供家电控制、照明控制、窗帘控制、电话远程控制、室内外遥控、防盗报警、环境监测、暖通控制、红外转发以及可编程定时控制等多种功能和手段。而要实现智能家居就离不开家庭电器控制系统，只有通过底层的微处理器才能控制上层的智能电器。

本项目模拟家庭电器控制系统，用 LED 模拟家庭灯光，轴流风机模拟风扇，继电器模拟智能插座，步进电机模拟窗帘。

本项目系统功能是通过串口发送指令来控制设备的开关的，串口命令和功能如表 4.4 所示。

表 4.4 串口命令和功能

序　号	串 口 命 令	功　能
1	TURN ON LED@	控制 LED 开
2	TURN OFF LED@	控制 LED 关
3	TURN ON FAN@	控制轴流风机开
4	TURN OFF FAN@	控制轴流风机关
5	TURN ON RELAY@	控制继电器开
6	TURN OFF RELAY@	控制继电器关
7	STEPMOTOR FORWARD@	控制步进电机正转
8	STEPMOTOR REVERSION@	控制步进电机反转
9	TURN ON ALL@	控制所有设备开
10	TURN OFF ALL@	控制所有设备关

1．开发设计

家庭电器控制系统的开发分为硬件和软件两个方面，硬件方面主要是系统的硬件设计和组成，软件方面则主要是针对硬件的设备驱动和软件的控制逻辑。

1）硬件设计

家庭电器控制系统的硬件部分主要包括 LED、轴流风机、继电器、步进电机等，硬件架构如图 4.38 所示。

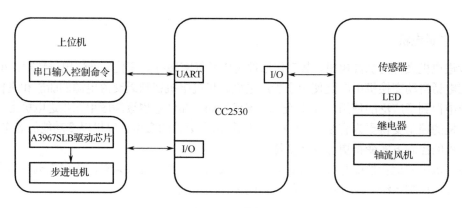

图 4.38　硬件架构

图 4.38 中有两类设备，分别是控制类设备和通信类设备。上位机通过串口发送指令给 CC2530 来控制用户端，通过 CC2530 来驱动各个设备，从而实现对应的功能。

（1）LED 的硬件设计。LED 的接口电路如图 4.39 所示。

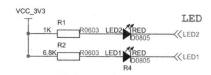

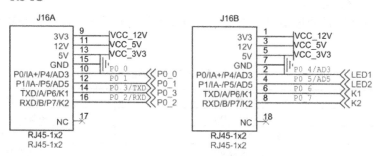

图 4.39　LED 的接口电路

图中 LED1 与 LED2 一端接电阻，另一端接在 RJ45 端口上 LED1 和 LED2，RJ45 端口再与 CC2530 的 P0_4 和 P0_5 连接，CC2530 通过设置引脚的高/低电平来控制 LED 灭/亮。

（2）轴流风机的硬件设计。轴流风机的接口电路如图 4.40 所示。

轴流风机的 FAN_EN 引脚连接到 J1A 的 10 号端口上，然后连接到 CC2530 的 P0_3 上，CC2530 的 P0_3 输出低电平时轴流风机转动，输出高电平时轴流风机停止。

（3）继电器的硬件设计。继电器的接口电路如图 4.41

图 4.41 中，继电器一端接电阻，另一端接在 J17 上，J17 再接到 RJ45 的 K1、K2 上，RJ45 再与 CC2530 的上 P0_6 和 P0_7 连接，CC2530 的引脚为低电平时继电器打开，为高电平时继电器关闭。

（4）步进电机的硬件设计。步进电机的接口电路如图 4.42 所示。

步进电机是一种脉冲节拍控制的高效可控电机，为了增强步进电机的驱动能力，需要使用相应的驱动芯片来对步进电机进行控制，该电路使用了 A3967SLB 驱动芯片来驱动步进电机，步进电机就由节拍控制变成了三线控制，即使能信号接线（ENABLE 连接到 CC2530 的 P0_2）、方向控制接线（DIR 连接到 CC2530 的 P0_1）和脉冲控制接线（STEP 连接到 CC2530 的 P0_0）。

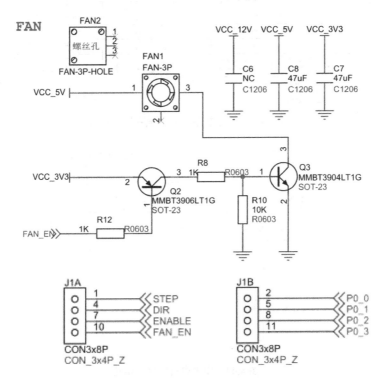

图 4.40 轴流风机的接口电路

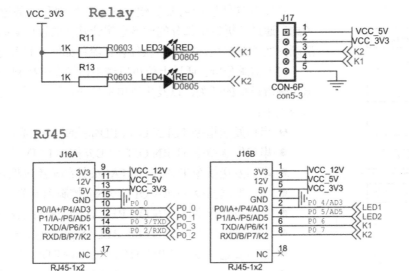

图 4.41 继电器的接口电路

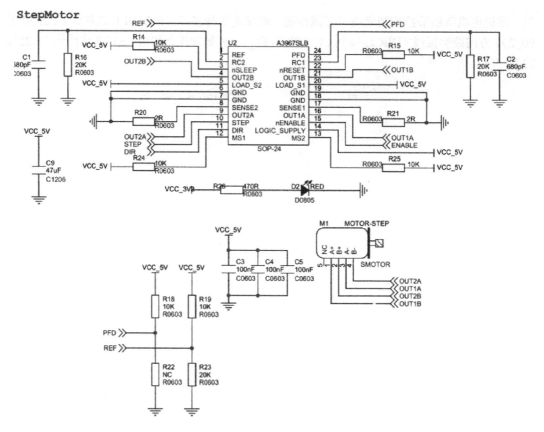

图 4.42　步进电机的接口电路

图 4.43　软件设计流程

2）软件设计

系统的软件设计需要从软件的项目原理和业务逻辑来综合考虑，通过分析每个部分的业务逻辑让软件的设计脉络变得更加清晰，实施起来更加简单。软件设计流程如图 4.43 所示。

（1）需求分析。通过上位机发送串口指令来控制 LED、继电器、轴流风机的开关，以及步进电机的正反转，项目的几点功能需求如下：

● 串口发送指令 TURN ON LED@控制 LED 亮。
● 串口发送指令 TURN OFF LED@控制 LED 灭。
● 串口发送指令 TURN ON FAN@控制轴流风机开。
● 串口发送指令 TURN OFF FAN@控制轴流关。
● 串口发送指令 TURN ON RELAY@控制继电器开。
● 串口发送指令 TURN OFF RELAY@控制继电器关。
● 串口发送指令 STEPMOTOR FORWARD@控制电机正转。
● 串口发送指令 STEPMOTOR REVERSION@控制电机反转。
● 串口发送指令 TURN ON ALL@控制所有设备开。

● 串口发送指令 TURN OFF ALL@控制所有设备关。

（2）功能分解。根据实际的设计情况可将系统分解为两层，分别为硬件驱动层和逻辑控制层。硬件驱动层主要是各个模块的初始化程序，逻辑控制层主要是对模块的控制。

（3）实现方法。通过分析得出项目事件后，就可以考虑项目事件的实现方式。项目事件的实现方式需要根据项目本身的设定和资源来进行相应的分析，通过分析可以从系统中抽象出硬件外设，通过对硬件外设操作来实现对项目事件的操作。

（4）功能逻辑分解。将项目事件的实现方式设置为硬件抽象后，就可以轻松地建立项目设计模型了，因此接下来做的事情是将项目事件与硬件抽象的部分进行一一对应即可。在对应的过程中可以实现硬件设备与项目系统的联系，同时又让逻辑控制层与硬件驱动层的设计变得更加独立，具有较好的耦合性。逻辑功能分解如图 4.44 所示。

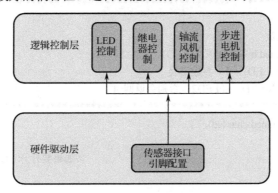

图 4.44　逻辑功能分解

通过逻辑功能的分解，可以了解系统的每个功能细节。程序的实现过程应按照从下至上的思路进行，上一层的功能设计均以下层程序为基础，只有下层的软件设计稳定才能保证上层程序不出现功能性的问题和错误。

2．功能实现

由于代码较长，本节主要介绍头文件，以及部分重要的代码。

1）硬件驱动层的软件设计

硬件驱动层的软件设计主要是对系统相关的硬件驱动进行编程，如 LED、轴流风机、继电器、步进电机等。

（1）LED 驱动模块。LED 驱动的头文件如下：

```
/*******************************************************************
 头文件
 ******************************************************************/
#define LED1        P0_4            //宏定义 LED1 控制引脚 P1_1
#define LED2        P0_5            //宏定义 LED2 控制引脚 P1_0
#define ON          0               //宏定义灯开状态控制为 ON
#define OFF         1               //宏定义关闭状态控制为 OFF
```

LED 驱动的代码如下：

```
/********************************************************************************
* 名称：led_init()
* 功能：LED 控制引脚初始化
********************************************************************************/
void led_init(void)
{
    P0SEL &= ~0x30;                    //配置控制引脚（P0_4 和 P0_5）为通用 I/O 模式
    P0DIR |= 0x30;                     //配置控制引脚（P0_4 和 P0_5）为输出模式
    LED1 = OFF;                        //初始状态为关闭
    LED2 = OFF;                        //初始状态为关闭
}
/********************************************************************************
* 名称：led_on()
* 功能：LED 打开函数
* 参数：LED 号，在 led.h 中宏定义为 LED1，LED2
* 返回：0—成功打开 LED；-1—参数错误
* 注释：参数只能填入 LED1 和 LED2，否则会返回-1
********************************************************************************/
signed char led_on(unsigned char led)
{
    if(led == LED1){                                      //如果要打开 LED1
        LED1 = ON;
        return 0;
    }
    if(led == LED2){                                      //如果要打开 LED2
        LED2 = ON;
        return 0;
    }
    return -1;                                            //参数错误，返回-1
}
/********************************************************************************
* 名称：led_off()
* 功能：LED 关闭函数
* 参数：LED 号，在 led.h 中宏定义为 LED1，LED2
* 返回：0—成功关闭 LED；-1—参数错误
* 注释：参数只能填入 LED1 和 LED2，否则会返回-1
********************************************************************************/
signed char led_off(unsigned char led)
{
    if(led == LED1){                                      //如果要关闭 LED1
        LED1 = OFF;
        return 0;
    }
    if(led == LED2){                                      //如果要关闭 LED2
        LED2 = OFF;
        return 0;
    }
```

```
        return -1;                                    //参数错误，返回-1
}
```

（2）轴流风机驱动模块。轴流风机驱动头文件如下：

```
#define FANIO       P0_3        //定义轴流风机控制引脚
#define FAN_ON      1
#define FAN_OFF     0
```

轴流风机驱动代码如下：

```
void fan_init(void)
{
    P0SEL &= ~0x08;                             //配置引脚为通用 I/O 模式
    P0DIR |= 0x08;                              //配置控制引脚为输出模式
}
```

（3）继电器驱动模块。继电器驱动头文件如下：

```
/*******************************************************************************
* 文件：relay.h
*******************************************************************************/
#define RELAY1      P0_6
#define RELAY2      P0_7
```

继电器驱动代码如下：

```
#include "relay.h"
/*******************************************************************************
* 名称：relay_init()
* 功能：继电器初始化
*******************************************************************************/
void relay_init(void)
{
    P0SEL &= ~0xC0;                             //配置引脚为通用 I/O 模式
    P0DIR |= 0xC0;                              //配置控制引脚为输入模式
}
```

（4）步进电机驱动模块。步进电机驱动头文件如下：

```
/*******************************************************************************
* 宏定义
*******************************************************************************/
#define CLKDIV    ( CLKCONCMD & 0x07 )
#define PIN_STEP    P0_0
#define PIN_DIR     P0_1
#define PIN_EN      P0_2
```

步进电机驱动代码如下：

```
/*******************************************************************************
* 全局变量
```

```
*****************************************************************************/
static unsigned int dir = 0;
/*****************************************************************************
*  名称：void stepmotor_init(void)
*  功能：步进电机初始化
*****************************************************************************/
void stepmotor_init(void)
{
    APCFG &= ~0x01;                          //模拟 I/O
    P0SEL &= ~0X07;                          //配置 P0_0、P0_1、P0_2 为输出引脚
    P0DIR |= 0X07;
}
/*****************************************************************************
*  名称：step(int dir,int steps)
*  功能：步进电机单步
*  参数：int dir,int steps
*****************************************************************************/
void step(int dir,int steps)
{
    int i;
    if (dir) PIN_DIR = 1;                    //设置步进电机转动方向
    else PIN_DIR = 0;
    delay_us(5);                             //延时 5µs
    for (i=0; i<steps; i++){                 //步进电机转动
        PIN_STEP = 0;
        delay_us(80);
        PIN_STEP = 1;
        delay_us(80);
    }
}
/*****************************************************************************
*  名称：forward()
*  功能：步进电机正转
*****************************************************************************/
void forward(int data)
{
    dir = 0;                                 //设置步进电机转动方向
    PIN_EN = 0;
    step(dir, data);                         //启动步进电机
    PIN_EN = 1;
}

/*****************************************************************************
*  名称：reversion()
*  功能：步进电机反转
*****************************************************************************/
void reversion(int data)
```

```
{
    dir = 1;                                          //设置步进电机转动方向
    PIN_EN = 0;
    step(dir, data);                                  //启动步进电机

    PIN_EN = 1;
}
```

2）逻辑控制层设计

逻辑控制层通过硬件驱动程序来驱动 LED、轴流风机、继电器、步进电机。本节通过串口发送指令来控制设备，串口控制流程如图 4.45 所示。

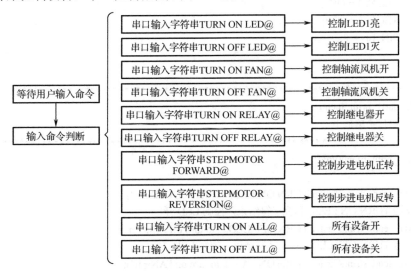

图 4.45　串口控制流程图

主函数模块代码如下：

```
/*************************************************************************
* 头文件
*************************************************************************/
extern    char recvBuf[256];            //定义存储接收到数据的数组
extern    int recvCnt;                  //收到数据的数量
/*************************************************************************
* 名称：deviceControlAll
* 功能：控制所有设备
* 参数：mode，0 表示关闭设备，1 表示打开设备
*************************************************************************/
void deviceControlAll(unsigned char mode)
{
    if(mode)                            //打开设备
    {
        LED1 = ON;
        LED2 = ON;
```

```
            P0_3 = 1;
            RELAY1 = ON;
            RELAY2 = ON;

            forward(5000);
        }
        else                                    //关闭设备
        {
            LED1 = OFF;
            LED2 = OFF;
            P0_3 = 0;
            RELAY1 = OFF;
            RELAY2 = OFF;
            PIN_EN = 0;
        }
}
/*******************************************************************************
* 名称：uart1_print_menu
* 功能：串口菜单输出
*******************************************************************************/
void uart1_print_menu(void)
{
    uart1_send_string("enter TURN ON LED@ to turn on LED\r\n");
    //发送 TURN ON LED，以@字符结束，控制 LED 开
    uart1_send_string("enter TURN OFF LED@ to turn off LED\r\n");
    //发送 TURN OFF LED，以@字符结束，控制 LED 关
    uart1_send_string("enter TURN ON FAN@ to turn on FAN\r\n");
    //发送 TURN ON FAN，以@字符结束，控制轴流风机开
    uart1_send_string("enter TURN OFF FAN@ to turn off FAN\r\n");
    //发送 TURN OFF FAN，以@字符结束，控制轴流风机关
    uart1_send_string("enter TURN ON RELAY@ to turn on RELAY\r\n");
    //发送 TURN ON RELAY，以@字符结束，控制继电器开
    uart1_send_string("enter TURN OFF RELAY@ to turn off RELAY\r\n");
    //发送 TURN OFF RELAY，以@字符结束，控制继电器关
    uart1_send_string("enter STEPMOTOR FORWARD@ to forward\r\n");
    //发送 STEPMOTOR FORWARD，以@字符结束，控制步进电机正转
    uart1_send_string("enter STEPMOTOR REVERSION@ to reversion\r\n");
    //发送 STEPMOTOR REVERSION，以@字符结束，控制步进电机反转
    uart1_send_string("enter TURN ON ALL@ on all device\r\n");
    //发送 TURN ON ALL，以@字符结束，打开全部设备
    uart1_send_string("enter TURN OFF ALL@ off all device\r\n");
    //发送 TURN OFF ALL 以@字符结束，关闭全部设备
}
/*******************************************************************************
* 名称：uart1_send_string_control
* 功能：串口发送指令控制设备
*******************************************************************************/
```

```
void uart1_send_string_control(void)
{

    unsigned char ch;
    ch = uart1_recv_char();                          //接收串口接收到的字节

    if (ch == '@' || recvCnt >= 256)                 //接收数据以@字符或者大于等于 256 结束
    {
        if(strcmp(recvBuf,"TURN ON LED") == 0)       //判断发送的命令
        {
            LED1 = ON;                               //打开 LED
            LED2 = ON;
        }
        else if(strcmp(recvBuf,"TURN OFF LED") == 0)
        {
            LED1 = OFF;                              //打开 LED
            LED2 = OFF;
        }
        else if(strcmp(recvBuf,"TURN ON FAN") == 0)
        {
            P0_3 = 1;                                //打开轴流风机
        }
        else if(strcmp(recvBuf,"TURN OFF FAN") == 0)
        {
            P0_3 = 0;                                //关闭轴流风机
        }
        else if(strcmp(recvBuf,"TURN ON RELAY") == 0)
        {
            RELAY1 = ON;                             //打开继电器
            RELAY2 = ON;
        }
        else if(strcmp(recvBuf,"TURN OFF RELAY") == 0)
        {
            RELAY1 = OFF;                            //关闭继电器
            RELAY2 = OFF;
        }
        else if(strcmp(recvBuf,"STEPMOTOR FORWARD") == 0)
        {
            forward(5000);                           //步进电机正转
        }
        else if(strcmp(recvBuf,"STEPMOTOR REVERSION") == 0)
        {
            reversion(5000);                         //步进电机反转
        }
        else if(strcmp(recvBuf,"TURN ON ALL") == 0)
        {
            deviceControlAll(1);                     //打开所有设备
```

```
        }
        else if(strcmp(recvBuf,"TURN OFF ALL") == 0)
        {
            deviceControlAll(0);                        //关闭所有设备
        }
        recvBuf[recvCnt] = 0;
        uart1_send_string(recvBuf);                     //串口发送字符串函数
        uart1_send_string("\r\n");
        memset(recvBuf,0,128);
        recvCnt = 0;                                    //清空收到的数据
    }
    else
    {
        uart1_send_string("error\r\n");
        recvBuf[recvCnt++] = ch;                        //用数组储存接收到的数据
    }

}
/********************************************************************************
* 名称：main()
* 功能：逻辑代码
********************************************************************************/
void main(void)
{
    xtal_init();                                        //系统时钟初始化
    uart1_init(0x00,0x00);                              //串口初始化
    //初始化传感器代码
    stepmotor_init();                                   //步进电机初始化
    led_init();                                         //LED 初始化
    relay_init();                                       //继电器初始化
    fan_init();                                         //轴流风机初始化
    uart1_print_menu();                                 //串口菜单打印
    while(1)
    {
        uart1_send_string_control();                    //串口输入命令控制设备
    }
}
```

4.5.3 小结

通过项目综合应用开发，可帮助读者重新回顾并加深掌握 CC2530 接口的工作原理，可以更深入地理解和掌握 LED、继电器、步进电机、轴流风机等设备的驱动，对项目程序框架有明确的认识。

4.5.4　思考与拓展

（1）尝试控制 RGB 灯，通过加上定时器来实现 RGB 的流水灯。

（2）尝试通过采集类传感器，如空气质量传感器，并设置一个阈值，达到阈值时让蜂鸣器报警。

第5章

特殊类传感器应用开发技术

本章学习特殊类传感器技术的基本原理和应用开发，主要介绍数码管、三轴加速度传感器、语音合成传感器、语音识别传感器、五向开关、OLED、触摸传感器、距离传感器等常用的特殊类传感器。本章通过电子计时秒表的设计、游戏手柄的设计、语音早教机的设计、家用电器语音控制系统的设计、智能游戏手柄的设计、智能穿戴产品显示屏的设计、电磁炉开关的设计、红外测距仪的设计，以及综合性项目——车载广告显示系统的设计，详细介绍了 CC2530 和常用的特殊类传感器的应用，以及系统需求分析、逻辑功能分解和软/硬件架构设计的方法。通过理论学习和开发实践，读者可以掌握基于 CC2530 的特殊类传感器的应用开发技术，从而具备基本的开发能力。

5.1 数码管的应用开发

数码管是一种可以显示数字和其他信息的电子设备，管中充以低压气体，通常为氖气加上一些汞和/或氩。当给某一个阴极上电时，数码管就会发出颜色光，一般都是橙色或绿色。

本节重点学习数码管的基本工作原理、功能和应用，由于直接使用数码管会占用较多的 I/O 接口，因此一般通过驱动芯片来控制数码管,本节使用的驱动芯片通过 I2C 总线和 CC2530 进行通信，从而实现电子计时秒表的设计。

5.1.1 数码管简介

数码管的一种是半导体发光器件，其基本单元是发光二极管。发光二极管和普通二极管一样，它们的基本特点就是单向导电性。当两端加正向电压时，发光二极管导通发光，在一定的导通电流下发光二极管两端形成的正向压降，称为正向导通电压，这是判断发光二极管导通特性的一项重要指标；两端加反向电压时，发光二极管截止不发光。LED 数码管是由多个发光二极管封装在一起而组成的。

1. 数码管的显示原理

数码管的内部电路如图 5.1 所示。

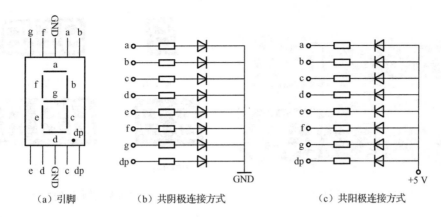

（a）引脚　　　　　　　（b）共阴极连接方式　　　　　　　（c）共阳极连接方式

图 5.1　数码管的内部电路

按数码管中发光二极管的连接方式，数码管可分为共阳极数码管和共阴极数码管。共阳极数码管是指将所有发光二极管的阳极接到一起形成公共阳极的数码管，共阳极数码管在应用时应将公共极接到+5 V，当某一字段发光二极管的阴极为低电平时，相应字段就点亮；当某一字段发光二极管的阴极为高电平时，相应字段就不亮。共阴极数码管是指将所有发光二极管的阴极接到一起形成公共阴极的数码管，共阴极数码管在应用时应将公共阴极接到地线GND 上，当某一字段发光二极管的阳极为高电平时，相应字段就点亮；当某一字段的阳极为低电平时，相应字段就不亮。

要显示一个完整的数字 8，数码管需要 7 个字段，外加一个小数点，共 8 段，分别称为 a段、b 段、c 段、d 段、e 段、f 段、g 段、dp 段，每个字段内部都有一个发光二极管，要想让数码管显示某个数字，只需要让相对应的发光二极管发光即可。

图 5.1（b）中，每个发光二极管的阳极全部引出，分别为 a、b、c、d、e、f、g、dp，共8 个引脚，将所有发光二极管的阴极全部接到一起引出一个引脚 GND，此时把 a、b、c、d、e、f、g、dp 引脚称为数码管的段选引脚，简称段选；而把 GND 称为位选引脚，简称位选。

随着半导体工艺的日益成熟，出现了多种发光二极管。为了适应名目繁多的各种应用的需要，开始将多个发光二极管连接在一起，构成了发光二极管阵列，形成了各种集成发光二极管显示器。

2．数码管的种类

数码管是一种常见的显示器件，由于其价格低廉、操作简单，被广泛地应用于各种数字显示系统中。常见的数码管如图 5.2 所示。

根据外观的不同，数码管又可分为 1 位数码管、2 位数码管、3 位数码管、4 位数码管等种类，如图 5.3 所示。

3．数码管的应用领域

对数码管的不同引脚施加不同的电压，可使其发亮，从而能够显示时间、日期、温度等所有可用数字表示的参数。在家电领域，数码管的应用极为广泛，如显示屏、空调、热水器、冰箱等。

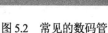

图 5.2　常见的数码管

1位数码管　　3位数码管

2位数码管　　4位数码管

图 5.3　数码管的种类

5.1.2　ZLG7290 型数码管驱动芯片

在智能仪表中，经常会用到键盘、数码管等外设，因此一个稳定、占用系统资源少的人机对话通道设计非常重要。传统的键盘与数码管解决方案，由于键盘与数码管是分离的，因而电路连接比较复杂，不论独立式键盘还是矩阵式键盘，都会浪费微控制器的端口资源，而且都需要人为进行消除抖动处理，且抗干扰性差。而数码管部分，不管是静态显示方式还是动态显示方式，在不进行锁存器扩展的前提下，要占用 8 根 I/O 端口线，这会严重浪费系统的端口资源。

ZLG7290 是一款能直接驱动 8 位共阴极数码管的芯片，采用 I2C 总线与微处理器的连接时仅需要两根信号线，硬件电路比较简单，而且还可以驱动 64 只独立的 LED 或 64 个独立的按键，并可提供自动消除抖动、连击键计数等功能。ZLG7290 型数码管驱动芯片具有以下特点：

- 可通过 I2C 总线与微处理器连接；
- 可驱动 8 位共阴极数码管、64 只独立的 LED 或 64 个独立的按键；
- 可控制扫描位数，可控制任一数码管闪烁；
- 提供数据译码和循环移位段寻址等功能；
- 可检测任一键的连击次数；
- 无须外接元件即可直接驱 LED，可扩展驱动电流和驱动电压。

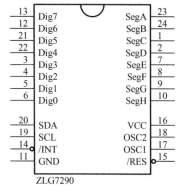

图 5.4　ZLG7290 型数码管驱动
芯片的引脚

ZLG7290 型数码管驱动芯片采用 I2C 总线接口，能直接驱动 8 位共阴极数码管，也可驱动 64 个独立的按键。除了具有自动消除抖动功能，它还具有段闪烁、段点亮、段熄灭、功能键、连击键计数等功能，并可提供 10 种数字和 21 种字母的译码显示功能，可以直接向显缓写入数据，还可扩展驱动电压和驱动电流。ZLG7290B 型数码管驱动芯片的引脚如图 5.4 所示。

ZLG7290 提供两种控制方式：寄存器映射控制和命令解释控制。

寄存器映射控制：是指通过直接访问底层寄存器来实现基本控制功能，这些寄存器必须采用字节操作。在每个显示刷新周期，ZLG7290 按照扫描位数寄存器（ScanNum）指定的显示位数 N，把显示缓存 DpRam0～N 的内容按先后顺序送入数码管的驱动芯片，从而实现动态显示。减少 N 可提高每位显示扫描时间的占空比，提高数码管的亮度，显示缓存中的内容不受影响。修改闪烁控制寄存器（FlashOnOff）可改变闪烁频率，以及占空比（亮和灭的时间）。寄存器映射图如图 5.5 所示。

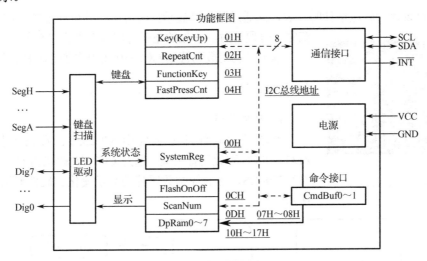

图 5.5　寄存器映射图

命令解释控制：是指通过解释命令缓冲区（CmdBuf0～1）中的指令间接访问底层寄存器，从而实现扩展控制功能，如实现寄存器的位操作；对显示缓存进行循环移位；对操作数进行译码操作。

相关寄存器分析如下：

（1）系统寄存器（SystemReg）：用于保存 ZLG7290 的状态，并可对系统运行状态进行配置，KeyAvi 位（SystemReg0）置 1 时表示有效的按键动作，如普通按键的单击、连击，以及功能按键状态的变化，/INT 引脚信号有效（低电平）；KeyAvi 位清 0 表示无按键动作，/INT 引脚信号无效（高电平）。按键动作消失后或读 Key 后，KeyAvi 位自动清 0。

（2）键值寄存器（Key）：表示被压按键的键值，当 Key=0，时表示没有按键被按下。

（3）连击次数计数器（RepeatCnt）：当 RepeatCnt=0 时，表示单击按键；当 RepeatCnt>0 时，表示按键的连击次数，可用于区别出单击按键或连击按键并判断连击次数，从而检测按键被按下的时间。

（4）功能键寄存器（FunctionKey）：FunctionKey 对应位的值为 0 时表示对应功能按键被按下，FunctionKey7～0 对应 S64～S57。

（5）命令缓冲区（CmdBuf0～1）：用于传输指令。

（6）闪烁控制寄存器（FlashOnOff）：高 4 位表示闪烁时亮的时间，低 4 位表示闪烁时灭的时间，改变 FlashOnOff 的值也就改变了闪烁的频率，也改变了亮和灭的占空比。FlashOnOff 的 1 个单位相当于 150～250 ms，所有像素的闪烁频率和占空比都相同。

（7）扫描位数寄存器（ScanNum）：用于控制扫描的最大位数（有效范围为 0～7，对应的显示位数为 1～8），减少扫描的位数可提高每位显示扫描时间的占空比，以提高数码管亮度。

（8）显示缓冲寄存器（DpRam0～7）：缓冲寄存器中的位置 1，表示对应的像素亮，DpRam7～0 的显示内容对应 Dig7～0 引脚。

5.1.3　开发实践：电子计时秒表的设计

本项目设计一款电子计时秒表，能通过数码管显示计时时间，并可通过控制按键来选择归零、分段计时。常见的电子计时设备如图 5.6 所示。

图 5.6　电子计时设备

本项目利用数码管和 CC2530 实现电子计时秒表的设计。

1．开发设计

1）硬件设计

本项目的硬件部分主要由 CC2530、数码管驱动芯片 ZLG7290CS 和数码管组成。通过 CC2530 模拟的 I2C 接口连接 ZLG7290CS，然后控制数码管的显示变化。硬件架构如图 5.7 所示。

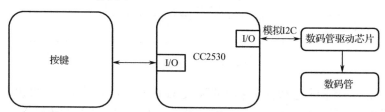

图 5.7　硬件架构

ZLG7290CS 的接口电路如图 5.8 所示。

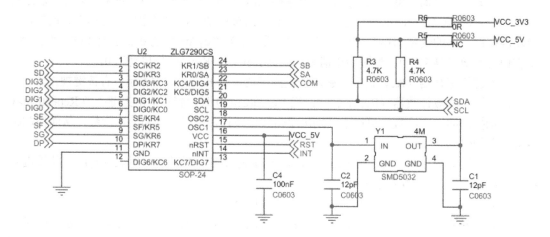

图 5.8　ZLG7290CS 的接口电路

数码管的接口电路如图 5.9 所示。

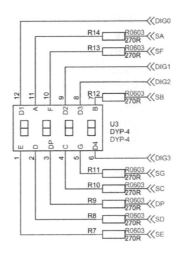

图 5.9　数码管的接口电路

2）软件设计

软件设计流程如图 5.10 所示。

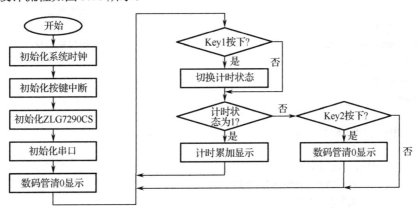

图 5.10　软件设计流程

2. 功能实现

1）相关头文件模块

```
/*************************************************************************
* 宏定义
*************************************************************************/
#define    SCL              P0_4              //I2C 时钟引脚定义
#define    SDA              P0_5              //I2C 数据引脚定义
/*************************************************************************
* 宏定义
*************************************************************************/
#define    ZLG7290ADDR      0x70              //ZLG7290CS 的 I2C 总线地址
#define    SYETEM_REG       0x00              //系统寄存器
#define    CMDBUF0          0x07              //命令缓冲器 0
```

```
#define    CMDBUF1      0x08        //命令缓冲器 1
#define    FALSH        0x0C        //闪烁控制寄存器
#define    SCANNUM      0x0D        //扫描位数寄存器
#define    DPRAM0       0x10        //显示缓存寄存器 0
#define    DPRAM1       0x11        //显示缓存寄存器 1
#define    DPRAM2       0x12        //显示缓存寄存器 2
#define    DPRAM3       0x13        //显示缓存寄存器 3
#define    DPRAM4       0x14        //显示缓存寄存器 4
#define    DPRAM5       0x15        //显示缓存寄存器 5
#define    DPRAM6       0x16        //显示缓存寄存器 6
#define    DPRAM7       0x17        //显示缓存寄存器 7
```

2）主函数模块

```
void main(void)
{
    unsigned char flag = 0;
    unsigned int num = 0;
    xtal_init();                         //系统时钟初始化
    key_init();                          //按键初始化
    zlg7290_init();                      //驱动芯片初始化
    uart1_init(0x00,0x00);               //串口初始化
    segment_display(0);
    segment_display(0);
    while(1)
    {
        if(key_status(K1) == 0){
            delay_ms(10);
            if(key_status(K1) == 0){
                while(key_status(K1) == 0);
                if(flag == 0){
                    flag = 1;
                } else{
                    flag = 0;
                }
            }
        }
        if(flag == 1){
            num++;
            segment_display(num);
            if(num == 9999)
            flag = 0;
        }
        else if(key_status(K2) == 0){
            delay_ms(10);
            if(key_status(K2) == 0){
                while(key_status(K2) == 0);
```

```
                        num = 0;
                        segment_display(0);
                        segment_display(0);
                    }
                }
            }
        }
```

3) ZLG7290CS 初始化模块

ZLG7290CS 初始化代码如下：

```
/*******************************************************************************
* 全局变量
*******************************************************************************/
unsigned char key_flag = 0;
/*******************************************************************************
* 名称: zlg7290_init()
* 功能: ZLG7290CS 初始化
*******************************************************************************/
void zlg7290_init(void)
{
    iic_init();                              //I2C 总线初始化
    P0SEL &= ~0x08;                          //设置 P0_3 为普通 IO 模式
    P0DIR &= ~0x08;                          //设置 P0_3 为输入模式
    P2INP &= ~0X20;
    P0INP &= ~0X08;
    IEN1 |= 0x20;                            //端口 0 中断使能
    P0IEN |= 0x08;                           //端口 P0_3 外部中断使能
    PICTL |= 0x01;                           //端口 P0_3 下降沿触发
    EA = 1;                                  //使能总中断
}
/*******************************************************************************
* 名称: zlg7290_read_reg()
* 功能: ZLG7290CS 读取寄存器
* 参数: cmd—寄存器地址
* 返回: data 寄存器数据
*******************************************************************************/
unsigned char zlg7290_read_reg(unsigned char cmd)
{
    unsigned char data = 0;                  //定义数据
    delay_ms(1);
    iic_start();                             //启动 I2C 总线
    if(iic_write_byte(ZLG7290ADDR & 0xfe) == 0){    //地址设置
        if(iic_write_byte(cmd) == 0){               //命令输入
            iic_start();
            if(iic_write_byte(ZLG7290ADDR | 0x01) == 0)  //等待数据传输完成
            data = iic_read_byte(0);                //读取数据
```

```
        }
    }
    iic_stop();
    return data;                                        //返回数据
}
/*********************************************************************************
* 名称: zlg7290_write_data()
* 功能: ZLG7290CS 写寄存器
* 参数: cmd—寄存器地址; data—寄存器数据
*********************************************************************************/
void zlg7290_write_data(unsigned char cmd, unsigned char data)
{
    delay_ms(1);
    iic_start();                                        //启动 I2C 总线
    if(iic_write_byte(ZLG7290ADDR & 0xfe) == 0){        //地址设置
        if(iic_write_byte(cmd) == 0){                   //命令输入
            iic_write_byte(data);                       //等待数据传输完成
        }
    }
    iic_stop();
}
/*********************************************************************************
* 名称: zlg7290_set_smd()
* 功能: ZLG7290CS 设置命令缓存寄存器
* 参数: cmd1—命令 1, cmd2—命令 2
*********************************************************************************/
void zlg7290_set_smd(unsigned char cmd1, unsigned char cmd2)
{

    zlg7290_write_data(CMDBUF0,cmd1);
    zlg7290_write_data(CMDBUF1,cmd2);
}


/*********************************************************************************
* 名称: zlg7290_flash()
* 功能: ZLG7290CS 设置闪烁
* 参数: flash—闪烁位(0~7)
*********************************************************************************/
void zlg7290_flash(unsigned char flash)
{
    zlg7290_set_smd(0x70,flash);
}
/*********************************************************************************
* 名称: zlg7290_send_buf()
* 功能: 向显示缓冲区发送数据
* 参数: dat—数据, len—数据长度
*********************************************************************************/
void zlg7290_send_buf(unsigned char *dat, unsigned char len)
```

```
{
    unsigned char i = 0;
    for(i = 0; i < len; i++){
        zlg7290_set_smd(0x60+i,*dat);
        dat++;
    }
}
/*******************************************************************************
* 名称：zlg7290_download()
* 功能：下载数据并译码
* 参数：addr—取值 0~7，显示缓存 DpRam0~DpRam7 的编号；
*       dp—是否点亮该位的小数点，0 表示熄灭，1 表示点亮；
*       flash—控制该位是否闪烁，0 表示不闪烁，1 表示闪烁，2 表示不操作；
*       dat—取值 0~31，表示要显示的数据
*******************************************************************************/
void zlg7290_download(unsigned char addr, unsigned dp, unsigned char flash, unsigned char dat)
{
    unsigned char cmd0;
    unsigned char cmd1;
    cmd0 = addr & 0x0F;
    cmd0 |= 0x60;
    cmd1 = dat & 0x1F;
    if ( dp == 1 )
    cmd1 |= 0x80;
    if ( flash == 1 )
    cmd1 |= 0x40;
    zlg7290_set_smd(cmd0,cmd1);
}
/*******************************************************************************
* 名称：segment_display()
* 功能：数码管显示数字
* 参数：num—数据（最大为 9999）
*******************************************************************************/
void segment_display(unsigned int num)
{
    static unsigned char h = 0,j = 0,k = 0,l = 0;
    if(num > 9999)
    num = 0;
    h = num % 10;
    j = num % 100 /10;
    k = num % 1000 / 100;
    l = num /1000;
    zlg7290_download(2,0,0,k);
    zlg7290_download(1,0,0,l);
    zlg7290_download(0,0,0,h);
    zlg7290_download(3,1,0,j);
}
```

4）串口驱动模块

串口驱动模块包括串口初始化函数、串口发送字节函数串口发送字符串函数和串口接收字节函数，部分信息如表 5.1 所示，更详细的源代码请参考 2.1 节内容。

表 5.1　串口驱动模块函数

名　称	功　能	说　明
uart1_init(unsigned char StopBits,unsigned char Parity)	串口 0 初始化函数	StopBits 为停止位，Parity 为奇偶校验
void uart1_send_char(char ch)	串口发送字节函数	ch 为将要发送的数据
void uart1_send_string(char *Data)	串口发送字符串函数	*Data 为将要发送的字符串
int uart1_recv_char(void)	串口接收字节函数	返回接收的串口数据

5）I2C 总线驱动模块

I2C 总线驱动模块包括 I2C 总线专用延时函数、I2C 总线初始化函数、I2C 总线起始信号函数、I2C 总线停止信号函数、I2C 总线发送应答函数、I2C 总线接收应答函数、I2C 总线写字节函数和 I2C 总线读一个字节函数，部分信息如表 5.2 所示，更详细的源代码请参考 2.1 节内容。

表 5.2　I2C 总线驱动模块函数

名　称	功　能	说　明
void iic_delay_us(unsigned int i)	I2C 总线专用延时函数	I 为延时设置
void iic_init(void)	I2C 总线初始化函数	无
void iic_start(void)	I2C 总线起始信号函数	无
void iic_stop(void)	I2C 总线停止信号函数	无
void iic_send_ack(int ack)	I2C 总线发送应答函数	ack 为应答信号
int iic_recv_ack(void)	I2C 总线接收应答函数	返回应答信号
unsigned char iic_write_byte(unsigned char data)	I2C 总线写字节数据，返回 ack 或者 nack，从高到低，依次发送	data 为要写的数据，返回写成功与否
unsigned char iic_read_byte(unsigned char ack)	I2C 总线读一个字节数据，返回读取的数据	ack 为应答信号，返回采样数据

5.1.4　小结

本节先介绍了数码管的特点、功能和基本工作原理，然后介绍了 CC2530 驱动数码管驱动芯片 ZLG7290 的方法，最后通过开发实践，将理论知识应用于实践当中，实现了电子计时秒表的设计，完成了系统的硬件设计和软件设计。

5.1.5　思考与拓展

（1）日常生活的中哪些电子产品会用到数码管？
（2）数码管显示的工作原理是什么？

（3）数码管的驱动方式可分为静态式和动态式两类，各自有何特点？

（4）请尝试为电子计时秒表增加多次计时功能（如 3 次），按下 Key1 后串口输出计时后数据，请设计实现程序。

5.2 三轴加速度传感器的应用开发

加速度传感器是一种能够测量加速力的电子设备。加速力是指在加速过程中作用在物体上的力，就好比地球引力。加速力可以是个常量，也可以是变量。加速度传感器有两种：一种是角加速度传感器，是由陀螺仪（角速度传感器）改进的；另一种就是线加速度传感器。目前的三轴加速度传感器大多采用压阻式、压电式和电容式等类型，产生的加速度正比于电阻、电压和电容的变化，然后通过相应的放大和滤波电路进行采集。三轴加速度传感器和普通的加速度传感器基于同样的原理，通过技术处理可以把三个单轴变成一个三轴。

本节重点学习三轴加速度传感器的基本工作原理，通过 CC2530 驱动三轴加速度传感器，从而实现游戏手柄的设计。

5.2.1 人体行走模型

通过人体行走模型和步态加速度信号提取人们步行的特征参数是一种简便、可行的步态分析方法。人体行走模型如图 5.11 所示，运动包括 3 个分量，分别在前向轴、侧向轴和垂直轴上。

LIS3DH 是一种三轴（X、Y、Z 轴）加速度传感器，可以与运动的 3 个方向相对应。通过对人体行走模型进行分析，可得到一个迈步周期中加速度变化规律，如图 5.12 所示，脚蹬地离开地面是一步的开始，此时，由于地面的反作用力垂直加速度开始增大，身体重心上移；当脚达到最高位置时，垂直加速度达到最大，然后脚向下运动，垂直加速度开始减小，直至脚着地，加速度减至最小值；接着开始下一次迈步。前向加速度是由脚与地面的摩擦力产生的，因此在双脚触地时增大，在脚离地时减小。

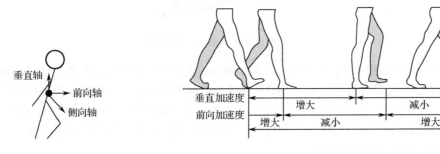

图 5.11　人体行走模型　　　　　　　　图 5.12　迈步周期中加速度变化规律

5.2.2 三轴加速度传感器简介

三轴加速度传感器主要分为压电式、电容式及压阻式三种，这三种传感器各有其优缺点，本节主要介绍电容式三轴加速度传感器的原理。电容式三轴加速度传感器能够感测不同方向的加速度或振动等，其主要部件是利用硅的机械性质设计出的可移动机构，该机构主要包括两组硅梳齿（Silicon Finger），一组固定，另一组随运动物体移动；前者相当于固定的电极，后者相当于可移动电极。当可移动的硅梳齿产生位移时，电容值就会与位移成比例地变化。

当运动物体变速运动而产生加速度时，电容式三轴加速度传感器内部的电极位置会发生变化，这种变化会反映到电容值的变化（ΔC）上，电容值的变化会传送给相关接口芯片并由其输出电压值。因此电容式三轴加速度传感器必然包含一个单纯的机械性 MEMS 传感器和一个接口芯片，前者内部有成群移动的电子，主要测量 X、Y 及 Z 轴上的加速度，后者则将电容值的变化转换为电压输出。

5.2.3　三轴加速度传感器的应用

1．车身安全、控制及导航系统中的应用

在进入消费电子领域之前，三轴加速度传感器已被广泛应用于汽车电子领域，主要集中在车身操控、安全系统和导航等方面，典型的应用有汽车安全气囊、ABS 防抱死刹车系统、车身电子稳定程序（ESP）、电控悬挂系统等。三轴加速度传感器在汽车中的应用如图 5.13 所示。

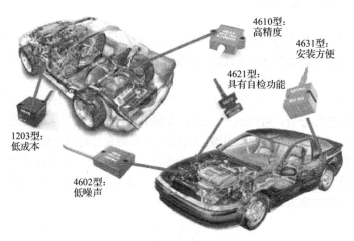

图 5.13　三轴加速度传感器在汽车中的应用

除了汽车安全系统这类重要应用，目前三轴加速度传感器在导航系统中的也在扮演重要角色。专家预测，便携式导航设备（PND）将成为国内市场的热点，其主要利于 GPS 卫星信号实现定位。当 PND 进入卫星信号接收不良的区域或环境中就会因失去信号而丧失导航功能，基于 MEMS 技术的三轴加速度传感器配合陀螺仪或电子罗盘等器件可创建航位推算系统，是对 GPS 系统的互补性应用。

2．硬盘抗冲击防护

目前由于海量数据对存储方面的需求，硬盘和光驱等器件被广泛应用在笔记本电脑、手机、数码相机/摄像机、便携式 DVD 机等设备中。由于应用场合的原因，便携式设备经常会

意外跌落或受到碰撞，从而对内部器件造成巨大的冲击。硬盘中的三轴加速度传感器如图5.14所示。

为了使设备以及其中数据免受损伤，越来越多的用户对便携式设备的抗冲击能力提出要求。一般便携式产品的跌落高度为 1.2～1.3 m，其在撞击大理石等地面时会受到约 490 N 的冲击力。虽然良好的缓冲设计可由设备外壳或 PCB 板来分解大部分的冲击力，但硬盘等高速转动的器件却在此类冲击下显得十分脆弱。如果在硬盘中内置三轴加速度传感器，当发生跌落时，系统会检测到加速度的突然变化，并执行相应的自我保护操作，如关闭抗振性能差的电子器件或机械器件，从而避免受损或发生硬盘磁头损坏、刮伤盘片等可能造成数据永久丢失的情况。

三轴加速度传感器

图 5.14　硬盘中的三轴加速度传感器

3．消费产品中的创新应用

三轴加速度传感器为传统消费及手持电子设备实现了革命性的创新空间，它可被安装在游戏机手柄上，作为用户动作采集器来感知其手臂前后、左右和上下等的移动动作，并在游戏中转化为虚拟的场景动作，如挥拳、挥球拍、跳跃等，把过去单纯的手指运动变成真正的肢体和身体的运动，实现以往按键操作所不能实现的现场游戏感和参与感。例如，手机中的三轴加速度传感器如图 5.15 所示。

图 5.15　手机中的三轴加速度传感器

此外，三轴加速度传感器还可用于电子计步器，为电子罗盘提供补偿功能，也可用于数码相机的防抖。

4．趣味性扩展功能

三轴加速度传感器还可应用于将用户操控的动作转变为许多趣味性的扩展功能上，如虚拟乐器、虚拟骰子游戏等。

5.2.4　LIS3DH 型三轴加速度传感器

LIS3DH 是 ST 公司推出的一款具备低功耗、高性能、三轴数字输出加速度传感器。LIS3DH 型三轴加速度传感器的功能结构如图 5.16 所示，可分为上下两个部分，上部分左边是采用了差动电容原理的微加速度传感器系统，它通过电容的变化差来反映加速度数据的变化。上部分的其余部分可以看成一个数字处理器系统，它通过电荷放大器将传感器的电容的变化量转换为可以被检测的电量，这些模拟量信号经过 A/D 转换器 1（ADC1）的处理，最终被转换为可被微处理器识别的数字量信号，并且在一个具有温度补偿功能的三路 A/D 转换器 2（ADC2）的作用下，控制逻辑模块将 A/D 转换器 1 和 2 的值保存在传感器内置的输出数据寄存器中。这些输出数据通过传感器配备的 I2C 接口或 SPI 接口传递到系统中的微处理器。

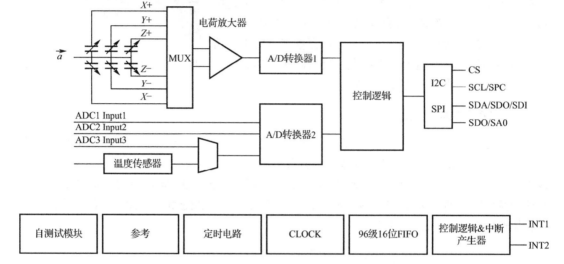

图 5.16　LIS3DH 型三轴加速度传感器的功能结构

　　LIS3DH 是一种 MEMS 运动传感器，功耗极低、性能高，可以数字形式输出三轴的加速度，主要具备如下特性。

　　（1）具有 X、Y 和 Z 轴灵敏性；

　　（2）具有 1.71～3.6 V 宽范围供应电压；

　　（3）提供了四种动态的可选择范围，±2g、±4g、±8g、±16g；

　　（4）内置温度传感器、自测试模块和 96 级 16 位数据输出 FIFO；

　　（5）配备了 I2C 和 SPI 串行接口，本项目使用 I2C 串行接口；

　　（6）具备多种检测和识别能力，如自由落体检测、运动检测、6D/4D 方向检测、单/双击识别等；

　　（7）提供分别用于运动检测和自由落体检测的两个可编程中断产生器；

　　（8）具有两种可选的工作模式，即常规模式和低功耗模式，常规模式下具有更高的分辨率，低功耗模式下功耗低至 2 μA；

　　（9）提供非常精确的 16 位输出数据。

　　LIS3DH 型三轴加速度传感器有两种工作方式，一种是利用其内置的多种算法来处理常见的应用场景（如静止检测、运动检测、屏幕翻转、失重、位置识别、单击和双击等），只需要简单地配置算法对应的寄存器即可开始检测，一旦检测到目标事件，LIS3DH 型三轴加速度传感器的引脚 INT1 会产生中断；另一种是通过 SPI 和 I2C 串行接口来读取底层的加速度数据，并通过软件来做进一步复杂的处理，如电子计步器等。LIS3DH 型三轴加速度传感器如图 5.17 所示。

1．三轴加速度传感器的工作原理

三轴加速度传感器可以是对自身器件的加速度进行检测，其自身的物理实现方式本书不做讨论，可以想象芯片内部有一个真空区域，感应器件即处于该区域，通过惯性力作用引起电压变化，并通过内部的 A/D 转换器给出量化数值。

LIS3DH 型三轴加速度传感器能检测 X、Y 和 Z 轴的加速度，其工作示意图如图 5.18 所示。

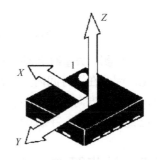

图 5.17　LIS3DH 型三轴加速度传感器　　　　图 5.18　LIS3DH 型三轴加速度传感器工作示意图

在静止的状态下，LIS3DH 型三轴加速度传感器一定会在一个方向重力的作用，因此有一个轴的数据是 $1g$（即 9.8 m/s^2）。在实际的应用中，我们并不使用和 9.8 相关的计算方法，而是以 $1g$ 或者使用 $g/1000$ 作为标准加速度单位。既然使用 A/D 转换器，那么肯定会有量程和精度的概念，在量程方面，LIS3DH 型三轴加速度传感器有±$2g$、±$4g$、±$8g$、±$16g$ 四种。对于计步应用来说，$2g$ 足够了，除去重力加速度 $1g$，还能检测出 $1g$ 的加速度。至于精度，那就跟其使用的寄存器位数有关了。LIS3DH 型三轴加速度传感器使用高低两个 8 位（共 16 位）寄存器来存储一个轴的当前读数。由于有正反两个方向的加速度，所以 16 位数是有符号的，实际数值是 15 位。以±$2g$ 量程来算，其精度为 $2g/2^{15}= 2g/32768 =0.000061g$。

当 LIS3DH 型三轴加速度传感器处于静止状态时，Z 轴正方向会检测出 $1g$，X、Y 轴为 0；如果调转位置（如手机屏幕翻转），那么总会有一个轴会检测出 $1g$，其他轴为 0。在实际的测量值中，可能并不是 0，而是有微小数值。

2．三轴加速度传感器的坐标系

X、Y、Z 除了代表三维坐标系（见图 5.19），还有一个重要的知识点，就是 X、Y、Z 轴对应的寄存器分别按照芯片图示（以芯片的圆点来确定）的方向来测加速度值，不管芯片的位置如何，即 X、Y、Z 轴对应的三个寄存器的工作方式是：Z 轴寄存器存储芯片垂直方向的数据，Y 轴寄存器存储芯片左右方向的数据，X 轴寄存器存储芯片前后的数据。例如，在静止状态下，X 轴寄存器存储芯片前后方向的加速度，如果芯片处于静止状态时，X 轴寄存器存储的是 Z 轴方向的加速度。

3．三轴加速度传感器的应用

（1）运动检测。使用或逻辑电路工作方式，设置一个较小的运动阈值，只检测 X、Y 轴数据是否超过该阈值即可（Z 轴这时有 $1g$，可不管这个轴）。只要 X、Y 任一轴数据超过阈值一定时间，即可认为设备处于运动状态。

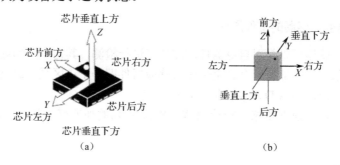

图5.19　LIS3DH型三轴加速度传感器坐标系

（2）失重检测。失重时 Z 轴的加速度和重力加速度抵消，在短时间内会为 0，而且 X、Y轴没有变化，因此在短时间内三者都为 0。这里使用与逻辑电路工作方式，设置一个较小的运动阈值，当三个方向的数据都小于该阈值一定时间时，即可认为处于失重状态。

（3）位置姿势识别。手机翻转等应用场景就是利用位置姿态识别这个功能来实现的。

5.2.5　计步算法

通过分析人行走时三轴加速度传感器输出信号的变化特征，可知在一个迈步周期里，加速度有一个增大过程和一个减小过程，在一个周期内会有出现一个加速度波峰和一个加速度波谷。当脚抬起来时，身体重心上移，加速度逐步变大，脚抬至最高处时，加速度值出现波峰；当脚往下放时，加速度逐步减小，脚到达地面时，加速度值出现波谷，这就是一个完整的迈步周期内加速度的变化规律。此外，步行之外的原因引起加速度波形振动时，也会被计数器误判是迈步，在行走时，速度快时一个迈步所用的时间短，速度慢时所用的时间长，但一个迈步所用时间都应在动态时间窗口，即 0.2～2.0 s 内，所以，利用这个确定时间窗口就可以剔除无效振动对迈步判断造成的影响。基于以上分析，可以确定一个迈伐周期中加速度变化规律应具备以下特点：

（1）极值检测：在一个迈步周期内，加速度会出现一个极大值和一个极小值，有一组上升和下降区间。

（2）时间阈值：两个有效迈步的时间间隔应为 0.2～2.0 s。

（3）幅度阈值：人在运动时，加速度的最大值与最小值是交替出现的，且其差的绝对值阈值不小于预设值 1。

LIS3DH 型三轴加速度传感器的内置硬件算法主要由 2 个参数和 1 个模式选择来确定，2个参数分别是阈值和持续时间。例如，在检测运动时，可以设定一个运动对应的阈值，并且要求芯片检测数据在超过这个阈值后并持续一定的时间才可以认为芯片是运动的。内置算法是基于阈值和持续时间来检测运动的。

LIS3DH 型三轴加速度传感器共有两种能够同时工作的硬件算法电路，一种是专门针对单击、双击这种场景的，如鼠标应用；另一种是针对其他所有场景的，如静止运动检测、运动方向识别、位置姿态识别等。这里主要讲述后者，有四种工作模式，如表 5.3 所示。

表 5.3   LIS3DH 三轴加速度传感器的四种工作模式

序　号	AOI	6D	中　断　模　式
1	0	0	中断事件的或逻辑组合
2	0	1	6方向运动识别
3	1	0	中断事件的与逻辑组合
4	1	1	6方向位置识别

第 1 种：或逻辑电路，即 X、Y、Z 任一轴的数据超过阈值即可完成检测。

第 3 种：与逻辑电路，即 X、Y、Z 所有轴的数据均超过阈值才能完成检测。当然，也允许只检测任意两个轴或者一个轴，不检测的轴可以认为永远为真。

以上两种电路的阈值比较是绝对值比较，没有方向之分。不管在正方向还是负方向，只要绝对值超过阈值，那么 X_H（Y_H、Z_H）为 1，此时相应的 X_L（Y_L、Z_L）为 0；否则 X_L（Y_L、Z_L）为 1，相应的 X_H（Y_H、Z_H）为 0。X_H（Y_H、Z_H）、X_L（Y_L、Z_L）可以认为是检测条件是否满足的指示位。

第 2 种和第 4 种是一个物体 6D 的检测，即检测运动方向的变化，也就是从一个方向变化到另一个方向。位置检测芯片稳定时可假设为一种确定的方向，如平放朝上、平放朝下、竖立时前后左右等。其阈值比较电路如下，该阈值比较使用正负数的真实数据比较。正方向超过阈值，则 X_H（Y_H、Z_H）为 1，否则为 0；负方向超过阈值，X_L（Y_L、Z_L）为 1，否则为 0。X_H（Y_H、Z_H）、X_L（Y_L、Z_L）代表了 6 个方向。由于在静止稳定状态时，只有一个方向有重力加速度，因此可以据此知道当前芯片的位置姿势。

5.2.6　获取传感器数据

1．传感器的启动操作

传感器一旦上电，就会自动从内存中下载校准系数到内部的寄存器中，在完成导入程序约 5 ms 后传感器自动进入电源关闭模式。要想打开传感器设备并从中获取加速度数据，必须先通过配置 CTRL_REG1 寄存器来选择一种工作模式。启动 LIS3DH 型三轴加速度传感器的方法为：写 CTRL_REG1、写 CTRL_REG2、写 CTRL_REG3、写 CTRL_REG4、写 CTRL_REG5、写 CTRL_REG6、写参考值、写 INT1_THS、写 INT1_DUR、写 INT1_CFG。

2．获取加速度数据

（1）使用状态寄存器。在获得一组新数据时，传感器设备中的状态寄存器（STATUS_REG）要对这些数据进行审核。获取加速度数据的步骤如下：

① 读 STATUS_REG；
② 如果 STATUS_REG 为 0，则跳回步骤①；
③ 如果 STATUS_REG 为 1，则一些数据将被重写；
④ 读输出寄存器 OUTX_L、OUTX_H、OUTY_L、OUTY_H、OUTZ_L、OUTZ_H；
⑤ 数据处理。

审核过程在步骤③中完成，它用来确定传感器的数据读取速率和数据产生率是否匹配。

如果数据读取速率较慢，则一些来不及被读取的数据会被新产生的数据覆盖。

（2）使用数据准备信号（DRY）。传感器使用状态寄存器（STATUS_REG）中的 XYZDA 位来决定何时可以读取一组新数据。在传感器采样一组新数据且这些数据能够被读取时，DRY 将被置为 1。数据准备信号（DRY）的时序如图 5.20 所示。

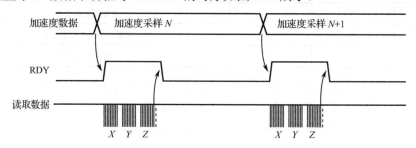

图 5.20　数据准备信号（DRY）的时序

3．有关加速度数据的处理

测量后的加速度数据被保存在 OUTX_H 和 OUTX_L、OUTY_H 和 OUTY_L、OUTZ_H 和 OUTZ_L 等数据输出寄存器中。例如，X（Y，Z）通道中的完整加速度数据以串联 OUTX_H 和 OUTX_L（OUTY_H 和 OUTY_L，OUTZ_H 和 OUTZ_L）的形式被保存。

（1）大小端模式选择：LIS3DH 可以交换加速度寄存器（如 OUTX_H 和 OUTX_L）的高低部分位的内容，这适合小端和大端数据表示法。小端指数据的低位字节存储在内存的最低地址，高位字节存储在最高地址；大端是数据的高位字节存储在内存的最低地址，低位字节则存储在最高地址。

（2）LIS3DH 的加速度数据为 16 位，三轴加速度数据以二进制形式存放在 OUT_ADC3_L（0C）和 OUT_ADC3_H（0D）寄存器中，其中 X 轴加速度数据存放在 OUT_X_L（28）和 OUT_X_L（29）寄存器中，Y 轴加速度数据存放在 OUT_Y_L（2A）和 OUT_Y_H（2B）寄存器中，Z 轴加速度数据存放在 OUT_Z_L（2C）和 OUT_Z_H（2D）寄存器中。寄存器映射如表 5.4 所示。

表 5.4　寄存器映射

名　字	类　型	寄存器地址		默　认	说　明
		十六进制	二进制		
保留（无法修改）		00～06			保留
STATUS_REG_AUX	读	07	0000111		
OUT_ADC1_L	读	08	0001000	输出	
OUT_ADC1_H	读	09	0001001	输出	
OUT_ADC2_L	读	0A	0001010	输出	
OUT_ADC2_H	读	0B	0001011	输出	
OUT_ADC3_L	读	0C	0001100	输出	
OUT_ADC3_H	读	0D	0001101	输出	
INT_COUNTER_REG	读	0E	0001110		

续表

名　字	类　型	寄存器地址		默　认	说　明
		十六进制	二进制		
WHO_AM_I	读	0F	0001111	00110011	空寄存器
保留（无法修改）		10~1E			保留
TEMP_CFG_REG	读/写	1F	0011111		
CTRL_REG1	读/写	20	0100000	00000111	
CTRL_REG2	读/写	21	0100001	00000000	
CTRL_REG3	读/写	22	0100010	00000000	
CTRL_REG4	读/写	23	0100011	00000000	
CTRL_REG5	读/写	24	0100100	00000000	
CTRL_REG6	读/写	25	0100101	00000000	
REFERENCE	读/写	26	0100110	00000000	
STATUS_REG2	读	27	0100111	00000000	
OUT_X_L	读	28	0101000	输出	
OUT_X_H	读	29	0101001	输出	
OUT_Y_L	读	2A	0101010	输出	
OUT_Y_H	读	2B	0101011	输出	
OUT_Z_L	读	2C	0101100	输出	
OUT_Z_H	读	2D	0101101	输出	
FIFO_CTRL_REG	读/写	2E	0101110	00000000	
FIFO_SRC_REG	读	2F	0101111		
INT1_CFG	读/写	30	0110000	00000000	
INT1_SOURCE	读	31	0110001	00000000	
INT1_THS	读/写	32	0110010	00000000	
INT1_DURATION	读/写	33	0110011	00000000	
保留	读/写	34~37		00000000	
CLICK_CFG	读/写	38	0111000	00000000	
CLICK_SRC	读	39	0111001	00000000	
CLICK_THS	读/写	3A	0111010	00000000	
TIME_LIMIT	读/写	3B	0111011	00000000	
TIME_LATENCY	读/写	3C	0111100	00000000	
TIME_WINDOW	读/写	3D	0111101	00000000	

5.2.7　开发实践：游戏手柄的设计

本项目采用 LIS3DH 型三轴加速度传感器和 CC2530 实现游戏手柄设计，如图 5.21 所示。

图 5.21　游戏手柄

1．开发设计

1）硬件设计

本项目通过 LIS3DH 型三轴加速度传感器采集 X、Y、Z 三轴信息，将采集信息打印在 PC 上并定时进行更新，硬件部分主要由 CC2530、LIS3DH 型三轴加速度传感器与串口组成。硬件架构如图 5.22 所示。

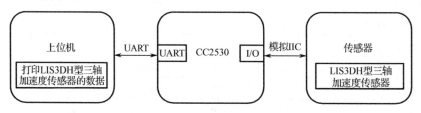

图 5.22　硬件架构

LIS3DH 型三轴加速度传感器的接口电路如图 5.23 所示。

2）软件设计

要实现游戏手柄的设计，还需要合理的软件设计。软件设计流程如图 5.24 所示。

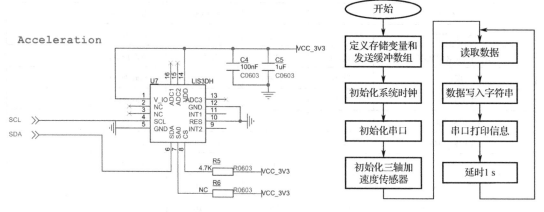

图 5.23　LIS3DH 型三轴加速度传感器的接口电路　　　图 5.24　软件设计流程

2．功能实现

1）主函数模块

主函数程序如下。

```c
void main(void)
{
    char tx_buff[64];
    float accx,accy,accz;
    xtal_init();                                    //系统时钟初始化
    uart0_init(0x00,0x00);                          //串口初始化
    if(lis3dh_init() == 0){                         //三轴加速度传感器初始化
        uart_send_string("lis3dh ok!\r\n");         //如果串口初始化成功
    }else{
        uart_send_string("lis3dh error!\r\n");      //如果串口初始化失败
    }
    while(1)
    {
        lis3dh_read_data(&accx,&accy,&accz);        //获取三轴加速度传感器的数据
        //将要发送的串口数据缓存在数组中
        sprintf(tx_buff,"accx:%.1f accy:%.1f accz:%.1f\r\n",accx,accy,accz);
        uart_send_string(tx_buff);                  //发送数据
        delay_s(1);                                 //延时 1 s
    }
}
```

2）系统时钟初始化模块

系统时钟初始化代码如下：

```c
/***************************************************************************
* 名称：xtal_init()
* 功能：CC2530 系统时钟初始化
***************************************************************************/
void xtal_init(void)
{
    CLKCONCMD &= ~0x40;                             //选择 32 MHz 的外部晶体振荡器
    while(CLKCONSTA & 0x40);                        //晶体振荡器开启且稳定
    CLKCONCMD &= ~0x07;                             //选择 32 MHz 系统时钟
}
```

3）三轴加速度传感器的初始化模块

三轴加速度传感器的初始化较为复杂，要对传感器进行一定的配置，如输出频率、加速度量程等。

```c
/***************************************************************************
* 名称：lis3dh_init()
* 功能：三轴加速度传感器初始化
***************************************************************************/
unsigned char lis3dh_init(void)
{
    iic_init();                                     //I2C 初始化
    delay(600);                                     //短延时
```

```
        if(LIS3DH_ID != lis3dh_read_reg(LIS3DH_IDADDR))              //读取设备 ID
            return 1;
        delay(600);                                                  //短延时
        if(lis3dh_write_reg(LIS3DH_CTRL_REG1,0x97))                  //1.25 kHz，X、Y、Z 轴输出使能
        return 1;
        delay(600);                                                  //短延时
        if(lis3dh_write_reg(LIS3DH_CTRL_REG4,0x10))                  //4g 量程
        return 1;
        return 0;
}
```

4）三轴加速度传感器数据读取模块

三轴加速度传感器初始化完成后就可以对传感器的数据进行读取了，读取的值都是十六进制的，需要将其换算为加速度信息，换算程序如下。

```
/********************************************************************************
* 名称：lis3dh_read_data()
* 功能：读取数据
* 参数：accx－X 轴加速度；accy－Y 轴加速度；accz－Z 轴加速度
********************************************************************************/
void lis3dh_read_data(float *accx,float *accy,float *accz)
{
    char accxl,accxh,accyl,accyh,acczl,acczh;

    //处理 X 轴数据
    accxl = lis3dh_read_reg(LIS3DH_OUT_X_L);                          //获取 X 轴加速度低位数据
    accxh = lis3dh_read_reg(LIS3DH_OUT_X_H);                          //获取 X 轴加速度高位数据
    if(accxh & 0x80){                                                //判断 X 轴加速度方向
        //对负方向 X 轴加速度进行换算
        *accx = (float)(((int)accxh << 4 | (int)accxl >> 4)-4096)/2048*9.8*4;
    }else{
        //对正方向 X 轴加速度进行换算
        *accx = (float)((int)accxh << 4 | (int)accxl >> 4)/2048*9.8*4;
    }
    //处理 Y 轴数据
    accyl = lis3dh_read_reg(LIS3DH_OUT_Y_L);                          //获取 Y 轴加速度低位数据
    accyh = lis3dh_read_reg(LIS3DH_OUT_Y_H);                          //获取 Y 轴加速度高位数据
    if(accyh & 0x80){                                                //判断 Y 轴加速度方向
        //对负方向 Y 轴加速度进行换算
        *accy = (float)(((int)accyh << 4 | (int)accyl >> 4)-4096)/2048*9.8*4;
    }else{
        //对正方向 Y 轴加速度进行换算
        *accy = (float)((int)accyh << 4 | (int)accyl >> 4)/2048*9.8*4;
    }
    //处理 Z 轴数据
    acczl = lis3dh_read_reg(LIS3DH_OUT_Z_L);                          //获取 Z 轴加速度低位数据
    acczh = lis3dh_read_reg(LIS3DH_OUT_Z_H);                          //获取 Z 轴加速度高位数据
```

```
        if(acczh & 0x80){                                    //判断 Z 轴加速度方向
            //对负方向 Z 轴加速度进行换算
            *accz = (float)(((int)acczh << 4 | (int)acczl >> 4)-4096)/2048*9.8*4;
        }else{
            //对正方向 Z 轴加速度进行换算
            *accz = (float)((int)acczh << 4 | (int)acczl >> 4)/2048*9.8*4;
        }
}
/*******************************************************************************
* 名称：lis3dh_read_reg()
* 功能：读取寄存器
* 参数：cmd－寄存器地址
* 返回：data－寄存器数据
*******************************************************************************/
unsigned char lis3dh_read_reg(unsigned char cmd)
{
    unsigned char data = 0;                                  //定义数据
    iic_start();                                             //启动总线
    if(iic_write_byte(LIS3DHADDR & 0xfe) == 0){              //地址设置
        if(iic_write_byte(cmd) == 0){                        //命令输入
            do{
                delay(300);                                  //延时
                iic_start();                                 //启动总线
            }
            while(iic_write_byte(LIS3DHADDR | 0x01) == 1);   //等待数据传输完成
            data = iic_read_byte(1);                         //读取数据
            iic_stop();                                      //停止总线传输
        }
    }
    return data;                                             //返回数据
}


/*******************************************************************************
* 名称：lis3dh_write_reg()
* 功能：写寄存器
* 参数：cmd－寄存器地址；data－寄存器数据
* 返回：0－寄存器写入成功；1－写失败
*******************************************************************************/
unsigned char lis3dh_write_reg(unsigned char cmd,unsigned char data)
{
    iic_start();                                             //启动总线
    if(iic_write_byte(LIS3DHADDR & 0xfe) == 0){              //地址设置
        if(iic_write_byte(cmd) == 0){                        //命令输入
            if(iic_write_byte(data) == 0){                   //数据输入
                iic_stop();                                  //停止总线传输
                return 0;                                    //返回结果
            }
```

```
        }
    }
    iic_stop();
    return 1;                                              //返回结果
}
```

5）串口驱动模块

串口驱动模块有串口初始化函数、串口发送字节函数、串口发送字符串函数和串口接收字节函数，部分信息如表 5.5 所示，更详细的源代码请参考 2.1 节。

表5.5　串口驱动模块函数

名　　称	功　　能	说　　明
uart0_init(unsigned char StopBits,unsigned char Parity)	串口 0 初始化函数	StopBits 为停止位，Parity 为奇偶校验
void uart_send_char(char ch)	串口发送字节函数	ch 为将要发送的数据
void uart_send_string(char *Data)	串口发送字符串函数	*Data 为将要发送的字符串
int uart_recv_char(void)	串口接收字节函数	返回接收的串口数据

5.2.8　小结

本节先介绍了三轴加速度传感器的特点、功能和基本工作原理，然后介绍了通过 CC2530 和 I2C 接口驱动 LIS3DH 的方法，最后通过开发实践，将理论知识应用于实践中，实现了游戏手柄的设计，完成了系统的硬件设计和软件设计。

5.2.9　思考与拓展

（1）简述三轴加速度传感器的工作原理。

（2）简述 LIS3DH 型三轴加速度传感器内置硬件算法的应用场景。

（3）如何使用 CC2530 驱动三轴加速度传感器？

（4）尝试模拟相机云台设备在空间位置静止的情况下，要对保持设备水平的角度偏移量进行计算，参考平面及状态以采集类传感器初始状态为准，偏移参数为 X 轴偏移 30°，Y 轴偏移-15°，Z 轴偏移 17°。

▍5.3　语音合成传感器的应用开发

语音合成，又称为文语转换（Text to Speech）技术，能将文字信息实时转化为标准流畅的语音朗读出来，相当于给机器装上了人工嘴巴。它涉及声学、语言学、数字信号处理、计算机科学等多个学科技术，是中文信息处理领域的一项前沿技术，解决的主要问题就是如何将文字信息转化为可听的声音信息，让机器像人一样"开口说话"。让机器像人一样"开口说话"与传统的声音回放设备（系统）有着本质的区别。传统的声音回放设备（系统），如磁带录音机，是通过预先录制好声音然后通过回放来实现让"机器说话"的，这种方式在内容、存储、传输或者方便性、及时性等方面都存在很大的限制。通过计算机语音合成则可以在任何时候将文本转换成具有高自然度的语音，从而真正实现让机器像人一样"开口说话"。

5.3.1　语音合成原理

语音合成和语音识别技术是实现人机语音通信，建立具有"听"和"说"能力的系统所必需的两项关键技术，可使计算机具有类似于人一样的说话能力和语音识别技术相比，语音合成技术相对说来要成熟一些，并已开始向产业化的方向迈进，大规模应用指日可待。

1．语音合成概述

语音合成技术的研究已有 200 多年的历史，但真正具有实用意义的近代语音合成技术是随着计算机技术和数字信号处理技术的进步而发展起来的，主要是让计算机能够产生高清晰度、高自然度的连续语音。在语音合成技术的发展过程中，早期的研究主要采用参数合成方法，后来随着计算机技术的进步又出现了波形拼接的合成方法。语音合成是利用电子计算机和一些专门装置模拟人类语音的技术。

2．语音合成方法

语音合成的发展经历了机械式语音合成、电子式语音合成和基于计算机的语音合成等阶段。基于计算机的合成方法由于侧重点不同，语音合成方法的分类也有差异，但主流的、获得多数认同的分类则是将语音合成方法按照设计的主要思想分为规则驱动方法和数据驱动方法。前者的主要思想是根据人类发音的物理过程来制定一系列规则来模拟语音，后者则是在语音库中数据的基础上利用统计方法（如建模）来实现合成的方法，因而数据驱动方法更多地依赖于语音库的质量、规模和最小单元等。语音合成的具体分类如图 5.25 所示，各个方法也不是完全独立的，近年来研究人员取长补短地将它们整合到了一起。

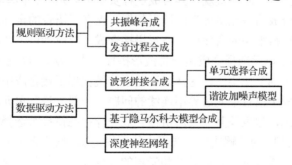

图 5.25　语音合成方法分类

（1）共振峰合成。共振峰是指声道的共振频率，共振峰合成是指用共振峰来加权叠加生成语音。从滤波器的观点来看，语音的产生是一个声源的激励加时变滤波的过程，如图 5.26 所示。脉冲发生器模拟产生浊音的声带振动激励；清音是由声带中气息的湍流噪声造成的，可用一个噪声发生器来模拟。所有的语音都是这两类声源通过频率响应不同的滤波器处理后得到的，可用一个多通道的时变滤波器来模拟，使得其输出具有目标语音的频谱特性。经过放大器（口唇辐射）输出，就可以听到合成语音。最初，共振峰合成出的语音自然度很低，经过在共振峰合成中加入或改进谱建模，共振峰合成语音的自然度被提升了，由于合成时可以控制变化，所以也常用来生成有特色的语音。

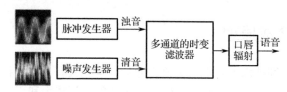

图 5.26 语音的产生模型

（2）发音过程合成。发音过程合成是直接模拟人的发音这一物理过程，通过制定一系列规则来操控模型发声。由于得到真实发音的物理过程难度大，这一方法也较难实现。但它的优点在于，一旦建立一套较为准确的规则，就可使系统有很大的可塑性和灵活性。规则驱动方法的另一不足在于对超音段的控制不足，自然度受损，以至有人们难以接受的机器声音。为了在高复杂度和高自然度之间做一个平衡，有学者采用预先录制的语音库，通过拼凑语音库单元来快速生成较高质量的语音。

（3）波形拼接合成。波形拼接合成通过连接小的、事先录好的语音单元，如音素、双音素、三音素等，并经过韵律修饰来拼接整合成完整的语音。波形拼接合成是一种通过波形处理使语言的超音段特征发生改变，而音段特征保持不变的时间维处理技术，它最大限度地保留了发音人的原始音质，自然度和清晰度都很高，可达到人们能够接受的水平。但这种方法导致语音听起来人工、生硬，韵律修饰也会导致边界处明显不连续，拼接处容易产生意想不到的错误，合成效果不稳定，语音库容量大，构建周期长，可扩展性太差，不适宜作为嵌入式应用。但如果要合成的语句中的大部分单元都在语音库里存在，那么合成出的语音的自然度要比规则拼接高得多，以至当寻求高自然度时，如商用，这类方法成为主流方法，但它的代价则是设计精细、科学，占用内存大，人力物力耗费巨大。

波形拼接合成的优点是简单直观，其合成过程实质上只是一种简单的解码和拼接过程。另外，由于波形拼接合成的基元是语音的波形数据，保存了语音的全部信息，因而对于单个合成基元来说，能够获得很高的自然度。波形拼接合成主要包括以下两种：

① 单元选择合成。单元选择合成是一种波形拼接合成方法，但是它在录好的库中存储了每个拼接单元的大量不同韵律实例，这样就避免了传统波形拼接合成中的韵律修饰，也就解决了传统波形拼接合成中语音单元边界不连续的问题。一般来说，单元选择合成的语音音质好、稳定、自然度较高，但也像其他波形拼接合成一样存在拼接时选择错误单元的情况。

② 谐波加噪声模型。为了解决单元选择中的误拼情况，研究人员又提出了谐波加噪声模型，该模型将语音信号看成各种分量谐波和噪声的加权和，对信号的这种分解使得合成的信号更加自然。

（4）基于隐马尔科夫模型（HMM）合成。如前所述，波形拼接合成需要的语音非常占用资源，而且要求设计精细，因为它所有的拼接单元全都来自于库，而且训练模型的时间通常也很长。隐马尔科夫模型（HMM）结合谐波加噪声模型解决了这个问题，这种方法也被看成最有用的统计建模方法，其流程如下：首先选择合适的特征表征语音库中的语音并训练模型；然后利用模型将文本生成序列状态的特征向量；最后送入一个滤波器，将特征向量转换成语音。基于 HMM 的建模方法灵活度高、语音库小，并且构建时间也少，非常适合移动嵌入式平台。

（5）深度神经网络。深度神经网络（Deep Neural Network，DNN）属于多层神经网络，二者在结构上大致相似，不同的是深度神经网络在做有监督学习的时候先做非监督学习，然后将通过非监督学习得到的权值当成有监督学习的初值进行训练。深度神经网络首先应用于语音识别领域，即 Google 的语音搜索，识别率提升了 10%以上，大大吸引了研究人员的关注。后来研究人员慢慢发掘了它在语音信号增强、机器翻译等语音相关方向的应用。深度神经网络的实质是通过构建具有很多隐层的机器学习模型和大数据训练来学习更有用的特征，免去人工选取特征的过程，从而最终提升分类或者预测的手段，尤其适合语音、图像这种特征不明显的问题。在语音合成方面，DNN 可以用来在输入文本和对应的声学参数之间的关系建模。DNN 的应用解决了传统方法中上下文建模的低效率，以及上下文空间和输入空间分开聚类而导致的训练数据分裂、过拟合和音质受损的问题。

3. 语音合成应用领域

（1）语音门铃应用。小型店铺的顾客进出具有随机性，有时会因顾客进店时店员不能及出现而错失生意，所以为解决这样的问题需要设计一种店铺人员进出辅助提示系统，用于提示有人员进出、辅助店主看店等。语音提示器如图 5.27 所示。

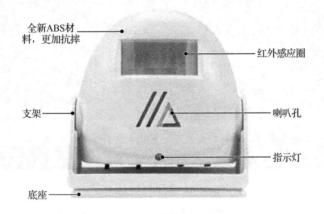

图 5.27　语音提示器

（2）语音导航应用。在导航场景中，可通过合成语音为用户提供精确的语音导航服务。语音导航可提供驾驶行为评测，油耗评估，拥堵、执法、管制、事故等实时路况，智能路线规划，省油路线推荐，免费语音导航等全方位的出行服务，如图 5.28 所示。在车载领域，车内语音声控操作改变了汽车现有的人机交互方式，解放了驾驶者的双手和双眼，使汽车更具备人性化魅力和个性化特色。

（3）语音提示播报应用（见图 5.29）。由语音模块、控制电路、喇叭、电源和外壳构造成的放音器，可以用来播报产品信息、安全提示性语句、门铃音乐或警报声音，在信息传播上有很广泛的使用。例如，在高铁或广场上，可进行语音播报、广播通知。

（4）语音新闻（见图 5.30）。通过手机或音箱收听小说或新闻时，为用户提供播读功能。

图 5.28　语音导航

图 5.29　语音提示播报

图 5.30　语音新闻

5.3.2　语音合成芯片

SYN6288 型语音合成芯片通过异步串口（UART）通信方式，接收待合成的文本数据，实现文本到语音的转换。SYN6288 型语音合成芯片的特点有硬件接口简单、低功耗、音色清亮圆润、性价比极高；除此之外，SYN6288 型语音合成芯片在识别文本、数字、字符串方面更智能、更准确，语音合成自然度更好、可懂度更高。

1. SYN6288 型语音合成芯片的功能与通信方式

基于 SYN6288 型语音合成芯片构成的最小系统包括：控制器、SYN6288 型语音合成芯片、功率放大器和喇叭。控制器和 SYN6288 型语音合成芯片之间通过 UART 接口连接，控制器可以向 SYN6288 型语音合成芯片发送控制命令和文本，SYN6288 型语音合成芯片把接收到的文本转化为语音信号输出，输出的信号经功率放大器进行放大后连接到喇叭进行播放。

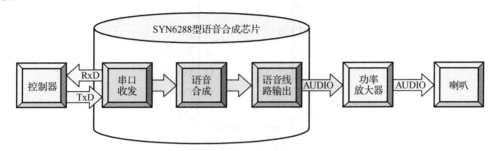

图 5.31　基于 SYN6288 型语音合成芯片构成的最小系统结构

1）功能描述

SYN6288 型语音合成芯片具有以下功能：

（1）文本合成功能。该芯片支持任意中文文本的合成，可以采用 GB2312、GBK、BIG5 和 Unicode 四种编码方式；芯片支持英文字母的合成，遇到英文单词时按字母方式发音；每次合成的文本量可达 200 个字节。

（2）文本智能分析处理。该芯片具有文本智能分析处理功能，对于常见的数值、电话号码、时间日期、度量衡符号等格式的文本，该芯片能够根据内置的文本匹配规则进行正确识别和处理。例如，"2008-12-21"读作"二零零八年十二月二十一日"，"10:13:28"读作"十点十三分二十八秒"。

（3）16 级数字音量控制和 6 级词语语速控制。该芯片可以实现 16 级数字音量控制，音量更大、更广。播放文本的前景音量和播放背景音乐的背景音量可分开控制，更加自由。

（4）支持多种控制命令。控制命令包括：合成文本、停止合成、暂停合成、恢复合成、状态查询、进入低功耗模式、修改通信波特率等。控制器可通过 UART 接口发送控制命令来实现对芯片的控制。

（5）支持多种文本控制标记。该芯片支持多种文本控制标记，可通过合成命令来发送文本控制标记、调节音量、设置数字读法、设置词语语速、设置标点是否读出等。

（6）支持低功耗模式。该芯片支持低功耗模式，通过控制命令可以使芯片进入低功耗模式；复位芯片可以使其从低功耗模式恢复到正常工作模式。

2）SYN6288 型语音合成芯片引脚

SYN6288 型语音合成芯片引脚如图 5.32 所示，引脚功能说明如表 5.6 所示。

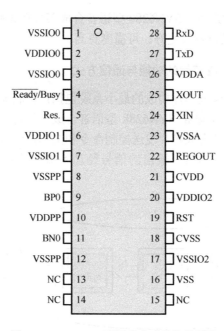

图 5.32　SYN6288 型语音合成芯片的引脚

表 5.6　SYN6288 型语音合成芯片的引脚功能说明

引脚序号	引脚名称	I/O	说　　明
1，3	VSSIO0	I	总线模块 0 电源负极
2	VDDIO0	I	总线模块 0 电源正极
4	$\overline{\text{Ready/Busy}}$	O	低电平表示芯片空闲，可接收上位机发送的命令和数据；高电平表示芯片忙，正在进行语音合成并播音
5	Res.	—	Res 引脚
6	VDDIO1	I	总线模块 1 电源正极
7	VSSIO1	I	总线模块 1 电源负极
8、12	VSSPP	I	语音输出模块电源负极
9	BP0	O	推送 DAC 语音输出 1
10	VDDPP	I	语音输出模块电源正极
11	BN0	O	推送 DAC 语音输出 2
16	VSS	I	电源负极与语音合成芯片基板为一体，必须与 PCB 布线的地（GND）或负板（VSS）相连接
17	VSSIO2	I	总线模块 2 电源负极
18	CVSS	I	处理器电源负极
19	RST	I	芯片复位，低电平触发有效
20	VDDIO2	I	总线模块 2 电源正极

引脚序号	引脚名称	I/O	说　明
21	CVDD	I	处理器电源正极
22	REGOUT	O	电压自动调节输出
23	VSSA	I	内部稳压电源负极
24	XIN	I	高速晶振输入
25	XOUT	O	高速晶振输出
26	VDDA	I	内部稳压电源正极
27	TxD	O	串口数据发送，初始波特率为 9600 bps
28	RxD	I	串口数据接收，初始波特率为 9600 bps

2. 通信方式

SYN6288 型语音合成芯片提供一组全双工的异步串行通信（UART）接口，可实现与微处理器或 PC 的数据传输，利用 TxD 和 RxD 以及 GND 实现串口通信。SYN6288 型语音合成芯片通过 UART 接口接收上位机发送的命令和数据，允许发送数据的最大长度为 206 个字节。

串口的通信配置要求为：初始波特率为 9600 bps，起始位为 1，数据位为 8，校验位为无，停止位为 1，无流控制。串口通信帧结构如表 5.7 所示。

表 5.7　串口通信帧结构

起始位	D0	D1	D2	D3	D4	D5	D6	D7	停止位

1）通信协议

芯片支持"帧头 FD + 数据区长度+数据区"格式，如表 5.8 所示（最大为 206 个字节）。

表 5.8　芯片支持的命令格式

帧结构	帧头（1B）	数据区长度（2B）	数据区（≤203 B）			
			命令字（1B）	命令参数（1B）	待发送文本（≤200 B）	异或校验（1B）
数据	0xFD	0xXX 0xXX	0xXX	0xXX	0xXX	0xXX
说明	定义为十六进制 0xFD	高字节在前低字节在后	长度必须和前面的数据区长度一致			

注意：数据区（包含命令字、命令参数、待发送文本、异或校验）的实际长度必须与帧头后定义的数据区长度严格一致，否则会接收失败。

芯片支持的控制指令如表 5.9 所示。

表 5.9 芯片支持的控制指令

数据区（≤203 B）						
命令字（1 B）		命令参数（1 B）			待发送文本（≤200 B）	异或校验（1 B）
取值	对应功能	字节高 5 位	对应功能	字节低 3 位	对应功能		
0x01	语音合成播放命令	0、1、…、15	（1）0 表示不加背景音乐；（2）其他值表示所选背景音乐的编号	0	设置文本为 GB2312 编码格式	待合成文本的二进制内容	对之前所有字节（包括帧头、数据区字节）进行异或校验得出的字节
				1	设置文本为 GBK 编码格式		
				2	设置文本为 BIG5 编码格式		
				3	设置文本为 UNICODE 编码格式		
0x31	设置通信波特率命令（初始波特率为 9600 bps）	0	无功能	0	设置通信波特率为 9600 bps	无文本	
				1	设置通信波特率为 19200 bps		
				2	设置通信波特率为 38400 bps		
0x02	停止合成命令	无参数					
0x03	暂停合成命令						
0x04	恢复合成命令						
0x21	芯片状态查询命令						
0x88	芯片进入睡眠模式命令						

2）命令帧

（1）语音合成播放命令如表 5.10 所示。

表 5.10 语音合成播放命令

帧结构	帧头	数据区长度	数据区			
			命令字	命令参数	待发送文本	异或校验
数据	0xFD	0x00 0x0B	0x01	0x00	"字音天下"：0xD3 0xEE 0xD2 0xF4 0xCC 0xEC 0xCF 0xC2	0xC1
数据帧	0xFD 0x00 0x0B 0x01 0x00 0xD3 0xEE 0xD2 0xF4 0xCC 0xEC 0xCF 0xC2 0xC1					
说明	播放文本编码格式为"GB2312"的文本"字音天下"，不带背景音乐					

（2）波特率设置命令如表 5.11 所示。

表 5.11 波特率设置命令

帧结构	帧头	数据区长度	数据区			
			命令字	命令参数	待发送文本	异或校验
数据	0xFD	0x00 0x03	0x31	0x00		0xCF
数据帧	0xFD 0x00 0x03 0x31 0x00 0xCF					
说明	设置波特率为 9600 bps					

（3）停止合成命令如表 5.12 所示。

表 5.12 停止合成命令

帧结构	帧头	数据区长度	数据区			
			命令字	命令参数	待发送文本	异或校验
数据	0xFD	0x00 0x02	0x02			0xFD
数据帧	0xFD 0x00 0x02 0x02 0xFD					
说明	停止合成命令					

（4）暂停合成命令如表 5.13 所示。

表 5.13 暂停合成命令

帧结构	帧头	数据区长度	数据区			
			命令字	命令参数	待发送文本	异或校验
数据	0xFD	0x00 0x02	0x03			0xFC
数据帧	0xFD 0x00 0x02 0x03 0xFC					
说明	暂停合成命令					

（5）恢复合成命令如表 5.14 所示。

表 5.14 恢复合成命令

帧结构	帧头	数据区长度	数据区			
			命令字	命令参数	待发送文本	异或校验
数据	0xFD	0x00 0x02	0x04			0xFB
数据帧	0xFD 0x00 0x02 0x04 0xFB					
说明	恢复合成命令					

（6）芯片状态查询命令如表 5.15 所示。

表 5.15 芯片状态查询命令

帧结构	帧头	数据区长度	数据区			
			命令字	命令参数	待发送文本	异或校验
数据	0xFD	0x00 0x02	0x21			0xDE
数据帧	0xFD 0x00 0x02 0x21 0xDE					
说明	通过该命令来判断芯片是否正常工作，并获取相应的返回参数，返回 0x4E 表明芯片仍在合成播音中，返回 0x4F 表明芯片处于空闲状态					

5.3.3 开发实践：语音早教机的设计

语音早教机（见图 5.33）可播放作品，通过不断地听读，在耳濡目染下能够学到很多知识。语音早教机寓教于乐，能在娱乐的同时帮助家长进行少儿的早期教育。

图 5.33　语音早教机

本项目利用 SYN6288 型语音合成芯片和 CC2530 实现语音早教机的设计。

1．开发设计

1）硬件设计

本项目的硬件部分主要由 CC2530、SYN6288 型语音合成芯片、按键、LED 灯等。项目框架如图 5.34 所示。

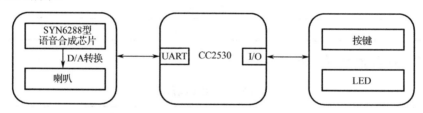

图 5.34　项目框架

SYN6288 语音合成芯片接口电路如图 5.35 所示

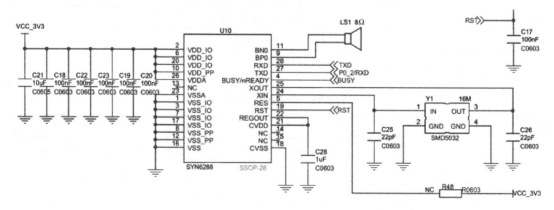

图 5.35　SYN6288 型语音合成芯片接口电路

　　SYN6288 是一款数字芯片，语音合成在芯片内部完成。实际控制线 4 条，分别为图 5.35 中的 TXD、RXD、BUSY、RST 信号线。其中，TXD 和 RXD 属于串口的通信信号线，分别连接在 CC2530 的 P0_2 和 P0_3 引脚上；BUSY 是芯片的忙信号检测线，当芯片正处于语音转换状态时 BUSY 处于高电平，BUSY 线连接在 CC2530 的 P0_1 引脚上；RST 是置位/重置信号线，当输入为高电平时芯片工作，当输入为低电平时芯片停止工作，该信号线由硬件拉高，默认为使能。

LED 电路连接如图 5.36 所示。图 5.36 中，LED1（D1）与 LED2（D2）一端接电阻，另一端接在 P1_1 和 P1_0 接口上，CC2530 通过将引脚设为低电平控制 LED 亮，设为高电平控制 LED 灭。

2）软件设计

要实现语音早教机，还需要合理的软件设计。软件设计流程如图 5.37 所示。

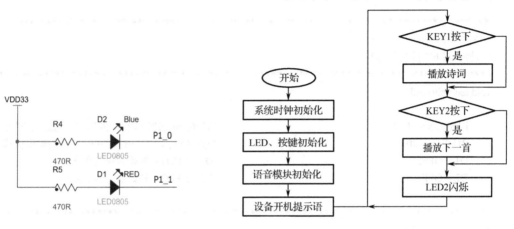

图 5.36　LED 电路连接　　　　　　　　图 5.37　软件设计流程

2. 功能实现

1）主函数模块

```
void main(void)
{
    xtal_init();                                    //系统时钟初始化
    led_init();                                     //LED 控制引脚初始化
    key_init();                                     //按键初始化
    syn6288_init();                                 //语音模块初始化
    syn6288_play_GB2312("欢迎使用,早教机");          //设备开机提示语
    while(1)                                        //主循环体
    {
        keyHandle();
        ledFilcker(1000);
    }
}
```

2）时钟初始化模块

CC2530 系统时钟初始化的代码如下：

```
/*****************************************************************************
 * 名称：xtal_init()
 * 功能：CC2530 系统时钟初始化
 ******************************************************************************/
```

```
void xtal_init(void)
{
    CLKCONCMD &= ~0x40;              //选择 32 MHz 的外部晶振
    while(CLKCONSTA & 0x40);         //晶体振荡器开启且稳定
    CLKCONCMD &= ~0x07;              //选择 32 MHz 系统时钟
}
```

3）LED 控制引脚初始化和控制模块

```
/********************************************************************************
* 名称：led_init()
* 功能：LED 控制引脚初始化
********************************************************************************/
void led_init(void)
{
    P1SEL &= ~0x03;                  //配置控制引脚（P1_0 和 P1_1）为通用 I/O 模式
    P1DIR |= 0x03;                   //配置控制引脚（P1_0 和 P1_1）为输出模式
    D1 = OFF;                        //D1（LED1）初始状态为关闭
    D2 = OFF;                        //D2（LED2）初始状态为关闭
}
/********************************************************************************
* 名称：ledFilcker
* 功能：LED 闪烁
********************************************************************************/
void ledFilcker(unsigned short t)
{
    static unsigned short count=0;
    count++;
    if(count>t)
    {
        count = 0;
        D2 = !D2;                    //状态指示灯闪烁
    }
    delay_ms(1);
}
```

4）按键检测引脚初始化和按键处理模块

```
void key_init()
{
    P1SEL &= ~(1<<2);                //通用 I/O 模式
    P1DIR &= ~(1<<2);                //输入
    P1INP &= ~(1<<2);                //上下拉模式
    P1SEL &= ~(1<<3);                //通用 I/O 模式
    P1DIR &= ~(1<<3);                //输入
    P1INP &= ~(1<<3);                //上下拉模式
    P2INP &= ~(1<<6);                //上拉
}
```

```
/**********************************************************************
* 名称: voice_1
* 功能: 播放语音
**********************************************************************/
void playVoice_1()
{
    syn6288_play_GB2312("鹅鹅鹅,曲项向天歌,白毛浮绿水,红掌拨清波");
    while(syn6288_busy()==1);
}
/**********************************************************************
* 名称: voice_2
* 功能: 播放语音
**********************************************************************/
void playVoice_2()
{
    syn6288_play_GB2312("床前,明月光,疑是,地上霜。举头,望明月,低头,思故乡。");
    while(syn6288_busy()==1);
}
/**********************************************************************
* 名称: playVoice_3
* 功能: 播放语音
**********************************************************************/
void playVoice_3()
{
    syn6288_play_GB2312("离离,原上草,一岁,一枯荣。野火,烧不尽,春风,吹又生。");
    while(syn6288_busy()==1);
}
/**********************************************************************
* 名称: keyHandle
* 功能: 按键处理,切换播报模式
**********************************************************************/
void keyHandle()
{
    static unsigned char index=0;

    if(KEY1==0)
    {
        delay_ms(10);
        if(KEY1==0)
        {
            switch(index)
            {
                case 1:
                    playVoice_2();
                    break;
                case 2:
```

```
                            playVoice_3();
                            break;
                    default:
                            playVoice_1();
                }
            while(KEY1==0);
        }
    }
    if(syn6288_busy()==0)
    {
        if(KEY2==0)
        {
            delay_ms(10);
            if(KEY2==0)
            {
                index++;
                if(index>2) index = 0;
                switch(index)
                {
                    case 1:
                        syn6288_play_GB2312("切换到诗词,静夜思,李白");
                        while(syn6288_busy()==1);
                        break;
                    case 2:
                        syn6288_play_GB2312("切换到诗词,草,白居易");
                        while(syn6288_busy()==1);
                        break;
                    default:
                        syn6288_play_GB2312("切换到诗词,咏鹅,骆宾王");
                        while(syn6288_busy()==1);
                }
                while(KEY2==0);
            }
        }
    }
}
```

5）语音初始化模块及其相关子函数

```
/**********************************************************************************
* 名称：syn6288_init()
* 功能：SYN6288 型语音合成芯片初始化
**********************************************************************************/
void syn6288_init()
{
    uart0_init(0x00,0x00);                              //初始化串口
    P0SEL &= ~0x01;                                     //初始化 BUSY 线为通用 I/O 模式
```

```
        P0DIR &= ~0x01;                                     //配置 BUSY 线为输入模式
        P0INP &= ~0x01;                                     //配置输入为上下拉模式
        P2INP |= 0x40;                                      //配置 BUSY 为下拉模式默认低电平
}
/*******************************************************************************
* 名称: syn6288_busy()
* 功能: SYN6288 忙状态检测
* 返回: P0_1 表示忙状态，为 0 时空闲，为 1 时繁忙
*******************************************************************************/
char syn6288_busy(void)
{
    return SYN6288_BUSY;                                    //返回检测状态
}
/*******************************************************************************
* 名称: syn6288_play_GB2312()
* 功能: 发送 GB2302 格式的语音合成码
* 参数: s—数组名
* 返回: 0 表示发送成功，1 表示发送失败
*******************************************************************************/
char syn6288_play_GB2312(char *s)
{
    if(syn6288_busy()==0)
    {
        int i;                                              //定义临时变量
        char check = 0;                                     //定义异或校验变量
        int len = strlen(s);                                //获取字符串数据长度
        unsigned char head[] = {0xFD,0x00,0x00,0x01,0x00};  //数据包头
        head[1] = (len+3)>>8;                               //获取数据的高 8 位
        head[2] = (len+3)&0xff;                             //获取数据的低 8 位
        for (i=0; i<5; i++)                                 //数据头发送循环体
        {
            uart_send_char(head[i]);                        //逐位发送数据头
            check ^= head[i];                               //执行异或校验计算
        }
        for (i=0; i<len; i++)                               //语音数据发送循环体
        {
            uart_send_char(s[i]);                           //逐位发送语音数据
            check ^= s[i];                                  //执行异或校验计算
        }
        uart_send_char(check);                              //发送异或校验码

        return 0;
    } else {
        return 1;
    }
}
/*******************************************************************************
```

```
* 名称：syn6288_play_unicode()
* 功能：发送 unicode 格式的语音合成码
* 参数：s—数组名
*******************************************************************************/
char syn6288_play_unicode(char *s)
{
    if(syn6288_busy()==0)
    {
        int i;                                          //定义临时变量
        char check = 0;                                 //定义异或校验变量
        int len = strlen(s);                            //获取字符串数据长度
        unsigned char head[] = {0xFD,0x00,0x00,0x01,0x03};  //数据包头
        head[1] = (len+3)>>8;                           //获取数据的高 8 位
        head[2] = (len+3)&0xff;                         //获取数据的低 8 位
        for (i=0; i<5; i++)                             //数据头发送循环体
        {
            uart_send_char(head[i]);                    //逐位发送数据头
            check ^= head[i];                           //执行异或校验计算
        }
        for (i=0; i<len; i++)                           //语音数据发送循环体
        {
            uart_send_char(s[i]);                       //逐位发送语音数据
            check ^= s[i];                              //执行异或校验计算
        }
        uart_send_char(check);                          //发送异或校验码

        return 0;
    } else {
        return 1;
    }
}
```

6）串口驱动模块

```
/*******************************************************************************
* 全局变量
*******************************************************************************/
char recevbytes = 0;                                    //定义接收计数位
char rxd_temp = 0;                                      //定义接收缓冲变量
char rxd_buffer[128] = {0};                             //发送缓存
char rece_flag = 0;                                     //设置接收标识


/*******************************************************************************
* 名称：uart0_init(unsigned char StopBits,unsigned char Parity)
* 功能：串口 0 初始化
*******************************************************************************/
void uart0_init(unsigned char StopBits,unsigned char Parity)
```

```
    {
        P0SEL |=   0x0C;                               //初始化 UART0 端口
        PERCFG &= ~0x01;                               //选择 UART0 为可选位置 1
        P2DIR &= ~0xC0;                                //P0 优先作为串口 0
        U0CSR = 0xC0;                                  //设置为 UART 模式，而且使能接收器

        U0GCR = 0x08;
        U0BAUD = 0x3B;                                 //波特率设置为 38400

        UTX0IF = 0;                                    //发送标志位清 0
        URX0IF = 0;                                    //接收标志位清 0

        U0UCR |= StopBits|Parity;                      //设置停止位与奇偶校验

        IEN0 |= 0x04;                                  //使能串口 0 接收中断
        EA = 1;                                        //开总中断
    }
/*******************************************************************************
* 名称：uart_send_char()
* 功能：串口发送字节函数
*******************************************************************************/
void uart_send_char(char ch)
{
        U0DBUF = ch;                                   //将要发送的数据填入发送缓存寄存器
        while(UTX0IF == 0);                            //等待数据发送完成
        UTX0IF = 0;                                    //发送完成后将数据清 0
}
/*******************************************************************************
* 名称：uart_send_string(char *Data)
* 功能：串口发送字符串函数
*******************************************************************************/
void uart_send_string(char *Data)
{
        while (*Data != '\0'){                         //如果检测到空字符则跳出
            uart_send_char(*Data++);                   //循环发送数据
        }
}
/*******************************************************************************
* 名称：int uart_recv_char()
* 功能：串口接收字节函数
*******************************************************************************/
int uart_recv_char(void)
{
        int ch;
        while (URX0IF == 0);                           //等待数据接收完成
        ch = U0DBUF;                                   //提取接收数据
```

```
        URX0IF = 0;                                    //发送标志位清 0
        return ch;                                     //返回获取到的串口数据
}


/*******************************************************************************
* 名称: URX0_IRQHandler()
* 功能: 串口 0 接收中断服务函数
*******************************************************************************/
#pragma vector = URX0_VECTOR
__interrupt void URX0_IRQHandler(void)                 //串口 0 接收中断服务函数
{
        EA = 0;                                        //关总中断

        rxd_temp = U0DBUF;                             //获取接收数据
        rxd_buffer[recevbytes ++] = rxd_temp;          //获取接收的缓存信息
        if(rxd_temp == '\n'){                          //如果接收到'\n'信号
            rece_flag = 1;                             //发送标志位置 1
            rxd_buffer[recevbytes ++] = '\0';          //向缓存写入结束符
            recevbytes = 0;                            //清除计数位
        }

        URX0IF = 0;                                    //发送完成后将标志位清 0
        EA = 1;                                        //开总中断
}
```

5.3.4 小结

本节先介绍了语音合成别芯片的特点、功能和基本工作原理,然后学习了 SYN6288 型语音合成芯片的数据格式,最后通过开发实践,将理论知识应用于实践中,基于 CC2530 与 SYN6288 型语音合成芯片完成了语音早教机的硬件设计和软件设计。

5.3.5 思考与拓展

(1)将串口发送的数据用语音模块合成后播放。
(2)常见的语音合成技术有哪些?
(3)简述 SYN6288 型语音合成芯片的程序开发步骤。

5.4 语音识别传感器的应用开发

语音识别是一门交叉学科,近 20 年来,语音识别技术取得了显著的进步,开始从实验室走向市场。人们预计,未来 10 年内,语音识别技术将进入工业、家电、通信、汽车电子、医疗、家庭服务、消费电子产品等各个领域,语音识别技术所涉及的领域包括信号处理、模式识别、概率论和信息论、发声机理和听觉机理、人工智能等。

语音识别（Speech Recognition，SR）这个研究领域已经活跃了近 60 年。一直以来，这项技术都被当成可以使人与人、人与机器更顺畅交流的桥梁。尤其是在近年来，语音识别渐渐开始改变人们的生活和工作方式，对于某些设备来说，语音成了人与其交流的主要方式。这种趋势的出现的主要原因有：①摩尔定律持续有效，有了多核处理器、通用计算图形处理器、CPU/GPU 集群这样的技术，可用的计算力相比十几年前提高了几个量级，这使得训练更强大而复杂的模型变成可能。正是这些更消耗计算能力的模型，显著地降低了语音识别系统的错误率。②借助于越来越先进的互联网和云计算，可以得到比之前多得多的数据资源。使用从真实场景收集的大数据进行模型训练，以前很多的模型假设都不再需要了，这使得系统更加鲁棒。③移动设备、可穿戴设备、智能家居设备、车载信息娱乐系统正在变得越来越流行，在这些设备和系统上，以往鼠标、键盘这样的交互方式不再像在计算机上那样便捷了，而语音作为人类之间最自然的交流方式，在这些设备和系统上成为更受欢迎的交互方式。其中，最流行的应用场景包括语音搜索、个人数码助理、游戏、起居室交互系统和车载信息娱乐系统，例如，语音搜索使用户可以直接通过语音来搜索餐馆、行驶路线和商品评价等信息，这极大地简化了用户输入搜索请求的方式。目前，语音搜索类应用在智能手机上已经非常流行了，未来，语音识别技术必将更加广泛、深入地渗入生活中的方方面面。

5.4.1　语音识别的基本原理与构成

1. 语音识别的基本原理

语音识别的目的是将一段语音转换成文字，其过程蕴含着复杂的算法和逻辑。语音识别的原理如图 5.38 所示，过程如下。

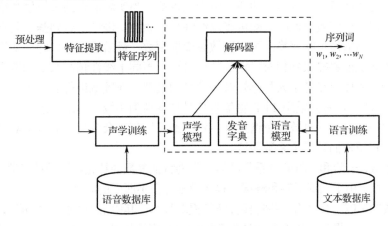

图 5.38　语音识别的基本原理

（1）对语音数据进行预处理，主要工作包括预加重、加窗分帧和端点检测三个过程。语音信号的能量主要集中在低频部分，频率越高，语音的功率谱密度反而越低，所以为了提高语音信号的高频部分，提升语音信号的传输质量，就需要进行预加重操作。另外，语音信号是连续的非平稳信号，而在进行语音处理的时候需要假设信号是平稳信号。加窗分帧的作用是把一段长时语音信号切分成许多小段的短时信号（一般取帧长 25 ms，帧移 10 ms），从而把每一小段的信号当成平稳信号来处理。端点检测的目的是通过分析一句语音的开始点与结束点，将无用的数据切除，有利于对语音信号的后续处理，提高识别的准确率。

（2）进行特征提取，提取出能够表征语音文本信息的特征序列是识别的首要条件，特征提取的好坏将直接影响识别的结果以及识别过程中的计算量。

（3）根据提取的特征序列进行声学模型训练，通过大量的语音数据进行训练就可以得出每一帧和状态所对应的概率，进一步可以得到声学得分。仅有声学模型是不够的，还需要语言模型。通过声学模型可以找到发音，但是对于多音字，该怎么选择，就需要通过语言模型来进行判断。语言模型直白的解释就是某一句话有多像"人话"，也就是说选择更符合人类习惯的语言逻辑，对应的是语言模型得分。

（4）在声学模型、语言模型、发音词典共同组成的网络中解码出得分最高的序列，即识别出来的结果。

2．语音识别的构成

1）特征提取

语音信号含有多种信息，如何提取出能够表征出本句语音的特征是进行后续识别处理的关键。因此，特征提取就是通过处理语音信号，得到能够表示本句语音特征序列的过程。

语音特征序列的提取常需要经过多个步骤，包括预处理、分帧、短时傅里叶变换、听觉滤波器组滤波、离散余弦变换等，以进行信息的压缩和尽可能地保留含有语义的信息的部分，对原始语音信号进行有效表示。目前，常用的特征主要有线性预测系数（Linear Prediction Coefficients，LPC）、倒谱系数（Cepstral Coeffcients，CEP）、梅尔倒谱系数（Mel-Frequency Cepstral Coefficients，MFCC）和感知线性预测系数（Preceptual Linear Prediction，PLP）等。其中，线性预测系数是从人的发声机制来考虑的，以声道短管级联模型为基础，假定 n 时刻的信号可以通过之前若干时刻信号的线性组合来表征。当实际语音的采样值和线性预测估计值之间的均方误差达到最小值时，即可提取线性预测系数。倒谱系数则基于同态处理方法，先求语音信号的离散傅里叶变换，再对离散频谱取倒数，最后通过傅里叶逆变换得到。这种求倒谱系数的方法能够提取到相对稳定的特征参数。不同于线性预测系数和倒谱系数，梅尔倒谱系数在一定程度上参考了人耳感知音频信号的机理，在频域进行解卷积而得到的声学特征。提取 MFCC 时，首先采用 FFT 将信号从时域变换到频域，再用一组在梅尔频域刻度均匀分布的三角滤波器对其对数能量谱进行卷积，最后用离散余弦变换的方法对滤波器组的输出进行处理，保留前面若干个系数即可。

对于谱系数，一阶和二阶差分系数经常会作为特征参数的补充，用于对声学模型条件独立的假设进行补偿。由于训练语料和测试语料环境常存在不匹配的问题，为了有效地降低环境噪声对特征参数的影响，会采用一些鲁棒性特征提取技术，其中常用的技术有倒谱均值减、倒谱均值方差归一化直方图均衡以及基于数据驱动的特征变换技术，如多高斯倒谱规整算法等。

从语音波形信号中提取到声学特征后，为了提高特征的鲁棒性，通常还需要对这些原始的声学特征进行归一化处理，常用的特征归一化技术包括倒谱均值方差归一化和声道长度归一化等。

2）声学模型

某些因素决定了语音识别系统的准确性，例如最引人注目的是上下文变化，即说话人的变化和环境的变化。声学建模对提高准语音识别系统的准确性起着至关重要的作用。语音的声学建模通常是指为语音波形的特征序列建立统计表示的过程，隐马尔科夫模型是最常见的声学模型之一，其他声学模型包括分段模型、超隐性模型（包括隐藏动力学模型、最大熵模型和隐藏条件随机场）；声学建模还包括发音建模，主要用于描述如何使用基本语音单元（如音素或音节特征）的一个或多个序列来表示较大的语音单元。

（1）建模单元的选择。在进行声学模型训练之前，首先要选取合适的建模单元，建模单元的好坏将直接影响最终的识别结果。通常在选取建模单元时需要考虑的是既能在不同的上下文中具有较强的表征性，也需要有充足的数据量来训练模型中的参数，还需要有组合能力，即通过单元组合能够表示新词。

在中文语音识别中，曾经采用过的建模单元有词、音节、声/韵母、音素等。建模单元选择得越大，模型的复杂度就越高，能够表征的语音特征就更准确，因此识别效果就越好。但是，如果选择较大的建模单元，在解码时就会降低搜索速率，进而使解码速率降低。汉语的音节是由声母和韵母组成的，再由音节组成词。目前，在大词汇连续的汉语语音识别系统中，较多采用声/韵母作为声学建模单元，主要是因为汉语的每个音节都由声/韵母构成，而且声/韵母的组合比较固定，模型数目比较少，模型的共享性比较好，在训练和识别时，计算量会比以音节为单元要少得多。对于轻声的情况，不单独进行建模，而是用第四声代替。零声母的引入是为了处理部分只有韵母的音节，一是可以使发音字典拆分的格式保持一致（都是声母加韵母的形式），二是有利于后续建立上下文相关模型。

协同发音是在语音中普遍存在的一种现象，为了减少其对语音识别的影响，常采用上下文相关的声学建模方法。只考虑当前音的声学单元称为单音子，而只考虑前一音的影响的称为双音子，同时考虑前一音和后一音的影响的称为三音子。

（2）隐马尔科夫模型（HMM）。语音信号不同于其他信号，由于其时序性也存在有用的信息，所以不能像对待一般信号那样通过传统的分类方法进行区分。HMM 能够非常成功地应用在语音处理领域，就是因为它能够描述语音信号中不平稳。HMM 是一种强大的模型，由于它的马尔科夫状态是顺序排列的，符合语音的特征，所以能够成为关键的语音声学模型，这使得 HMM 能够分段地处理短时平稳的语音特征，并以此来逼近全局非平稳的语音特征序列。随机过程能够提供一种处理时间结构和变化的方法来表示相同感知声音的语音模式，这种随机过程是基于时间和空间上的概率论知识。

3）语言模型

语言模型是许多成功应用的重要组成部分，如语音识别、文本信息检索、统计机器翻译等。语言模型的作用就是判断一个句子是否符合人类的语法规则，选择一句最贴近人类说话方式和语言习惯的句子作为识别结果。根据生成方式的不同，语言模型可以分成两类：一类是基于规则生成的，另一类是基于统计生成的。

目前成熟并且已经成功商用的语言模型是基于统计的语言模型，它是通过大量的实际文本数据训练而成的。统计语言模型本质上是一个概率模型，即通过概率统计的方式来表示语言中所有词序列可能出现的概率，根据概率的大小来判断句子是否合理。

语言模型的评价标准有两种方式，第一种是根据识别结果，对照答案进行评价，这种方式属于主观的评价方式；另外一种评价标准是理论上的计算，即通过计算识别出来的句子的困惑度来评价一个语言模型的优劣，更正式地说，即测试集上的语言模型的困惑度是测试集的逆概率，用词的数量来进行标准化。

4）解码器

解码技术一直以来都是专家学者们深入研究的对象，因为它是语音识别的最后一步，也是非常关键的一步。解码的基本原理是给定语音特征的观察序列，通过在一个由声学模型、语言模型和发音词典共同构成的网络空间中搜索得分最高的状态序列，并作为识别结果输出。得分可分为声学模型得分和语言模型得分，两者分数相加就是最后状态序列的得分。网络分为动态网络和静态网络，HTK 系统采用的是动态网络，随着搜索网络会扩张，也会通过剪枝把一些不相关的网络去掉，整个过程占用内存比较小。Kaldi 系统采用的是静态网络，它基于有限状态机，包含了所有声学模型、语言模型和发音词典的信息，由于解码信息都在内存中，所以静态解码会消耗大量的内存，但其优点是能够进行快速搜索。

在语音识别中，声学模型采取以 HMM 为基础的维特比解码算法，其基本原理是，在任意时刻都假设每条路径当前时刻是连续的，即某一路径在某一时刻接下来的所有可能的方向都要考虑，通过计算概率来得到正确的解码路径。

5.4.2　LD3320 芯片介绍

LD3320 芯片是一款语音识别专用芯片，该芯片集成了语音识别处理器和一些外部电路，包括 A/D 转换器、D/A 转换器、麦克风接口、声音输出接口等，不需要外接任何辅助芯片（如 Flash、RAM 等）即可实现语音识别、声控和人机对话功能。LD3320 芯片引脚分布如图 5.39 所示，引脚功能如表 5.16 所示。

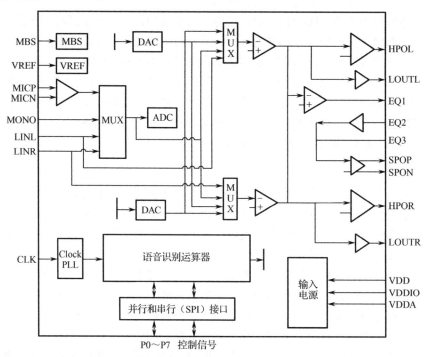

图 5.39　LD3320 芯片引脚分布

（1）通过快速且稳定的优化算法，完成非特定人的语音识别。

（2）不需要外接任何辅助芯片，如 Flash、RAM 和 ADC，就可以完成语音识别功能。

（3）每次识别最多可以设置 50 项候选识别句，每个识别句可以是单字、词组或短句，长度不超过 10 个汉字或者 79 个字节的拼音串。

（4）芯片内部有 16 位 A/D 转换器、16 位 D/A 转换器、功放电路、麦克风、立体声耳机和单声道喇叭，可以很方便地和其他芯片连接。

（5）支持 MP3 播放功能，无须外围辅助器件，MCU 将 MP3 数据依次送入 LD3320 芯片内部就可以从芯片的相应引脚输出声音，可以选择从立体声耳机或者单声道喇叭来输出声音，支持 MPEG1（ISO/IEC 11172-3）、MPEG2（ISO/IEC 13818-3）和 MPEG2.5 layer3 等格式。

（7）工作供电为 3.3 V，如果用于便携式系统，可使用电池供电。

表 5.16　LD3320 芯片引脚功能说明

引脚编号	名　　称	I/O 方向	AD 分类	说　　明
1、32	VDDIO	—	—	数字 I/O 电路电源输入
7	VDD	—	D	数字逻辑电路电源
8、33	GNDD	—	D	I/O 和数字电路接地
9、10	MICP、MICN	I	A	麦克风输入（正/负端）
11	MONO	I	A	单声道 LineIn 输入
12	MBS	—	A	麦克风偏置
13、14	LINL、LINR	I	A	立体声 LineIn（左右端）
15、16	HPOL、HPOR	O	A	耳机输出（左右端）
17	GNDA	—	A	模拟电路接地
18	VREF	—	A	声音信号参考电压
19、23	VDDA	—	A	模拟信号电源
20	EQ1	O	A	喇叭音量外部控制 1
21	EQ2	I	A	喇叭音量外部控制 2
22	EQ3	O	A	喇叭音量外部控制 3
24	GNDA	—	A	模拟电路接地
25、26	SPON、SPOP	O	A	喇叭输出
27、28	LOUTL、LOUTR	O	A	LineOut 输出
31	CLK	I	D	时钟输入 4～48 MHz
34	P7	I/O	D	并行口（第 7 位）连接上拉电阻
35	P6	I/O	D	并行口（第 6 位）连接上拉电阻
36	P5	I/O	D	并行口（第 5 位）连接上拉电阻
37	P4	I/O	D	并行口（第 4 位）连接上拉电阻
38	P3	I/O	D	并行口（第 3 位）连接上拉电阻
39	P2/SDCK	I/O	D	并行口（第 2 位），共用 SPI 时钟连接上拉电阻
40	P1/SDO	I/O	D	并行口（第 1 位），共用 SPI 输出

1. 语音识别芯片的工作原理

语音识别芯片完成的工作原理：对通过 MIC 输入的声音进行频谱分析、提取特征并与关键词语列表中的关键词语进行对比匹配，找出得分最高的关键词语作为识别结果输出。

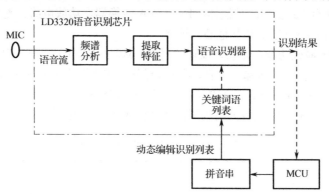

图 5.40　语音识别芯片工作原理

语音识别芯片能在两种情况下给出识别结果：

（1）外部送入预定时间的语音数据后（如 5 s 的语音数据），芯片可对这些语音数据进行分析后，并给出识别结果。

（2）外部送入语音数据流后，语音识别芯片通过端点检测（Voice Activity Detection，VAD，也称为语音活动检测）检测出用户停止说话后，对用户开始说话到停止说话之间的语音数据进行分析，给出识别结果。

对于第一种情况，可以理解为设定了一个定时录音（如 5 s），芯片在 5 s 后，会停止把声音送入识别引擎，并且根据已送入芯片的语音数据计算出一个识别结果。

对于第二种情况，需要了解 VAD 的工作原理。VAD 技术可在一段语音数据流中判断出哪个时间点是语音的开始，哪个时间点是语音的结束。判断的依据是如果在背景声音的基础上有了语音发音，则视为声音的开始；如果检测到一段持续时间的背景音（如 600 ms），则视为语音的结束。通过 VAD 判断出语音的开始和结束后，语音识别芯片会对这期间的语音数据进行识别处理，并计算出识别结果。

需要说明的是，除了以上两种情况，语音识别算法无法"主动"地判断出是否识别出了一个结果。这是因为在计算的过程中的任何时刻，语音识别芯片都会对已送入芯片的声音数据进行分析，并根据匹配程度对识别列表中的关键词语打分，最匹配的打分最高。

2. 语音识别芯片的使用模式

（1）触发识别模式：系统的 MCU 在接收到外界一个触发后（如用户按下某个按键），启动 LD3320 芯片的一个定时识别过程（如 5 s），要求用户在这个定时过程中说出要识别的语音关键词语，这个过程结束后，需要用户再次触发才能启动一个新的识别过程。

（2）循环识别模式：系统 MCU 反复启动识别过程，如果没有人说话就没有识别结果，在每次识别过程的定时到达后再启动一个新的识别过程；如果有识别结果，则根据识别进行相应处理后（如播放某个声音作为回答）再启动一个新的识别过程。

一般来说，触发识别模式适合识别精度要求比较高的场合，外界触发后，产品可以播放提示音或者用其他方式来提示用户在接下来的几秒内说出要识别的内容，从而引导用户在规定的时间内说出要识别的内容，从而保证比较高的识别率。

循环识别模式比较适合需要始终进行语音监控的场合，或者没有按键等其他设备控制识别开始的场合，这种模式的识别准确度会有一定的下降。在循环识别的过程中，其他说话声音或者外界的其他声音，都有可能被芯片误识别出错误的结果，需要产品的控制逻辑都做相应的处理。

3. 基于 LD3320 芯片 LP-ICR 语音识别模块介绍

1）模块引脚及相关说明

LP-ICR 语音识别模块如图 5.41 所示

GND：电源负极	A：悬空
VCC：电源正极	B：悬空
ICR：状态指示	Tx2：第二串口发送
TxD：串口发送	Rx2：第二串口接收
RxD：串口接收	MONO：悬空
MIP：MIC+输出	VCC：悬空
MIN：MIC-输出	GND：悬空

图 5.41　LP-ICR 语音识别模块

2）控制协议

（1）命令格式：LP-ICR 语音识别模块通过串口传输命令来进行控制和内容的设定，模块可存储 50 条识别语句，用汉语拼音指定，每句内容不超过 21 个字节（每个汉字的全拼为 2 个字节）。命令结构由命令起始符、命令（包括命令符号、命令参数、命令内容）、动作分隔符、动作（包括动作符号、动作参数、动作内容）和命令结束符五部分组成，其中，动作分隔符和动作是可选项。

① 每条命令以"{"开头，以"}"结束，命令起始符"{"和命令结束符"}"不占空间，命令字和命令参数各占 1 字节。

② 命令内容如果为识别语句（汉语拼音），则每个汉字的全拼占 2 个字节，最多不超过 9 个汉字（如"ni jiao shen me ming zi"表示 6 个汉字）；如果是其他内容，每个字符占 1 个字节。

③ 命令内容的汉语拼音与命令起始符、命令结束符和动作间隔符间均不能出现空格，拼音与拼音间只能有一个空格，必须保证拼音的拼写规范准确，包含不符合拼写规则拼音的语句表将无法加载；动作分隔符"|"、动作字、动作参数，各占 1 个字节。

④ 动作内容每字符占 1 个字节。

⑤ 动作内容可包含数字 0～9、字母 a～z、字母 A～Z 及下画线等。

⑥ 动作内容中不可出现命令起始符"{"、命令结束符"}"、命令分隔符"|"。

命令格式如表 5.17 所示。

表 5.17　命令格式

命令格式	命令起始符	命令（小于 20 字节）							命令结束符
		命令			动作分隔符（可选）	动作（可选）			
		命令符号（1 字节）	命令参数（1 字节）	命令内容（可选）≤18 字节		动作符号（1 字节）	动作参数（1 字节）	动作内容（受总长度限制）	
	{	X	Y	Z	|	C	P	E	}
说明	1 字节	X 表示命令，范围为小写字母 a~z	Y 表示命令参数，范围为 0~9，无参数时为 0	Z 表示识别内容，为可选项，可以是识别内容（汉语拼音）或字符串等。识别内容中每个汉字的全拼占 2 字节，最多不超过 9 个汉字（18 字节）	"|" 是动作分隔符，为可选项，用于分开识别内容和后面执行的动作	C 表示动作，为可选项，范围是小写字母 a~z，必须跟在动作分隔符 "|" 的后面，后面必须有动作参数	P 表示动作参数，为可选项，必须跟在动作符号后面，无参数为 0	E 表示动作内容，为可选项，用于指定动作的操作对象。大多数动作不需要内容	1 字节
示例	{	a	0	ni hao	|	s	0	Hello!	}
	功能：添加一条识别语句 "ni hao"（你好），识别成功后从串口返回字符串 "Hello!"。								

（2）命令说明如表 5.18 所示。

表 5.18　命令说明

命令内容（21 字节）								
命令				动作分隔符	动作（可选）			
命令符号	命令参数	命令功能	命令内容		动作符号	动作参数	动作功能	动作内容
a	0	添加一条识别指令	待识别语音的全拼	|	无数据：默认返回语句添加时的顺序号 0~49，对应十六进制的 00~31			
					s	0	发送指定的字符串	字符串
					x	0	发送一个指定的十六进制数	00~31
					命令	参数	执行相应的命令	无
b	0	波特率为 2400	无数据					
	1	波特率为 9600（默认）						
	2	波特率为 1920						
	3	波特率为 38400						
	4	波特率为 115200						
c	0	清空语句表						
d	0	关闭调试模式						
	1	打开调试模式						
j	0	选择第 1 串口						
	1	选择第 2 串口						

续表

命令内容（21字节）								
命令				动作分隔符	动作（可选）			
命令符号	命令参数	命令功能	命令内容		动作符号	动作参数	动作功能	动作内容
l	0	重新加载语句						
m	0	选择无源MIC						
	1	选择有源MIC						
s	0	发送字符串	字符串		无动作			
x	0	发送1字节数据	2位十六进制数					

下面以添加识别语句为例演示不同动作的使用方法，如表 5.19 所示

表 5.19　识别语句举例

格式	命令起始符	命令			动作分隔符	动作（可选）			命令结束符
		命令符号（1字节）	命令参数（1字节）	命令内容（每个汉字的全拼为2字节）		动作符号（1字节）	动作参数（1字节）	动作内容（受总长度限制）	
结构	{	a	0	ni　hao	无		无		}
命令	向模块中添加一条语句（最多可识别9个汉字）"你好"（ni hao），该命令用来指定执行动作，模块默认返回1字节的该语句顺序号（按写入时的语句序号为准），范围为0～49，对应十六进制的00～31								
功能									
结构	{	a	0	zuo zhuan	|	x	0	f3	}
命令	{a0zuo zhuan|s0right！}								
功能	向模块中添加一条识别语句"左转"，指定返回1字节数据"f3"								
结构	{	a	0	you　hao	|	x	0	right！	}
命令	{a0you zhuan|s0right！}								
功能	向模块中添加一条识别语句"右转"，指定返回字符串"right！"								

5.4.3　开发实践：家用电器语音控制系统的设计

近年来，随着技术的发展和生活水平的提高，人们对家居环境提出了更高的要求，智能家居系统的概念开始走向大众。语音是人类最自然的交互方式，利用语音对家用电器进行控制是智能家居的重要内容。

本项目利用语音识别芯片（传感器）和 CC2530 实现家用电器语音控制系统的设计，通过语音控制家用电器，如图 5.42 所示。

1. 开发设计

1）硬件设计

本项目的硬件部分主要包括 CC2530、LD3320 语音识别芯片与继电器，项目框架如图 5.43 所示。

图 5.42　家用电器语音控制系统

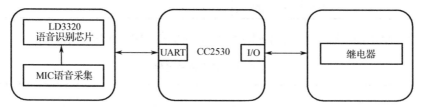

图 5.43　项目框架

MIC 语音采集和 LD3320 模块接口电路如图 5.44 所示。

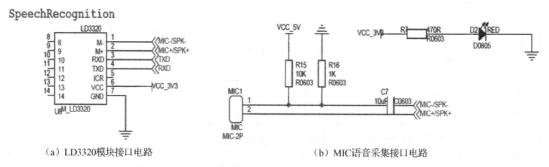

（a）LD3320模块接口电路　　　　　　　（b）MIC语音采集接口电路

图 5.44　MIC 语音采集和 LD3320 模块接口电路

LD3320 模块通过串口 0 与 CC2530 进行指令交互，LD3320 模块的 RXD 端口和 TXD 引脚分别连接到 CC2530 的 P0_3 和 P0_2 引脚。

继电器模块接口电路如图 5.45 所示。

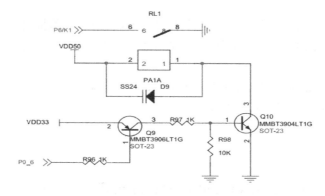

图 5.45　继电器模块接口电路

本项目用到一个继电器，由 CC2530 的 P0_6 引脚控制。

2）软件设计

要实现家用电器的语音控制，还需要合理的软件设计。软件设计流程如图 5.46 所示。注意，LD3320 模块返回的数据，默认是返回 1 字节的语句顺序号（以写入时的语句序号为准），范围从 0~49（十六进制 00~31），可以根据实际进行修改。

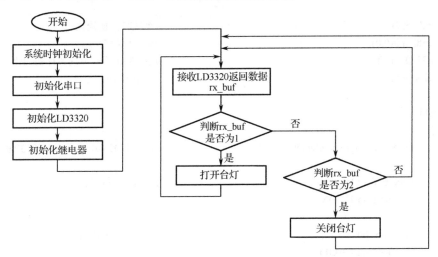

图 5.46　软件设计流程

初始化 LD3320 的主要目的预先录入相关命令，在本项目中，序号 1 表示打开台灯，序号 2 表示关闭台灯。主要步骤如下：

（1）CC2530 通过串口 0 发送命令{c0}清空语句表。

（2）延时 200 ms（每条指令之间需要至少间隔 100 ms）。

（3）CC2530 通过串口 0 发送命令{l0}重新加载语句表。

（4）延时 200 ms。

（5）CC2530 通过串口 0 向 LD3320 加载的语句分别为预留指令、打开台灯、关闭台灯。

（6）延时 200 ms。

（7）CC2530 通过串口 0 发送命令{l0}重新加载语句表，并立即生效加载的语句。

LD3320 初始化流程如图 5.47 所示。

2. 功能实现

1）相关头文件模块

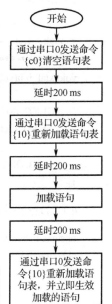

图 5.47　LD3320
初始化流程

```
/**********************************************************
头文件：relay.h
**********************************************************/
#define RELAY1          P0_6                    //定义继电器控制引脚
#define RELAY2          P0_7                    //定义继电器控制引脚
```

2）主函数模块

```
/*********************************************************************
* 名称：main()
*********************************************************************/
void main(void)
{
    xtal_init();                              //系统时钟初始化
    uart0_init(0,0);                          //初始化串口 0
    ld3320_init();                            //LD3320 语音识别芯片初始化
    relay_init();                             //继电器初始化

    while(1)
    {
        rx_buf=uart0_recv_char();             //接收 LD3320 返回给 CC2530 的语音序号

        if(rx_buf == 1){                      //序号 1，打开台灯
            RELAY1 = ON;
        }
        else if(rx_buf == 2){                 //序号 2，关闭台灯
            RELAY1 = OFF;
        }
    }
}
```

3）系统时钟初始化模块

```
/*********************************************************************
* 名称：xtal_init()
*********************************************************************/
void xtal_init(void)
{
    CLKCONCMD &= ~0x40;                       //选择 32 MHz 的外部晶体振荡器
    while(CLKCONSTA & 0x40);                  //晶体振荡器开启且稳定

    CLKCONCMD &= ~0x07;                       //选择 32 MHz 系统时钟
}
```

4）LD3320 初始化模块及其相关子函数

```
unsigned char rx_buf = 0;
char* cmd[3] = {"yu liu zhi ling",           //预留指令
                "da kai tai deng",           //打开台灯
                "guan bi tai deng"           //关闭台灯
};
/*********************************************************************
* 名称：ld3320_init()
* 功能：LD3320 初始化
```

```
***********************************************************************/
    void ld3320_init()
    {
        char i = 0;
        ld3320_clean();                    //CC2530 通过串口 0 向 LD3320 模块发送清空语句表指令
        delay_ms(200);
        ld3320_reload();                   //CC2530 通过串口 0 向 LD3320 模块发送重新加载语句表指令
        delay_ms(200);
        for (i=0; i<3; i++){               //循环加载语句表：预留指令、打开台灯、关闭台灯
            ld3320_add(cmd[i]);
            delay_ms(150);
        }
        delay_ms(200);
        ld3320_reload();                   //立即生效加载的语句表
    }
/***********************************************************************
* 名称：ld3320_add()
* 功能：添加一条识别语句
* 参数：s—数组名
* 注释：两次调用需至少隔 0.1 s，且调用 ld3320_reload 函数后语句才会生效，数据异常时模块的绿灯
会闪烁
***********************************************************************/
    void ld3320_add(char *s)
    {
        int i;
        int len = strlen(s);
        uart0_send_char('{');
        uart0_send_char('a');
        uart0_send_char('0');
        for (i=0; i<len; i++){
            uart0_send_char(s[i]);
        }
        uart0_send_char('}');
    }


/***********************************************************************
* 名称：ld3320_addrs()
* 功能：添加一条识别语句并返回字符串
* 参数：s—添加语句；r—返回语句
* 注释：两次调用需至少隔 0.1 s，且调用 ld3320_reload 函数后语句才会生效，数据异常时模块的绿灯
会闪烁
***********************************************************************/
    void ld3320_addrs(char *s,char *r)
    {
        int i;
        int len = strlen(s);
        uart0_send_char('{');
```

```
        uart0_send_char('a');
        uart0_send_char('0');
        for (i=0; i<len; i++){
            uart0_send_char(s[i]);
        }
        uart0_send_char('|');
        uart0_send_char('s');
        uart0_send_char('0');
        len = strlen(r);
        for (i=0; i<len; i++){
            uart0_send_char(s[i]);
        }
        uart0_send_char('}');
    }


    /*******************************************************************************
    * 名称：ld3320_addrx()
    * 功能：添加一条识别语句并返回 1 字节的十六进制数
    * 参数：s—数组名；x—返回数
    * 注释：两次调用需至少隔 0.1 s，且调用 ld3320_reload 函数后语句才会生效，数据异常时模块的绿灯
会闪烁
    ********************************************************************************/
    void ld3320_addrx(char *s,unsigned char x)
    {
        int i;
        int len = strlen(s);
        uart0_send_char('{');
        uart0_send_char('a');
        uart0_send_char('0');
        for (i=0; i<len; i++){
            uart0_send_char(s[i]);
        }
        uart0_send_char('|');
        uart0_send_char('x');
        uart0_send_char('0');
        uart0_send_char(x);
        uart0_send_char('}');
    }
    /*******************************************************************************
    * 名称：ld3320_clean()
    * 功能：清除所有语句表
    * 注释：清除语句表后模块的绿灯会闪烁
    ********************************************************************************/
    void ld3320_clean(void)
    {
        uart0_send_char('{');
        uart0_send_char('c');
```

```c
        uart0_send_char('0');
        uart0_send_char('}');
}
/****************************************************************************
* 名称: ld3320_reload()
* 功能: 重新加载语句表
* 注释: 添加语句后需重新加载语句表
****************************************************************************/
void ld3320_reload(void)
{
        uart0_send_char('{');
        uart0_send_char('l');
        uart0_send_char('0');
        uart0_send_char('}');
}
/****************************************************************************
* 名称: ld3320_debug()
* 功能: 开启/关闭调试模式
* 注释: 添加语句后需重新加载语句表
****************************************************************************/
void ld3320_debug(unsigned char cmd)
{
        uart0_send_char('{');
        uart0_send_char('d');
        if(cmd == 1)
                uart0_send_char('1');
        else
                uart0_send_char('0');
        uart0_send_char('}');
}
```

5）继电器初始化

```c
/****************************************************************************
* 名称: relay_init()
* 功能: 继电器初始化
****************************************************************************/
void relay_init(void)
{
        P0SEL &= ~0xC0;                    //配置引脚为通用 I/O 模式
        P0DIR |= 0xC0;                     //配置控制引脚为输入模式
}
```

6）串口驱动模块

串口驱动模块有串口初始化函数、串口发送字节函数、串口发送字符串函数和串口接收字节函数，部分信息如表 5.20 所示，更详细的源代码请参考 2.1 节。

表 5.20　串口驱动模块函数

名　　称	功　能	说　　明
uart0_init(unsigned char StopBits,unsigned char Parity)	串口 0 初始化函数	StopBits：停止位；Parity：奇偶校验
void uart0_send_char(char ch)	串口发送字节函数	ch：将要发送的数据
void uart0_send_string(char *Data)	串口发送字符串函数	*Data：将要发送的字符串
int uart0_recv_char(void)	串口接收字节函数	返回接收的串口数据

5.4.4　小结

本节先介绍了语音识别别芯片的特点、功能和基本工作原理，然后介绍了 LD3320 芯片语音识别芯片的数据格式，最后通过开发实践，将理论知识应用于实践中，实现了 CC2530 与基于 LD3320 芯片的 LP-ICR 语音识别模块之间的命令交互，完成了家用电器语音控制系统的硬件设计和软件设计。

5.4.5　思考与拓展

（1）LP-ICR 语音识别模块还可以应用到什么场景中？

（2）如何在实现识别到指定语句后，返回的也是用户指定的语句？

（3）简述 CC2530 与 LD3320 交互的命令格式。

（4）尝试通过 LP-ICR 语音识别模块控制多个外设模块的同时开启和关闭。例如，打开多个外设（如继电器、LED），序号 1 表示全部打开，序号 2 表示全部关闭等。

5.5　五向开关的应用开发

本节介绍五向开关的基本工作原理、功能和应用，通过 ZLG7290 驱动芯片与 CC2530 来驱动五向开关，从而实现智能游戏手柄的设计。

5.5.1　五向开关简介

图 5.48　五向开关

五向开关有五个固定触点，能够控制多个设备的断开与接通。

五向开关（见图 5.48）的内底部有中央固定触点、共用触点，在中央固定触点周边的多个周边固定触点设有外壳，并且在中央固定触点和周边固定触点上的多个金属制成的活动触点簧片，这些活动触点簧片与共用触点接通，活动触点簧片通过金属制成的连接部件连接成一体，并且通过操作杆可以使至少一个活动触点簧片与中央固定触点或周边固定触点接通。

5.5.2　驱动芯片 ZLG7290

ZLG7290（见图 5.49）采用 I2C 总线接口，仅需两根信号线就可以与微控制器连接，硬件电路比较简单，可以驱动 8 位共阴极数码管或 64 只独立 LED、64 只独立按键。

ZLG7290 引脚如图 5.50 所示。

图 5.49　ZLG7290

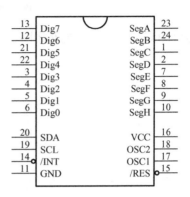

图 5.50　ZLG7290 引脚

5.5.3　开发实践：智能游戏手柄的设计

从电子游戏诞生至今，手柄一直是玩家和游戏沟通的最重要的一个工具。随着游戏理念不断进步，游戏手柄的设计也在不断地发生改变。特别是现在的网游，更多的玩家在使用游戏手柄，它可以让玩家更快速地投入到游戏中，享受更为强烈的临场体验。智能游戏手柄如图 5.51 所示。

图 5.51　智能游戏手柄

本项目使用五向开关和 CC2530 实现智能游戏手柄的设计。

1. 开发设计

1）硬件设计

本项目的硬件部分主要由 CC2530 和五向开关组成，主要功能是左右调节方向，上下调节前进后退，并通过串口显示操作命令。项目框架如图 5.52 所示。

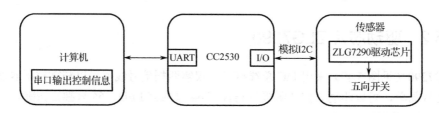

图 5.52　项目框架

驱动芯片 ZLG7290 的接口电路如图 5.53 所示。

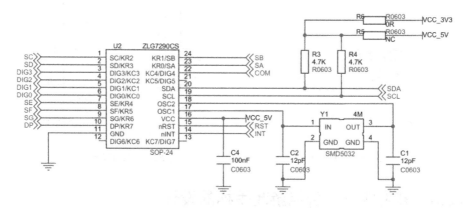

图 5.53　驱动芯片 ZLG7290 的接口电路

五向开关的接口电路如图 5.54 所示。

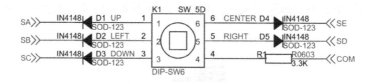

图 5.54　五向开关的接口电路

2）软件设计

软件设计流程如图 5.55 所示。

2. 功能实现

1）相关头文件模块

```
/****************************** 宏定义 ******************************/
#define     SCL              P0_4              //I2C 时钟引脚定义
#define     SDA              P0_5              //I2C 数据引脚定义
#define     ZLG7290ADDR      0x70              //ZLG7290 的 I2C 地址
#define     SYETEM_REG       0x00              //系统寄存器
#define     KEY_REG          0x01              //键值寄存器
#define     REPEATCNT_REG    0x02              //连击次数寄存器
#define     FUNCTIONKEY      0x03              //功能键寄存器
```

#define	CMDBUF0	0x07	//命令缓冲器 0
#define	CMDBUF1	0x08	//命令缓冲器 1
#define	FLASH	0x0C	//闪烁控制寄存器
#define	SCANNUM	0x0D	//扫描位数寄存器
#define	UP	0x01	//上
#define	LEFT	0x02	//左
#define	DOWN	0x03	//下
#define	RIGHT	0x04	//右
#define	CENTER	0x05	//中

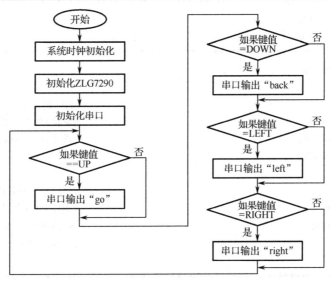

图 5.55　软件设计流程

2）主函数模块

```
void main(void)
{
    xtal_init();                          //系统时钟初始化
    zlg7290_init();                       //驱动芯片初始化
    uart1_init(0x00,0x00);                //串口初始化
    while(1)
    {
        if(get_keyval() == UP){
            uart1_send_string("go\r\n");
        }
        if(get_keyval() == DOWN){
            uart1_send_string("back\r\n");
        }
        if(get_keyval() == LEFT){
            uart1_send_string("left\r\n");
        }
        if(get_keyval() == RIGHT){
            uart1_send_string("right\r\n");
```

```
        }
    }
}
```

3）驱动芯片模块

驱动芯片 ZLG7290 的代码如下：

```c
/********************************* 全局变量********************************/
unsigned char key_flag = 0;
/**********************************************************************
* 名称：zlg7290_init()
* 功能：ZLG7290 初始化
**********************************************************************/
void zlg7290_init(void)
{
    iic_init();                                  //I2C 初始化
    P0SEL &= ~0x08;                              //设置 P0_3 为普通 IO 模式
    P0DIR &= ~0x08;                              //设置 P0_3 为输入模式
    P2INP &= ~0X20;
    P0INP &= ~0X08;
    IEN1 |= 0x20;                                //端口 0 中断使能
    P0IEN |= 0x08;                               //端口 P0_3 外部中断使能
    PICTL |= 0x01;                               //端口 P0_3 下降沿触发
    EA = 1;                                      //使能总中断
}
/**********************************************************************
* 名称：zlg7290_read_reg()
* 功能：ZLG7290 读取寄存器
* 参数：cmd—寄存器地址
* 返回：data 寄存器数据
**********************************************************************/
unsigned char zlg7290_read_reg(unsigned char cmd)
{
    unsigned char data = 0;                      //定义数据
    delay_ms(1);
    iic_start();                                 //启动总线
    if(iic_write_byte(ZLG7290ADDR & 0xfe) == 0){ //地址设置
        if(iic_write_byte(cmd) == 0){            //命令输入
            iic_start();
            if(iic_write_byte(ZLG7290ADDR | 0x01) == 0)  //等待数据传输完成
            data = iic_read_byte(0);             //读取数据
        }
    }
    iic_stop();
    return data;                                 //返回数据
}
/**********************************************************************
```

```
* 名称：zlg7290_write_data()
* 功能：ZLG7290 写寄存器
* 参数：cmd—寄存器地址；data 寄存器数据
***************************************************************************/
void zlg7290_write_data(unsigned char cmd, unsigned char data)
{
    delay_ms(1);
    iic_start();                                          //启动总线
    if(iic_write_byte(ZLG7290ADDR & 0xfe) == 0){          //地址设置
        if(iic_write_byte(cmd) == 0){                     //命令输入
            iic_write_byte(data);                         //等待数据传输完成
        }
    }
    iic_stop();
}
/***************************************************************************
* 名称：zlg7290_set_smd()
* 功能：ZLG7290 设置命令缓存寄存器
* 参数：cmd1—命令 1，cmd2—命令 2
***************************************************************************/
void zlg7290_set_smd(unsigned char cmd1, unsigned char cmd2)
{
    zlg7290_write_data(CMDBUF0,cmd1);
    zlg7290_write_data(CMDBUF1,cmd2);
}
/***************************************************************************
* 名称：get_keyval()
* 功能：获取按键键值
* 返回：按键键值
***************************************************************************/
unsigned char get_keyval(void)
{
    unsigned char key_num = 0;
    key_num = zlg7290_read_reg(KEY_REG);
    if(key_num == 5)
        return UP;
    if(key_num == 13)
        return LEFT;
    if(key_num == 21)
        return DOWN;
    if(key_num == 29)
        return RIGHT;
    if(key_num == 37)
        return CENTER;
    return 0;
}
```

4）串口驱动模块

串口驱动模块有串口初始化函数、串口发送字节函数、串口发送字符串函数和串口接收字节函数，部分信息如表 5.21 所示，更详细的源代码请参考 2.1 节内容。

表 5.21　串口驱动模块函数

名　　称	功　　能	说　　明
uart1_init(unsigned char StopBits,unsigned char Parity)	串口 0 初始化函数	StopBits 为停止位，Parity 为奇偶校验
void uart1_send_char(char ch)	串口发送字节函数	ch 为将要发送的数据
void uart1_send_string(char *Data)	串口发送字符串函数	*Data 为将要发送的字符串
int uart1_recv_char(void)	串口接收字节函数	返回接收的串口数据

5）I2C 驱动模块

I2C 驱动模块有 I2C 专用延时函数、I2C 初始化函数、I2C 起始信号函数、I2C 停止信号函数、I2C 发送应答函数、I2C 接收应答函数、I2C 写字节函数和 I2C 读一个字节函数，部分信息如表 5.22 所示，更详细的源代码请参考 2.1 节内容。

表 5.22　I2C 驱动模块函数

名　　称	功　　能	说　　明
void iic_delay_us(unsigned int i)	I2C 专用延时函数	I 为延时设置
void iic_init(void)	I2C 初始化函数	无
void iic_start(void)	I2C 起始信号函数	无
void iic_stop(void)	I2C 停止信号函数	无
void iic_send_ack(int ack)	I2C 发送应答函数	ack 为应答信号
int iic_recv_ack(void)	I2C 接收应答函数	返回应答信号
unsigned char iic_write_byte(unsigned char data)	I2C 写字节函数，返回 ACK 或者 NACK，从高到低，依次发送	data 为要写的数据，返回写成功与否
unsigned char iic_read_byte(unsigned char ack)	I2C 读一个字节函数，返回读取的数据	ack 为应答信号，返回采样数据

5.5.4　小结

本节先介绍了五向开关的基本工作原理、功能和特点，然后基于 CC2530 驱动 ZLG7290，最后通过开发实践，将理论知识应用于实践中，实现了智能游戏手柄的设计，完成了系统的硬件设计和软件设计。

5.5.5　思考与拓展

（1）简述五向开关的特点与应用。

（2）简述 ZLG7290CS 驱动芯片的功能有和特点。

（3）在本项目的基础上，连续按两次五向开关的上键实现为快速前进，连续按两次下键实现快速后退，并通过串口显示功能，请设计实现程序。

5.6 OLED 的应用开发

有机发光二极管（Organic Light-Emitting Diode，OLED）显示技术广泛运用于手机、数码摄像机、个人数字助理（PDA）、笔记本电脑、汽车音响和电视，如图 5.56 所示。

图 5.56　OLED 应用

由于 OLED 具有色彩饱和度高、厚度薄、可弯曲、可主动发光等优点，相比于液晶显示器，更能满足人们对显示设备的要求，因此，OLED 在人们的日常生活中具有非常广泛的应用，OLED 已经被广泛应用于手机、计算机、电视、可穿戴设备、照明灯、车载系统等众多领域。

本节重点学习通过 CC2530 的 I2C 总线来驱动控制 OLED 显示屏，掌握 OLED 的基本工作原理，从而实现智能穿戴产品显示屏的设计。

5.6.1　OLED 的基本结构和发光原理

OLED 的研究最早可以追溯到 20 世纪的 50 年代。1953 年 Bernanose 等人对蒽单晶施加直流高压（400 V）时观察到蓝色发光现象。1963 年，美国纽约大学的 Pope 等人在厚度为 20 μm 的蒽单晶两侧加上直流电压高达 400 V 下观测到发光现象。1965 年，Schneider 等人对蒽单晶的电致发光做了更进一步的研究。1982 年，Vincett 的研究小组利用真空蒸镀方法制得厚度为 50 nm 蒽薄膜并施加电压，首次将工作电压降低到 30 V 以内，但外量子产率仅为 0.03%左右。该有机电致发光器件由于效率过低，没有实用价值，并没有引起研究者的兴趣。

1987 年，美国 Eastern Kodak 公司的邓青云等人发明了 OLED 双层器件，提出了多层薄膜结构的有机电致发光器件概念，OLED 器件研究和发展进入了一个崭新的时代。随后，人们相继发明了三层及多层结构器件，利用在主体有机材料中进行掺杂客体来控制器件的发光颜色。

OLED 历史上第二个重要的里程碑是开发出聚合物有机电致发光器件。英国剑桥大学的 Burroughes 等人于 1990 年第一次提出了以高分子为基的 OLED，他们成功地利用旋涂方法将有机共轭高分子材料制成薄膜，采用下旋涂法将共轭高分子材料制成薄膜，成功制备出了单层结构的聚合物电致发光器件（POLED），让实现大规模、工艺流程简单、低成本的有机电致发光器件成为可能。1992 年，Heeger 等人首次利用塑料作为器件的衬底制备出了可以弯曲的柔性 OLED 显示器，进一步拓宽了 OLED 的应用领域。

1995 年，Kido 等人成功研制备出了白光 OLED，使得 OLED 作为显示器的背光源和固态照明成为可能。磷光 OLED 的开发是继聚合物有机电致发光器件之后 OLED 发展史上的又一个重要里程碑。

1998 年，普林斯顿大学的 Forrest 等人利用基质掺杂的方法，发现了三重态磷光可在室温下被利用，其内量子产率甚至可接近至 100%。在良好的发展前景和空间下，几乎所有国际著名化学公司及显示器厂商都对 OLED 这一领域进行了研究。OLED 领域显现出企业产业化与科学研究齐头并进的良好发展局面。

1997 年，研制出了世界上第一个能用于商品化的有机平板显示产品——汽车音响显示屏；2008 年相继开发出了 27 英寸和 31 英寸的 OLED 电视；2009 年分别研制出了 TFT 驱动的 2.5 英寸柔性 OLED 显示器和 6.5 英寸的柔性 OLED 面板；2010 年推出了 14 英寸透明 OLED 手提电脑，制造了 24.5 英寸的 OLED 3D 电视；2013 年推出了首款 55 英寸 OLED 曲面电视。

1. 基本结构

OLED 器件由基板、阴极、阳极、空穴注入层（HIL）、电子注入层（EIL）、空穴传输层（HTL）、电子传输层（ETL）、电子阻挡层（EBL）、空穴阻挡层（EBL）、发光层（EML）等部分构成。其中，基板是整个器件的基础，所有功能层都需要蒸镀到器件的基板上；通常采用玻璃作为器件的基板，但如果需要制作可弯曲的柔性 OLED 器件，则需要使用其他材料（如塑料等）作为器件的基板。阳极与器件外加驱动电压的正极相连，阳极中的空穴会在外加驱动电压的驱动下向器件中的发光层移动，阳极需要在器件工作时具有一定的透光性，使得器件内部发出的光能够被外界观察到；阳极最常使用的材料是 ITO。空穴注入层能够对器件的阳极进行修饰，并可以使来自阳极的空穴顺利地注入空穴传输层；空穴传输层负责将空穴传输到发光层；电子阻挡层会把来自阴极的电子阻挡在器件的发光层界面处，从而增大器件发光层界面处电子的浓度。

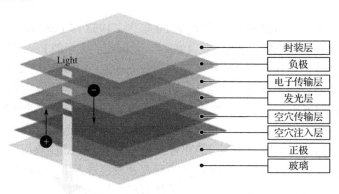

图 5.57　OLED 基本结构

OLED 器件的结构可分为单层结构、双层结构、三层结构和多层结构。其中，单层结构是指 OLED 器件只包含基板、阳极、阴极和发光层的结构，该结构非常简单，但是由于 OLED 器件中的材料对电子和空穴有不同的传输能力，该结构会使得电子和空穴在发光层界面处的浓度差别很大，导致 OLED 器件的发光效率较低，所以这种结构在实际应用中很少会被采用。双层结构是指 OLED 器件中的发光层除了具有电子和空穴先通过再结合形成激子然后通过激子退激发光的作用，还具有传输电子或传输空穴的作用，即双层结构的 OLED 器件可以不用专门蒸镀一层电子传输层或空穴传输层；双层结构的 OLED 器件能够在更小的外加驱动电压下进行工作。三层结构是指器件结构中包含有阴极、电子传输层、发光层、空穴传输层、阳极和基板的 OLED 器件；与双层结构相比，三层结构的 OLED 器件通常具有更高的电子和空穴传输能力，OLED 器件的发光效率也更高。多层结构是指 OLED 器件除了具有三层结构所具有的功能层，还具有电子注入层、空穴注入层、电子阻挡层和空穴阻挡层。由于更多功能层的加入，OLED 器件的发光效率更高，但由于器件的厚度增加，因此需要更高的驱动电压才能正常工作。

2. 发光原理

OLED 是一种在外加驱动电压下可主动发光的器件，无须液晶显示器所需的背光源。OLED 器件中的电子和空穴在外加驱动电压的驱动下，从器件的两极向中间的发光层移动，到达发光层后在库仑力的作用下电子和空穴进行再结合形成激子，激子的产生会使发光层中的有机材料活化，进而使得有机分子最外层的电子克服最高占有分子轨道（HOMO）能级和最低未占有分子轨道（LUMO）能级之间的能级势垒，从稳定的基态跃迁到极不稳定的激发态，处于激发态的电子由于状态极不稳定，会通过振动弛豫和内转换回到 LUMO 能级，如果电子从 LUMO 能级直接跃迁到稳定的基态，则器件会发出荧光；如果电子先从 LUMO 能级跃迁到三重激发态，然后从三重激发态跃迁到稳定的基态，则器件会发出磷光。

OLED 器件的发光原理如图 5.58 所示。当在器件的阴极和阳极施加驱动电压时，来自阴极的电子和来自阳极的空穴会在驱动电压的驱动下由器件的两端向器件的发光层移动，到达器件发光层的电子和空穴会进行再结合使得发光层中有机分子的能量被激活，进而使得有机分子的电子状态从稳定的基态跃迁到能量较高的激发态；由于处于激发态的电子很不稳定，所以电子会从能量较高的激发态回到基态，并将能量以光、热等形式释放。

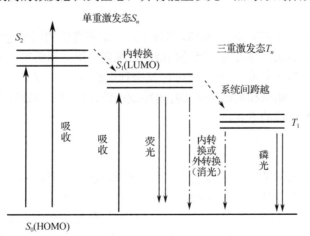

图 5.58 OLED 器件的发光原理

OLED 器件的发光过程可分为：电子和空穴的注入、电子和空穴的传输、电子和空穴的再结合、激子的退激发光。

（1）电子和空穴的注入。处于阴极中的电子和阳极中的空穴在外加驱动电压的驱动下会向器件的发光层移动，在向器件发光层移动的过程中，若器件包含有电子注入层和空穴注入层，则电子和空穴首先需要克服阴极与电子注入层以及阳极与空穴注入层之间的能级势垒，然后由电子注入层和空穴注入层向器件的电子传输层和空穴传输层移动。

（2）电子和空穴的传输。在外加驱动电压的驱动下，来自阴极的电子和阳极的空穴会分别移动到器件的电子传输层和空穴传输层，电子传输层和空穴传输层会分别将电子和空穴移动到器件发光层的界面处；与此同时，电子传输层和空穴传输层分别会将来自阳极的空穴和来自阴极的电子阻挡在器件发光层的界面处，使得器件发光层界面处的电子和空穴得以累积。

（3）电子和空穴的再结合。当器件发光层界面处的电子和空穴达到一定数目时，电子和空穴会进行再结合并在发光层产生激子。

（4）激子的退激发光。在发光层处产生的激子会使得器件发光层中的有机分子被激活，进而使得有机分子最外层的电子从基态跃迁到激发态，由于处于激发态的电子极其不稳定，其会向基态跃迁，在跃迁的过程中会有能量以光的形式被释放出来，从而实现了器件的发光。

5.6.2 OLED 器件的驱动方式

OLED 器件的驱动方式分为主动式驱动（有源驱动）和被动式驱动（无源驱动）。

1. 无源驱动

无源驱动分为静态驱动和动态驱动。

（1）静态驱动：在静态驱动的 OLED 器件上，一般有机电致发光像素的阴极是连在一起引出的，各像素的阳极是分立引出的，这就是共阴极连接方式。若要一个像素发光，只要让恒流源的电压与阴极的电压之差大于像素发光值，像素将在恒流源的驱动下发光；若要一个像素不发光，就将它的阳极接在一个负电压上，就可将它反向截止。但是在图像变化比较多时可能出现交叉效应，为了避免这种效应必须采用交流的形式。静态驱动一般用于段式显示屏的驱动上。

（2）动态驱动：在动态驱动的 OLED 器件上，人们把像素的两个电极做成了矩阵结构，即水平一组显示像素的相同性质的电极是共用的，纵向一组显示像素的相同性质的电极是共用的。如果像素可分为 N 行和 M 列，就可有 N 个行电极和 M 个列电极。行和列分别对应发光像素的两个电极，即阴极和阳极。在实际电路驱动的过程中，要逐行点亮或者要逐列点亮像素，通常采用逐行扫描的方式。

2. 有源驱动

有源驱动的每个像素都配备了具有开关功能的低温多晶硅薄膜晶体管（TFT），而且每个像素都配备了一个电荷存储电容，外围驱动电路和显示阵列集成在同一玻璃基板上。与 LCD 相同的 TFT 结构，无法用于 OLED，这是因为 LCD 采用电压驱动，而 OLED 却依赖电流驱动，其亮度与电流成正比，因此除了需要进行 ON/OFF 切换动作的选址 TFT，还需要能让足够电流通过的导通阻抗较小的小型驱动 TFT。

有源驱动属于静态驱动，具有存储效应，可进行 100% 的负载驱动，这种驱动不受扫描电极数的限制，可以对各像素独立地进行选择性调节。有源驱动无占空比问题，易于实现高亮度和高分辨率。由于有源驱动可以对红色像素和蓝色像素独立地进行灰度调节，更有利于 OLED 彩色化实现。

OLED 器件的有源驱动和无源驱动的比较如表 5.23 所示。

表 5.23　OLED 器件的有源驱动和无源驱动的比较

无 源 驱 动	有 源 驱 动
瞬间高密度发光（动态驱动/有选择性）	连续发光（稳态驱动）
面板外附加 IC 芯片	TFT 驱动电路设计/内藏薄膜型驱动 IC
行逐步式扫描	行逐步式抹写数据
阶调控制容易	在 TFT 基板上形成有机 EL 像素
低成本、高电压驱动	低电压驱动、低功耗、高成本
设计变更容易、交货期短（制程简单）	发光组件寿命长（制程复杂）
简单式矩阵驱动+OLED	LTPS TFT+OLED

5.6.3　OLED 模块

本节采用中景园电子的 0.96 英寸 OLED，有黄蓝、白、蓝三种颜色的 OLED 可选，其中黄蓝色 OLED 的屏上 1/4 部分为黄光，屏下 3/4 为蓝光；固定区域显示固定颜色，颜色和显示区域均不能修改；白色 OLED 则为纯白，也就是黑底白字；蓝色 OLED 则为纯蓝，也就是黑底蓝字。OLED 模块如图 5.59 所示。

图 5.59　OLED 模块

0.96 英寸 OLED 显示屏引脚定义如表 5.24 所示。

表 5.24　OLED 显示屏引脚定义

引　脚	符　号	引　脚	符　号	引　脚	符　号
1	GND	2	C2P	3	C2N
4	C1P	5	C1N	6	VDDB
7	NC	8	VSS	9	VDD
10	BS0	11	BS1	12	BS2

续表

引 脚	符 号	引 脚	符 号	引 脚	符 号
13	CS#	14	RES#	15	D/C#
16	R/W#	17	E/RD#	18	D0
19	D1	20	D2	21	D3
22	D4	23	D5	24	D6
25	D7	26	IREF	27	VCOMH
28	VCC	29	VLSS	30	GND

0.96 英寸 OLED 显示屏支持四线 SPI、三线 SPI、I2C 等串口，以及 6800、8080 并口，由于并口使用的数据线比较多，在实际中不太常用。

OLED 显示屏的通信接口是通过 BS0、BS1、BS2 三个引脚来配置的，详细配置方式如表 5.25 所示。

表 5.25 OLED 驱动方式

通 信 方 式	BS0	BS1	BS2
I2C	0	1	0
三线 SPI	1	0	0
四线 SPI	0	0	0
8 位 68XX 并口	0	0	1
8 位 80XX 并口	0	1	1

5.6.4 OLED 驱动芯片

SSD1306 是一个单片 OLED/PLED 驱动芯片，可以驱动有机/聚合发光二极管点阵图形显示系统，由 128 列和 64 行组成，该芯片专为共阴极 OLED 面板设计。

SSD1306 中嵌入了对比度控制器、显示 RAM 和晶振，从而减少了外部器件和功耗，有 256 级亮度控制。数据/命令的发送有三种接口可选择：6800/8000、I2C 或 SPI，本节采用 I2C 接口，驱动指令如表 5.26 所示。

表 5.26 驱动指令与功能

序 号	命令（H）	功 能	描 述
1	81 A[7:0]	设置对比度	双字节命令选择 256 级对比度中的一种，对比度随着值的增加而增加（RESET=7Fh）
2	A[4:5]	整体显示开启状态	A4h、X[0]=0b：恢复 RAM 内容的显示（RESET）输出跟随 RAM。A5h、X[0]=1b：进入显示开启状态，输出不管 RAM 内容
3	A[6:7]	设置正常显示或反相显示	A6h、X[0]=0b：正常显示（RESET），在 RAM 中的 0 表示在显示面板上为关，在 RAM 中的 1 表示在显示面板上为开。A7h、X[0]=1b：反向显示，在 RAM 中的 0 表示在显示面板上为开，在 RAM 中的 1 表示在显示面板上为关
4	AE AF	设置显示开或关	AEh、X[0]=0b：显示关（睡眠模式）。AFh、X[0]=1b：显示开，正常模式

续表

序　号	命令（H）	功　能	描　　述
5	26/27 A[7:0] B[2:0] C[2:0] D[2:0]	持续水平滚动设置	26h，X[0]=0：向右水平滚动。27h，X[0]=1：向左水平滚动（水平滚动1列）。 A[7:0]表示空字节； B[2:0]表示定义开始页地址； C[2:0]表示在帧率范围内设置每次滚屏的时间间隔； D[2:0]表示定义结束页地址，D[2:0]的值必须大于或等于B[2:0]
6	29/2A A[2:0] B[2:0] C[2:0] D[2:0] E[5:0]	持续垂直和水平滚屏设置	29h，X[1:0]=01b：垂直和右水平滚屏。2Ah，X[1:0]=10b：垂直和左水平滚屏 A[7:0]表示空字节；B[2:0]表示定义开始页地址；C[2:0]表示在帧率范围内设置每次滚屏的时间间隔；D[2:0]表示定义结束页地址，D[2:0]的值必须大于或等于B[2:0]；E[5:0]表示垂直滚屏的位移
7	2E	关闭滚屏	关闭命令，26h、27h、29h、2Ah 用于开启滚屏功能。注意：在使用 2Eh 命令来关闭滚屏动作后，RAM 的数据需要重写
8	2F	激活滚屏	开始滚屏，由滚屏命令 26h、27h、29h、2Ah 配置，有效的顺序是：有效命令顺序 1 为 26h~2Fh，有效命令顺序 2 为 27h~2Fh，有效命令顺序 3 为 29h~2Fh，有效命令顺序 4 为 2Ah~2Fh
9	A3 A[5:0] B[6:0]	设置垂直滚动区域	A[5:0]设置顶层固定的行数，顶层固定区域的行数参考 GDDRAM 的顶部（如 Row0），重置为 0；B[6:0]设置滚动区域的行数，这个行的数量用于垂直滚动滚动区域，滚动区域开始于顶层固定区域的下一行，重置为64。 A[5:0]+B[6:0]<MUX ratio；B[6:0]<MUX ratio；垂直滚动偏移（29h/2Ah 命令中的 E[5:0]）<B[6:0]；设置显示开始线(40h~7Fh 中的 X5X4X3X2X1X0)<B[6:0]；滚动区域范围为最后一行移动到第一行对于 64d 最大显示，A[5:0]= 0、B[6:0]= 64 表示整个区域滚动，A[5:0]=0、B[6:0]<64 表示顶层区域滚动，A[5:0]+B[6:0]<64 表示中心区域滚动，A[5:0]+B[6:0]= 64 底部区域滚动
10	00~0f	设置列的开始地址作为页地址模式	设置列起始地址的低字节，使用 X[3:0]注册寻址寻址模式作为数据位，初始显示寄存器复位后重置为 000
11	10~1F	设置列的高地址作为页的开始地址	设置列起始地址的高字节，使用 X[3:0]注册寻址寻址模式作为数据位，初始显示寄存器复位后重置为 000
12	20 A[1:0]	设置内存地址模式	A[1:0] = 00b 表示水平寻址方式，A[1:0] = 01b 表示垂直寻址方式，A[1:0] = 10b 表示寻址模式（复位），A[1:0] = 11b 表示无效
13	21 A[6:0] B[6:0]	设置列地址	设置列的起始地址和结束地址。A[6:0]：列起始地址，范围为 0~127（RESET=0）。B[6:0]：列结束地址，范围为 0~127（RESET =127）
14	22 A[2:0] B[2:0]	设置页地址	设置页的起始地址和结束地址 A[2:0]：页面起始地址，范围为 0~7（RESET = 0）。B[2:0]：页面结束地址，范围为 0~7（RESET = 7）
15	B0~B7	设置 GDRAM 页开始地址作为页地址模式	使用 X[2:0]设置 GDRAM 页面起始地址页寻址模式（Page 0~Page 7）

5.6.5 开发实践：智能穿戴产品显示屏的设计

OLED 摒弃了传统 LCD 的缺点，每个像素都可自行发光，可以比传统 LCD 显示更加清晰的画面，而且光线越暗屏幕越亮。除了带来了全新的视觉感受，OLED 还有很多 LCD 无法比拟的优点，例如可以使智能穿戴产品做得更轻更薄，可视角度更大，并且能够显著节省电能。不过 OLED 的应用还要搭配智能穿戴产品的整体设计，才能展现出它的魅力。已上市的 Apple、Fitbit、华为等公司的智能手表、运动手环可以说是 OLED 的应用与整体设计相结合的典范。

OLED 应用于智能穿戴产品上不仅可增加绚丽的美感，而且也可为图文信息的显示锦上添花，成为了智能穿戴产品显示屏的主流，如图 5.61 所示。

图 5.60　智能穿戴产品显示屏

本项目利用 OLED 和 CC2530 实现智能穿戴产品显示屏设计。

1．开发设计

1）硬件设计

本项目的硬件架构如图 5.61 所示。

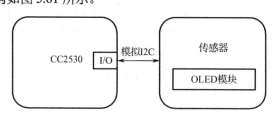

图 5.61　硬件架构

本项目的设计思路要从 OLCD 的驱动方式入手，OLED 支持四线 SPI、三线 SPI、I2C 等串口，以及 6800、8080 等并口方式进行通信，本项目采用 I2C 接口，因为 CC2530 本身不带有 I2C 控制器，所以可使用 CC2530 模拟的 I2C 接口对 OLED 进行操作，其中连接图如图 5.62 所示。

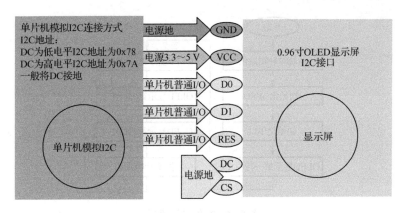

图 5.62　连接图

OLED 模块接口电路如图 5.63 所示。

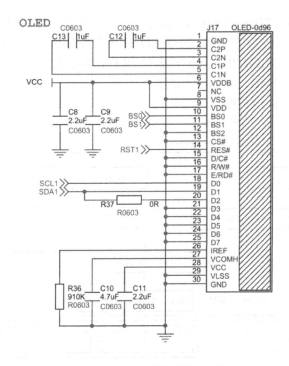

图 5.63　OLED 模块接口电路

2）软件设计

程序首先进行系统时钟、OLED、串口等的初始化，然后调用中文字符串显示函数分别显示四行中文汉字。软件设计流程如图 5.64 所示。

2. 功能实现

本项目中 OLED 显示功能主要是通过模拟的 I2C 接口实现的，程序代码中 OLED 上层功能函数在 oled.c 源文件中，底层的 I2C 驱动函数在 oled-iic.c 源文件中。

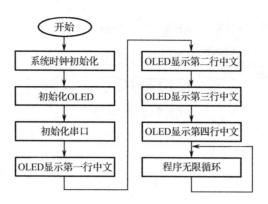

图 5.64　软件设计流程

OLED_Init 函数用于初始化 OLED 模块，会调用_iic_init、OLED_Wirte_command、OLED_Clear 函数。

通过 OLED_ShowCHineseString 函数来显示中文字符串，其向下调用 OLED_ShowCHinese 显示单个中文字符函数。在 OLED_ShowCHinese 函数中调用 OLED_Set_Pos 函数设置显示位置，调用 OLED_IIC_write 函数向 OLED 模块写入相关命令，最后调用 I2C 接口的 iic_start、iic_write_byte、iic_stop 等函数。

函数的调用关系如图 5.65 所示。

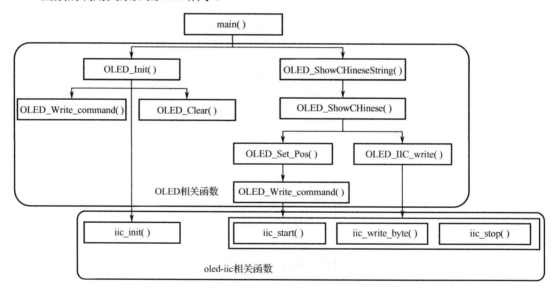

图 5.65　函数的调用关系

1）相关头文件模块

```
/******************************* 宏定义 ***************************************/
#define    SCL         P0_0                    //I2C 时钟引脚定义
#define    SDA         P0_1                    //I2C 数据引脚定义
#define    ADDR_W      0X78                    //主机写地址
#define    ADDR_R      0X79                    //主机读地址
```

2）主函数模块

```
void main(void)
{
    xtal_init();                              //系统时钟初始化
    OLED_Init();                              //OLED 初始化
    uart1_init(0x00,0x00);                    //串口初始化
    OLED_ShowCHineseString(0,0,0,8);
    OLED_ShowCHineseString(0,2,8,8);
    OLED_ShowCHineseString(0,4,16,8);
    OLED_ShowCHineseString(0,6,24,8);
    while(1)
    {
    }
}
```

3）OLED 相关功能函数

OLED 上层功能函数代码如下：

```
#define ADDR_W   0X78                         //主机写地址
#define ADDR_R   0X79                         //主机读地址
#define Max_Column  128
unsigned char OLED_GRAM[128][8];
/**********************************************************************************
* 名称：OLED_Init()
* 功能：OLED 初始化
**********************************************************************************/
void   OLED_Init(void){
    iic_init();
    OLED_Write_command(0xAE);                 //显示关闭
    OLED_Write_command(0x00);                 //设置低位列地址
    OLED_Write_command(0x10);                 //设置高位列地址
    OLED_Write_command(0x40);                 //设置起始行地址
    OLED_Write_command(0xB0);                 //设置页面地址
    OLED_Write_command(0x81);                 //设置对比度
    OLED_Write_command(0xFF);                 //128
    OLED_Write_command(0xA1);                 //集合段重映射
    OLED_Write_command(0xA6);                 //正常/反转
    OLED_Write_command(0xA8);                 //设定复用比（1～64）
    OLED_Write_command(0x3F);                 //1/32 duty
    OLED_Write_command(0xC8);                 //COM 扫描方向
    OLED_Write_command(0xD3);                 //设置显示偏移
    OLED_Write_command(0x00);

    OLED_Write_command(0xD5);                 //设置 OSC 分区
    OLED_Write_command(0x80);
```

```
        OLED_Write_command(0xD8);                    //设置区域颜色模式关闭
        OLED_Write_command(0x05);

        OLED_Write_command(0xD9);                    //设定预充电期
        OLED_Write_command(0xF1);

        OLED_Write_command(0xDA);                    //设置 COM 硬件引脚配置
        OLED_Write_command(0x12);

        OLED_Write_command(0xDB);                    //设置 VCOMH
        OLED_Write_command(0x30);

        OLED_Write_command(0x8D);                    //设置电荷泵使能
        OLED_Write_command(0x14);

        OLED_Write_command(0xAF);                    //开启 OLED
        OLED_Clear();
}
/*********************************************************************************
* 名称: OLED_Write_command()
* 功能: I2C Write Command
* 参数: 命令
**********************************************************************************/
void OLED_Write_command(unsigned char IIC_Command)
{
    iic_start();                                     //启动总线
    if(iic_write_byte(ADDR_W) == 0){                 //地址设置
        if(iic_write_byte(0x00) == 0){               //命令输入
            iic_write_byte(IIC_Command);             //等待数据传输完成
        }
    }
    iic_stop();
}
/*********************************************************************************
* 名称: OLED_IIC_write()
* 功能: I2C Write Data
* 参数: 数据（IIC_Data）
**********************************************************************************/
void OLED_IIC_write(unsigned char IIC_Data)
{
    iic_start();                                     //启动总线
    if(iic_write_byte(ADDR_W) == 0){                 //地址设置
        if(iic_write_byte(0x40) == 0){               //命令输入
            iic_write_byte(IIC_Data);                //等待数据传输完成
        }
    }
    iic_stop();
```

```
}
/**********************************************************************
* 名称：OLED_fillpicture()
* 功能：OLED_fillpicture
**********************************************************************/
void OLED_fillpicture(unsigned char fill_Data){
    unsigned char m,n;
    for(m=0;m<8;m++){
        OLED_Write_command(0xb0+m);                    //page0～page1
        OLED_Write_command(0x00);                      //低位列起始地址
        OLED_Write_command(0x10);                      //高位列起始地址
        for(n=0;n<128;n++){
            OLED_IIC_write(fill_Data);
        }
    }
}
/**********************************************************************
* 名称：OLED_Set_Pos()
* 功能：坐标设置
* 参数：坐标（x、y）
**********************************************************************/
void OLED_Set_Pos(unsigned char x, unsigned char y) {
    OLED_Write_command(0xb0+y);
    OLED_Write_command(((x&0xf0)>>4)|0x10);
    OLED_Write_command((x&0x0f));
}
/**********************************************************************
* 名称：OLED_Display_On()
* 功能：开启 OLED 显示
**********************************************************************/
void OLED_Display_On(void){
    OLED_Write_command(0X8D);                          //SET DCDC 命令
    OLED_Write_command(0X14);                          //DCDC ON
    OLED_Write_command(0XAF);                          //DISPLAY ON
}
/**********************************************************************
* 名称：OLED_Display_Off()
* 功能：关闭 OLED 显示
**********************************************************************/
void OLED_Display_Off(void){
    OLED_Write_command(0X8D);                          //SET DCDC 命令
    OLED_Write_command(0X10);                          //DCDC OFF
    OLED_Write_command(0XAE);                          //DISPLAY OFF
}
/**********************************************************************
* 名称：OLED_Clear()
* 功能：清屏函数，清完屏后整个屏幕是黑色的，和没点亮时一样
```

```
*****************************************************************************/
void OLED_Clear(void)   {
    unsigned char i,n;
    for(i=0;i<8;i++)   {
        OLED_Write_command (0xb0+i);                    //设置页地址（0～7）
        OLED_Write_command (0x00);                      //设置显示位置，列低地址
        OLED_Write_command (0x10);                      //设置显示位置，列高地址
        for(n=0;n<128;n++)
        OLED_IIC_write(0);
    }
}
//更新显存到LCD
void OLED_Refresh_Gram(void)
{
    unsigned char i,n;
    for(i=0;i<8;i++)
    {
        OLED_Write_command (0xb0+i);                    //设置页地址（0～7）
        OLED_Write_command (0x00);                      //设置显示位置，列低地址
        OLED_Write_command (0x10);                      //设置显示位置，列高地址
        for(n=0;n<128;n++)OLED_IIC_write(OLED_GRAM[n][i]);
    }
}
void OLED_DrawPoint(unsigned char x,unsigned char y,unsigned char t)
{
    unsigned char pos,bx,temp=0;
    if(x>127||y>63)return;                              //超出范围了
    pos=7-y/8;
    bx=y%8;
    temp=1<<(7-bx);
    if(t)OLED_GRAM[x][pos]|=temp;
    else OLED_GRAM[x][pos]&=~temp;
}
void OLED_DisFill(unsigned char x1,unsigned char y1,unsigned char x2,unsigned char y2,unsigned char dot)
{
    unsigned char x,y;
    for(x=x1;x<=x2;x++)
    {
        for(y=y1;y<=y2;y++)OLED_DrawPoint(x,y,dot);
    }
    //OLED_Refresh_Gram();                              //更新显示
}
/*****************************************************************************
* 名称：OLED_DisClear()
* 功能：区域清空
* 参数：坐标（hstart、hend、lstant、lend）
*****************************************************************************/
```

```
void OLED_DisClear(int hstart,int hend,int lstart,int lend){
    unsigned char i,n;
    for(i=hstart;i<=hend;i++)   {
        OLED_Write_command (0xb0+i);              //设置页地址（0~7）
        OLED_Write_command (0x00);                //设置显示位置，列低地址
        OLED_Write_command (0x10);                //设置显示位置，列高地址
        for(n=lstart;n<=lend;n++)
        OLED_IIC_write(0);
    }
}
/*********************************************************************************
 * 名称：OLED_ShowChar()
 * 功能：在指定位置显示一个字符，包括部分字符
 * 参数：坐标（x:0~127；y:0~63）；chr 字符；Char_Size 字符长度
 *********************************************************************************/
void OLED_ShowChar(unsigned char x,unsigned char y,unsigned char chr,unsigned char Char_Size){
    unsigned char c=0,i=0;
    c=chr-' ';                                    //得到偏移后的值
    if(x>Max_Column-1){x=0;y=y+2;}
    if(Char_Size ==16){
        OLED_Set_Pos(x,y);
        for(i=0;i<8;i++)
        OLED_IIC_write(F8X16[c*16+i]);
        OLED_Set_Pos(x,y+1);
        for(i=0;i<8;i++)
        OLED_IIC_write(F8X16[c*16+i+8]);
    }else {
        OLED_Set_Pos(x,y);
        for(i=0;i<6;i++)
        OLED_IIC_write(F6x8[c][i]);
    }
}
/*********************************************************************************
 * 名称：OLED_ShowString()
 * 功能：显示一个字符串
 * 参数：起始坐标（x:0~127；y:0~63）；chr 字符串指针；Char_Size 字符串长度
 *********************************************************************************/
void OLED_ShowString(unsigned char x,unsigned char y,unsigned char *chr,unsigned char Char_Size){
    unsigned char j=0;
    while (chr[j]!='\0'){
        OLED_ShowChar(x,y,chr[j],Char_Size);
        x+=8;
        if(x>120){
            x=0;
            y+=2;
        }
        j++;
```

```
    }
}

/************************************************************************
* 名称: OLED_ShowCHinese()
* 功能: 显示一个汉字
* 参数: 起始坐标（x:0~127；y:0~63）；num 为汉字在自定义字库中的编号（oledfont.h）编号
************************************************************************/
void OLED_ShowCHinese(unsigned char x,unsigned char y,unsigned char num){
    unsigned char t,adder=0;
    OLED_Set_Pos(x,y);
    for(t=0;t<16;t++){
        OLED_IIC_write(Hzk[2*num][t]);
        adder+=1;
    }
    OLED_Set_Pos(x,y+1);
    for(t=0;t<16;t++){
        OLED_IIC_write(Hzk[2*num+1][t]);
        adder+=1;
    }
}
void OLED_ShowCHineseString(unsigned char x,unsigned char y,unsigned char num,unsigned char n)
{
    for(unsigned char i=0;i<n;i++){
        OLED_ShowCHinese(x+i*16,y,num+i);
    }
}
void OLED_Fill(void)    {
    unsigned char i,n;
    for(i=0;i<8;i++)    {
        OLED_Write_command (0xb0+i);                //设置页地址（0～7）
        OLED_Write_command (0x00);                  //设置显示位置，列低地址
        OLED_Write_command (0x10);                  //设置显示位置，列高地址
        for(n=0;n<128;n++)
        OLED_IIC_write(0xff);
    }
}
/************************************************************************
* 名称: OLED_Display_On()
* 功能: 开启 OLED 显示
************************************************************************/
void oled_turn_on(void)
{
    char i=0;
    OLED_Clear();
    for(i = 0;i < 4;i++){
        OLED_DisFill(0,63-16*0-7,32*i+23,63-8*0,1);
```

```
            OLED_Refresh_Gram();
        }
        for(i = 0;i < 2;i++){
            OLED_DisFill(127-8*0-7,63-32*i-23,127-8*0,63,1);
            OLED_Refresh_Gram();
        }

        for(i = 0;i < 4;i++){
            OLED_DisFill(127-32*i-23,8*0,127,8*0+7,1);
            OLED_Refresh_Gram();
        }
        for(i = 0;i < 2;i++){
            OLED_DisFill(8*0,0,8*0+7,32*i+23,1);
            OLED_Refresh_Gram();
        }
}
/***********************************************************************
* 名称：oled_turn_off()
* 功能：关闭 OLED 显示
************************************************************************/
void oled_turn_off(void)
{
    unsigned char i=0;
    OLED_Fill();
    for(i = 0;i < 4;i++){
        OLED_DisFill(0,8*i,127,8*i+7,0);
        OLED_DisFill(8*i,0,8*i+7,63,0);
        OLED_DisFill(0,63-8*i-7,127,63-8*i,0);
        OLED_DisFill(127-8*i-7,0,127-8*i,63,0);
        OLED_Refresh_Gram();
    }
    OLED_Clear();
}
```

4）I2C 驱动模块

I2C 驱动模块有 I2C 专用延时函数、I2C 初始化函数、I2C 起始信号函数、I2C 停止信号函数、I2C 发送应答函数、I2C 接收应答函数、I2C 写字节函数和 I2C 读一个字节函数，部分信息如表 5.27 所示，更详细的代码请参考 2.1 节内容。

表 5.27 I2C 驱动模块函数

名　　称	功　　能	说　　明
void　iic_delay_us(unsigned int i)	I2C 专用延时函数	I 为延时设置
void iic_init(void)	I2C 初始化函数	无
void iic_start(void)	I2C 起始信号函数	无

续表

名　称	功　能	说　明
void iic_stop(void)	I2C 停止信号函数	无
void iic_send_ack(int ack)	I2C 发送应答函数	ack 为应答信号
int iic_recv_ack(void)	I2C 接收应答函数	返回应答信号
unsigned char iic_write_byte(unsigned char data)	I2C 写字节函数，返回 ACK 或者 NACK，从高到低依次发送	data 为要写的数据，返回写成功与否
unsigned char iic_read_byte(unsigned char ack)	I2C 读一个字节函数，返回读取的数据	ack 为应答信号，返回采样数据

5.6.6　小结

本节先介绍了 OLED 的特点、功能和基本工作原理，然后通过 I2C 总线和 CC2530 驱动 OLED 模块，最后通过开发实践，将理论知识应用于实践中，实现了智能穿戴产品显示屏的设计，完成了系统的硬件设计和软件设计。

5.6.7　思考与拓展

（1）简述 OLED 显示技术的特点与应用领域。

（2）简述 OLED 的主动式驱动（有源驱动）和被动式驱动（无源驱动）的特点。

（3）本项目的 OLED 显示屏是满屏显示四行中文字符，请通过编程实现字符的滚动显示。

5.7　触摸传感器的应用开发

采用触摸传感器感应芯片原理设计的触摸式墙壁开关（触摸开关），是传统机械按键式墙壁开关的换代产品。智能化、操作更方便的触摸开关具有传统开关不可比拟的优势，是目前家居产品的非常流行的一种装饰性开关。

触摸开关广泛适用于遥控器、灯具调光、各类开关，以及车载、小家电和家用电器控制界面中，开关内部集成了高分辨率触摸检测模块和专用信号处理电路，以保证对环境变化具有灵敏的自动识别和跟踪功能。

本节重点学习触摸传感器的功能和基本工作原理，通过 CC2530 驱动触摸传感器，从而实现电磁炉开关的设计。

5.7.1　触摸开关

酒店中常用的触摸开关如图 5.66 所示。

触摸开关与传统开关的区别如下：

（1）触摸开关通常采用电容式触摸按键，不需要人体直接接触金属，可以彻底消除安全隐患，即使戴手套也可以使用，不受天气干燥、潮湿对人体电阻的影响，使用方便。

图 5.66　酒店中常用的触摸开关

（2）触摸开关没有机械部件，不会磨损，可减少后期维护成本。

（3）触摸开关的感测部分可以放置到任何绝缘层（通常为玻璃或塑料材料）的后面，容易制成与周围环境相密封的键盘。

（4）触摸开关的面板图案、按键大小、形状可以任意设计，字符、商标、透视窗 LED 透光等可任意搭配，外形美观、时尚，不褪色、不变形、经久耐用。

5.7.2　常用的触摸屏

触摸屏系统一般包括触摸屏控制器和触摸检测装置两个部分。其中，触控屏控制器的主要作用是从触摸点检测装置上接收触摸信息，并将它转换成触点坐标，再送给 CPU，它同时能接收 CPU 发来的命令并加以执行；触摸检测装置一般安装在显示器的前端，主要作用是检测用户的触摸位置，并传送给触控屏控制器。目前的触摸屏主要有电阻触摸屏、电容触摸屏、红外触摸屏和表面声波触摸屏。

1．电阻触摸屏

电阻触摸屏的屏体是一块与显示器表面相匹配的多层复合薄膜，由一层玻璃或有机玻璃作为基层，表面涂有一层透明的导电层，上面再覆盖一层外表面经硬化处理、光滑防刮的塑料层，它的内表面也涂有一层透明导电层，在两层导电层之间有许多细小的透明隔离点，把两层导电层隔开绝缘。

电阻触摸屏对外界完全隔离，不怕灰尘和水汽，它可以用任何物体来触摸，可以用来写字画画，比较适合工业控制领域。电阻触摸屏的缺点是由于复合薄膜的外层采用塑料材料，太用力或使用锐器触摸时可能划伤整个触控屏而导致报废。

电阻触摸屏是市场上最常见的一种触摸屏产品，其中使用最为广泛的一种为 4 线电阻触摸屏，电阻触摸屏用一块与液晶显示屏紧贴的玻璃作为基层，其外表面涂有一层氧化铟（ITO），其水平方向及垂直方向均加 5 V 和 0 V 的直流电压，形成均匀的直流电场。水平方向与垂直方向之间用许多大约千分之一英寸大小的透明绝缘隔离物隔开。电阻触摸屏的基本结构如图 5.67 所示。

电阻触摸屏的工作原理为：采用透明绝缘隔离物分开的两层 ITO 均加有 5 V 的电压，当触摸物或手指触摸电阻触摸屏的表面时，两层会在触摸点导通。X 轴方向的位置可通过扫描 Y 轴方向电极得到的电压并经 A/D 转换得出，Y 轴的位置可通过扫描 X 轴电极得到的电压并经 A/D 转换得出。通过 A/D 转换之后得到的数据进运算转换后可得到 X 轴与 Y 轴的坐标值。

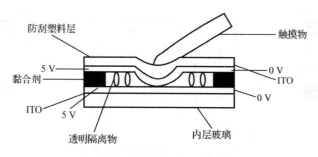

图 5.67　电阻触摸屏的基本结构

2. 红外触摸屏

红外触摸屏是利用在 X、Y 轴上密布的红外线矩阵来检测并定位用户的触摸的。红外触控屏在显示器的前面安装一个电路板外框，电路板在屏幕四边排布了红外发射管和红外接收管，一一对应形成纵横交错的红外线矩阵。当用户触控屏幕时，手指就会挡住经过该位置的横竖两条红外线，因而可以判断出触摸点在屏幕上的位置。任何触摸物体都可改变触点上的红外线而实现触控屏操作。红外触控屏不受电流、电压和静电干扰，适宜恶劣的环境条件，是触控屏的发展趋势。采用声学和其他材料学技术的触屏都有其难以逾越的屏障，如单一传感器的受损、老化，触摸界面怕受污染、破坏，维护繁杂等问题。红外触控屏只要真正实现了高稳定性和高分辨率，必将替代其他产品而成为触控屏市场主流。

红外触摸屏是利用红外线发射管与红外线接收管纵横交错形成红外线矩阵（探测矩阵），如图 5.68 所示。

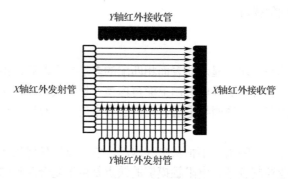

图 5.68　红外触摸屏

红外触摸屏只需要在显示屏四周的框架内安装红外发射管与红外接收管，同时安装控制电路与主板通信电路，具有安装简单、成本较低、可用于大尺寸设计、支持多点触控等优点，但限于红外发射器的数量及尺寸限制，其实现的分辨率有限，且红外触摸屏受外界光线的影响较大，功耗较高，不能在潮湿环境使用，只能在室内、站台等防护措施比较好的地方使用。

3. 表面声波触摸屏

表面声波触摸屏利用声波来检测并定位用户的触摸。发射换能器把控制器通过触摸屏电缆送来的电信号转化为声波能量向左方表面传递，然后由玻璃板下边的一组精密反射条纹把声波能量反射到向上的均匀屏体表面传递，声波能量经过屏体表面，再由上边的反射条纹聚成向右的线传递给一轴的接收换能器，接收换能器将返回的表面声波能量变为电信号。当发射换能器发射一个窄脉冲后，声波能量历经不同途径到达接收换能器，走最右边的最早到达，走最左边的最晚到达，早到达的和晚到达的这些声波能量叠加成一个较宽的波形信号。不难看出，接收信号集合了所有在轴方向历经长短不同路径回归的声波能量，它们在轴走过的路程是相同的，但在轴上，最远的比最近的多走了两倍轴最大距离。因此这个波形信号的时间轴反映各原始波形叠加前的位置，也就是轴坐标。

在没有触摸时，接收信号的波形与参照波形完全一样。当手指或其他能够吸收或阻挡声波能量的物体触摸屏幕时，轴途经手指部位向上走的声波能量被部分吸收，反映在接收波形上就是在某一时刻位置上的波形有一个衰减缺口，这个缺口位置对应着手指挡住部位，计算缺口位置即可得到触摸坐标。

除了一般触摸屏都能响应的坐标，表面声波触摸屏还响应第三轴轴坐标，也就是能感知用户触摸时压力的大小，这是由接收信号衰减处的衰减量计算得到的。一旦确定三轴坐标，控制器就把它们传给主机。

表面声波是一种能在介质表面进行浅层传播的机械能量波，其性能稳定，在横波传递中具有非常明显的频率特性。表面声波触摸屏的工作原理如图 5.69 所示。

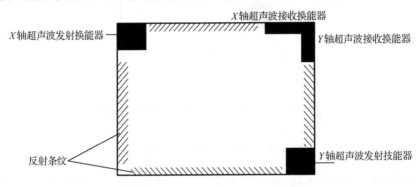

图 5.69　表面声波触摸屏的工作原理

玻璃板式表面声波触摸屏的触摸部分可以是平面、球面或柱面，没有任何覆盖物，左上角和右下角为超声波发射换能器，右上角为超声波接收换能器。由超声波发射换能器和超声波接收换能器一起形成超声波矩阵。当手指触摸玻璃表面时，手指将吸收或阻挡部分超声波，超声波接收换能器将接收到超声波的衰减信号，通过对衰减信号进行分析运算可得出触摸点的坐标。

表面声波式触摸屏的主要优点是不受温度、湿度等环境影响，解析度极高，具有极好的防刮性，使用寿命长，透光率高，比较适合公共场合使用；其主要缺点是成本较高、上下游技术不易整合、不支持多点触摸，并且表面容易受灰尘、液体污染等干扰导致误操作。

4．电容触摸屏

电容触摸屏是利用人体的电流感应进行工作的。在皮肤下面，人体组织中充满了传导电解质。正是这种导电特性，才使得电容触摸屏成为可能。电容触摸屏是一块 4 层复合玻璃屏，玻璃屏的内表面和夹层各涂有一层 ITO，最外层是一薄层矽土玻璃保护层，夹层涂层作为工作面，4 个角上引出 4 个电极，内层为屏蔽层以保证良好的工作环境。当手指触摸在金属层上时，由于人体电场，用户和触控屏表面形成一个耦合电容。对于高频电流来说，电容是导体，于是手指从接触点吸走一个很小的电流。这个电流从触控屏的 4 个角上的电极中流出，并且流经这 4 个电极的电流与手指到 4 个角的距离成正比，控制器通过对这 4 个电流进行精确计算，可得出触摸点的位置。

（1）表面电容触摸屏。表面电容触摸屏是一块四层复合的玻璃屏，其基本结构是：一个单层玻璃作为基板，用真空镀膜技术在玻璃层的内表面和夹层均匀地涂上透明的 ITO，4 个电极从涂层的 4 个角上引出，形成一个低电压的交流电场，最外层是 0.005 mm 的矽土玻璃保护层。表面电容触摸屏的工作原理如图 5.70 所示，因人体是一个导体，当手指触摸触摸屏表面时，手指与触摸屏表面形成一个耦合电容，因电容对高频信号是导体，高频电流会流入手指，且此电流从表面电容触摸屏的 4 个电极流出。流入手指的电流与电极到手指的距离成比例，通过计算 4 个电极的电流即可得出触摸点位置。

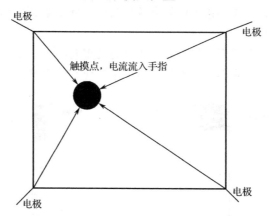

图 5.70　表面电容触摸屏的工作原理

表面电容触摸屏的主要优点为感应灵敏度比电阻触摸屏高，因外面一般使用保护玻璃，故其使用寿命长；它的主要缺点是受外界电场干扰的影响较大。

（2）投射电容触摸屏。投射电容触摸屏分为自电容触摸屏与互电容触摸屏，其原理是将手指作为一个导体，当手指触摸触摸屏表面时，手指与触摸屏之间会形成耦合电容，触摸点的电容值会发生变化，通过对 X、Y 轴扫描即可检测在触摸位置处电容的变化，再通过 A/D 转换运算即可得出触摸点的坐标值。

图 5.71 所示为自电容触摸屏，图 5.72 所示为互电容触摸屏。

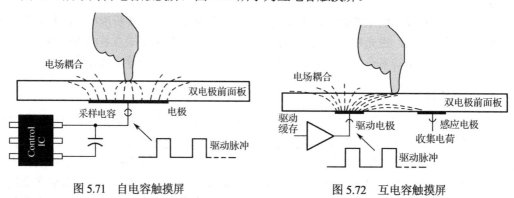

图 5.71　自电容触摸屏　　　　　　　　图 5.72　互电容触摸屏

自电容触摸屏的触摸电极同时用作发射点与接收点。因人体是一个导体，当人手指触摸钢化玻璃表面时，触摸点因并联上一个人体电容导致触摸点的电容发生变化。互电容触摸屏扫描电极分驱动电极（类似于坐标系统的 X 方向）与感应电极（类似于坐标系统的 Y 方向），两者之间存在交互电容。当手指触摸电容屏表面时感应电极接收的电荷会减少，通过检测电荷的变化可判定触摸动作的发生。

电容触摸开关的优势如下：

（1）电容触摸开关对于各种环境条件均具有出色的免疫性，包括耐受电磁干扰，具有一系列高附加值的功能特点，如定制背光功能、离散按钮、直线滑块及转轮。

（2）电容触摸开关可结合手套和触笔使用，提供不锈钢、铝和其他金属或非金属材料的覆盖层，并且可以提供压花按键或盲文设计。

（3）在手指之类的导电物体进入电场后，电容触摸开关可以加以识别，玻璃、金属和搪瓷涂层的基片，以及钢化玻璃、聚碳酸酯、聚酯或腈纶材料的覆盖层可以实现流线形的设计，并且方便清理。

（4）电容触摸开关具有一种透明的导电聚合物涂层，在要求高度严格的开关应用中可实现良好的导电性和透光率，以及无限的手指控制次数。

5.7.3　TW301 型触摸开关

TW301 是单按键电容触摸开关，采用最新一代检测技术，利用操作者的手指与触摸按键焊盘之间产生的电荷电平来确定手指接近或者触摸到感应表面，没有任何机械部件，不会磨损，感测部分可以放置到任何绝缘层（通常为玻璃或者塑料材料）的下面，容易制成与周围环境相密封的按键。

开关的面板图案可随意设计，按键大小、形状可自由选择，字符、商标、透视窗等可任意搭配，外形美观、时尚，而且不褪色、不变形、经久耐用，从根本上达到了各种金属面板以及机械面板无法达到的效果，可以直接取代现有普通面板（如金属键盘、薄膜键盘、导电胶键盘），具有外围元件少、成本低、功耗少等优势。TW301 触摸开关具有以下特点：

- 输入电压范围较宽，为 2.0～5.5 V；
- 工作电流极低最低为 2.5 μA；
- 可通过外部电容值来调整灵敏度；
- 可实现 ON/OFF 控制输出及 LEVEL HOLD 方式输出；
- 带有自校准的独立触摸按键控制；
- 内置稳压电路 LDO，更稳定、可靠。

TW301 型触摸开关广泛应用于触摸 DVD、触摸遥控器、触摸 MP3、触摸 MP4、触摸密码锁、触摸电饭煲、触摸微波炉。

5.7.4　开发实践：电磁炉开关的设计

采用触摸开关实现电磁炉（见图 5.73）开关，可大大方便操作。

本项目采用 TW301 型触摸开关和 CC2530 实现电磁炉开关的设计，使用触摸传感器（即 TW301 型触摸开关）将采集到的触摸信号通过串口发送至上位机处理。

图 5.73　电磁炉

1. 开发设计

1）硬件设计

本项目通过触摸传感器采集触摸信号，并将采集到的触摸信号发送到 PC 上打印并定时进行更新。项目框架主要由 CC2530、触摸传感器与串口组成，如图 5.74 所示。

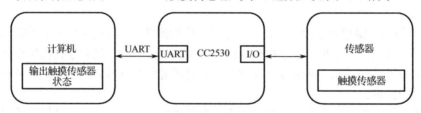

图 5.74　项目框架

触摸传感器（TW301 型触摸开关）的接口电路如图 5.75 所示。

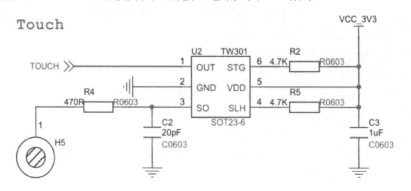

图 5.75　触摸传感器的接口电路

2）软件设计

电磁炉开关的设计，还需要合理的软件设计。软件设计流程如图 5.76 所示。

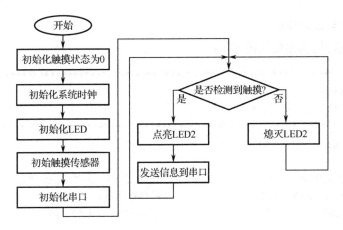

图 5.76 软件设计流程

2. 功能实现

1）相关头文件模块

```
/*******************************************************************************
* 文件：led.h
*******************************************************************************/
#define D1        P1_1                    //宏定义 D1 灯（即 LED1）控制引脚 P1_1
#define D2        P1_0                    //宏定义 D2 灯（即 LED2）控制引脚 P1_0
#define ON         0                      //宏定义打开状态控制为 ON
#define OFF        1                      //宏定义关闭状态控制为 OFF
```

2）主函数模块

```
void main(void)
{
    bool touch_status;
    xtal_init();                          //系统时钟初始化
    led_init();                           //LED 初始化
    touch_init();                         //触摸传感器初始化
    uart0_init(0x00,0x00);                //串口初始化

    while(1)
    {
        touch_status = get_touch_status();
        if(touch_status == 1){            //检测到触摸
            D2 = ON;                      //点亮 LED2
            uart_send_string("touch!\r\n");  //串口打印提示信息
        }
        else{                             //没有检测到触摸
            D2 = OFF;                     //熄灭 LED2
        }
    }
}
```

3）系统时钟初始化模块

CC2530 系统时钟初始化代码如下：

```
/**************************************************************************
* 名称：xtal_init()
* 功能：CC2530 系统时钟初始化
**************************************************************************/
void xtal_init(void)
{
    CLKCONCMD &= ~0x40;                //选择 32 MHz 的外部晶体振荡器
    while(CLKCONSTA & 0x40);           //晶体振荡器开启且稳定
    CLKCONCMD &= ~0x07;                //选择 32 MHz 系统时钟
}
```

4）LED 初始化模块

LED 初始化代码如下：

```
/**************************************************************************
* 名称：void led_init(void)
* 功能：LED 控制引脚初始化
**************************************************************************/
void led_init(void)
{
    P1SEL &= ~0x03;                    //配置控制引脚（P1_0 和 P1_1）为通用 I/O 模式
    P1DIR |= 0x03;                     //配置控制引脚（P1_0 和 P1_1）为输出模式

    D1 = OFF;                          //初始化 LED1 的状态为关闭
    D2 = OFF;                          //初始化 LED2 的状态为关闭
}
```

5）触摸传感器初始化模块

```
/**************************************************************************
* 名称：touch_init()
* 功能：触摸传感器初始化
**************************************************************************/
void touch_init(void)
{
    P0SEL &= ~0x01;                    //配置引脚为通用 I/O 模式
    P0DIR &= ~0x01;                    //配置控制引脚为输入模式
}
```

6）触摸状态判断模块

```
/**************************************************************************
* 名称：unsigned char get_touch_status(void)
* 功能：获取触摸传感器状态
**************************************************************************/
unsigned char get_touch_status(void)
```

```
{
    static unsigned char touch_status = 0;
    if(P0_0){                                //检测 I/O 口电平
        if(touch_status == 0){               //检测按键标志为状态
            touch_status = 1;                //当确认为 0 时，将标志位置 1
            return 1;                        //返回状态 1
        }else{
            return 0;                        //返回状态 0
        }
    }else{
        if(touch_status == 1){               //检测标志位为 1
            touch_status = 0;                //标志位置 0
            return 1;                        //状态返回 1
        }else{
            return 0;                        //否则状态返回 0
        }
    }
}
```

7）串口驱动模块

串口驱动模块有串口初始化函数、串口发送字节函数、串口发送字符串函数和串口接收字节函数等，部分信息如表 5.28 所示，更详细的源代码请参考 2.1 节内容。

表 5.28　串口驱动模块函数

名　称	功　能	说　明
uart0_init(unsigned char StopBits,unsigned char Parity)	串口 0 初始化函数	StopBits 为停止位，Parity 为奇偶校验
void uart_send_char(char ch)	串口发送字节函数	ch 为将要发送的数据
void uart_send_string(char *Data)	串口发送字符串函数	*Data 为将要发送的字符串
int uart_recv_char(void)	串口接收字节函数	返回接收的串口数据

5.7.5　小结

本节先介绍了触摸传感器的特点、功能和基本工作原理，然后基于 CC2530 驱动触摸传感器，最后通过开发实践将理论知识应用于实践中，实现了电磁炉开关的设计，完成了系统的硬件设计和软件设计。

5.7.6　思考与拓展

（1）触摸传感器分类有哪些？其基本工作原理是什么？

（2）触摸开关在日常生活中有哪些应用？

（3）如何使用 CC2530 驱动触摸传感器？

（4）尝试模拟智能家居的触摸开关，对 LED 的亮度和开关进行调节，第一次触摸时 LED1

点亮，第二次触摸时 LED1 和 LED2 点亮，第三次触摸时 LED1 和 LED2 均熄灭。

5.8 距离传感器的应用开发

距离传感器又称为位移传感器，用于检测其与某物体间的距离，从而完成预设的某种功能，目前已得到相当广泛的应用。

本节重点学习距离传感器的基本原理和功能，通过 CC2530 和 ADC 驱动距离传感器，从而实现红外测距仪的设计。

5.8.1 距离传感器的测距原理

根据其工作原理的不同，距离传感器可分为光学距离传感器、红外距离传感器、超声波距离传感器等。目前手机上使用的距离传感器大多是红外距离传感器，主要由一个红外发射管和一个红外接收管组成，当红外发射管发射的红外线被红外接收管接收时，表明距离较近，需要关闭屏幕以免出现误操作现象；而当红外接收管接收不到红外发射管发射的红外线时，表明距离较远，则无须关闭屏幕。

1．超声波测距原理

超声波测距是根据超声波在遇到障碍物时能被反射回来的特性而进行工作的。超声波发射器向某一方向发射超声波，在发射的同时开始计时，当它遇到障碍物时就会被反射回来，当接收器接收到反射波时，计时器中断。反复这一过程，就可以测出超声波从发出到返回所需的时间，然后可根据超声波的传播速度计算出距离。超声波测距具有成本低、结构简单、测量速度快等特点。但由于超声波受周围环境的影响较大，所以一般可测量的距离比较短，测量精度比较低；而且超声波在传播过程中会出现多普勒效应，即当超声波与介质之间有相对运动时，接收器收到的超声波的频率会与发出的超声波频率有所不同，相对运动的速度越快，多普勒效应越明显。

2．激光测距原理

激光测距是利用激光对目标距离进行测定的。在测距时，首先向目标发射出一束很细的激光，然后由光电元件接收目标反射回来的激光束，通过计时器测定激光束从发射到接收的时间，可以计算出从观测者到目标的距离。由于激光方向性好、亮度高、波长单一，所以可测量的距离比较远、测量精度比较高，激光测距也是激光技术应用最早、最成熟的一个领域。但是激光设备价格通常比较高，尺寸和质量较大，不是所有场合都可以使用的。激光测距是利用激光脉冲从发射到遇到障碍物反射回来所需要的时间来计算距离的，而光敏元件只能分辨有限的最小时间间隔，所以激光测距的测量精度一般不高，当测量距离减小时，误差就会更大。

3．红外线测距原理

红外线测距是利用调制的红外线进行的精密测距，利用的是红外线在传播过程中不扩散的原理。因为红外线可以穿透物体，并且有很小的折射率，所以要求测距的精度较高时都会考虑使用红外线测距。红外线以一定速度在介质中传播，测算出红外发射管发射的红外线到遇到障碍物反射后被红外接收管接收这一过程所需的时间，再乘以红外线在介质中的传播速度，即可得到距离值。红外线测距具有结构简单、易于应用、数据处理方便、测量精度比较高、抗干扰性强、几乎不受被测物体尺寸及位置的影响、价格便宜、安全稳定等优点，其缺点是可测量的距离比较近，远距离测量时精度低、方向性差等。

光电传感器可以把光强度的变化转换成电信号的变化，反射式光电传感器包括许多类型，普遍使用的有红外发光二极管、一般发光二极管和激光二极管，红外发光二极管和一般发光二极管易受外部光源影响，由于激光二极管光源频率不分散，发射给传感器的信号频率宽度小，所以很难受外界影响，但是价格较高。因为光在反射时会受许多条件制约，如反射面的外形、颜色、整洁度、其他光源照射等，所以直接用发射管、接收管进行实验可能会受到外界影响而得到不正确的信号，利用反射能量法进行距离的测量，可以增加系统的准确性。

5.8.2　Sharp 红外距离传感器简介

Sharp 红外距离传感器使用简单，对于 1 m 以内的距离进行测试时精度高、性能优越，而且数据测量值稳定，测量结果波动较小。Sharp 红外距离传感器的内部结构如图 5.77 所示，包含有信号处理电路、稳压电路、振荡器、输出电路和 LED 驱动电路。

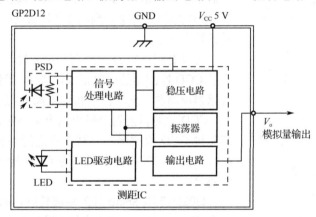

图 5.77　Sharp 红外距离传感器的内部结构

Sharp 红外距离传感器的工作时序如图 5.78 所示。

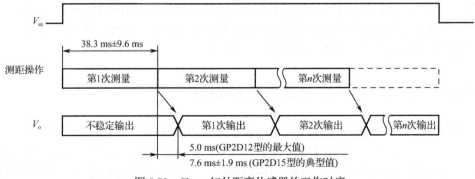

图 5.78　Sharp 红外距离传感器的工作时序

Sharp 红外距离传感器的输出如图 5.79 所示。

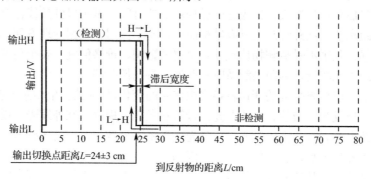

图 5.79　Sharp 红外距离传感器的输出

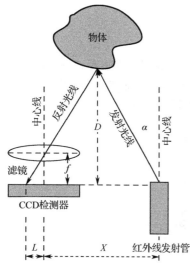

图 5.80　Sharp 红外距离
传感器测量原理

Sharp 红外距离传感器基于三角测量的原理。红外发射管按照一定的角度发射红外线光束，当遇到物体以后，红外线光束会被反射回来，Sharp 红外距离传感器测量原理如图 5.80 所示，反射回来的红外线光束被 CCD 检测器检测到以后，会获得一个偏移值 L，利用三角关系，在知道了发射角度 α、偏移距 L、中心矩 X，以及滤镜的焦距 f 后，Sharp 红外距离传感器到物体的距离 D 就可以通过几何关系计算出来了。

可以看到，当 D 的距离足够近时，L 值会相当大，超出了 CCD 检测器的探测范围，这时，虽然物体很近，但是传感器反而看不到了；当物体距离 D 很大时，L 值就会很小，CCD 检测器能否分辨出这个很小的 L 值成为关键，也就是说 CCD 检测器的分辨率决定能不能获得足够精确的 L 值。要检测的物体越远，对 CCD 检测器分辨率的要求就越高。

GP2D12 型 Sharp 红外距离传感器的特点如下：

（1）测量范围为 10～80 cm，并且 60 cm 开始，距离增大时测量值的波动较大，与实际情况偏差会增大。

（2）当障碍物（或目标）与红外距离传感器之间的距离小于 10 cm 时，测量值将与实际值出现明显偏差，当距离从 10 cm 降至 0 的过程中，测量值将在 10～35 cm 之间递增。

（3）Sharp 红外距离传感器在使用时会受到环境光的影响，例如，在室内使用时，可能会受到白炽灯光线的影响，产生一些非真实的距离值。

5.8.3　开发实践：红外测距仪的设计

红外测距仪利用的是红外线传播时的不扩散原理。红外线在穿越其他物质时折射率很小，所以长距离的测距仪都会考虑红外线，当红外线从测距仪发射后，碰到反射物被反射回来被测距仪接收到，再根据红外线从发射到被接收到的时间及红外线的传播速度就可以算出距离。

红外测距仪如图 5.81 所示。

本项目采用 Sharp 红外距离传感器和 CC2530 实现红外测距仪设计，对 1 m 以的距离的进行测量，并将测量到的数据通过串口上传到上位机。

图 5.81　红外测距仪

1．开发设计

1）硬件设计

本项目通过 GP2D12 型 Sharp 红外距离传感器测量其与物体之间的距离，并将测量到的距离值通过串口输出到上位机程序，每秒更新一次。项目框架如图 5.82 所示。

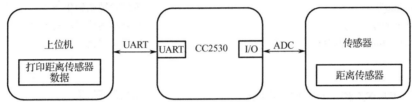

图 5.82　项目框架

GP2D12 型 Sharp 红外距离传感器的接口电路如图 5.83 所示。

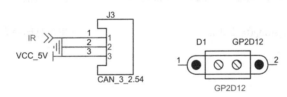

图 5.83　GP2D12 型 Sharp 红外距离传感器的接口电路

2）软件设计

要实现红外测距仪的设计，还需要有合理的软件设计。软件设计流程如图 5.84 所示。

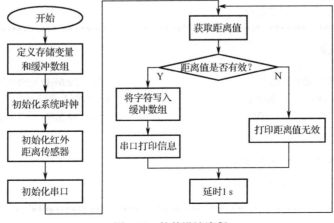

图 5.84　软件设计流程

2．功能实现

1）主函数模块

主函数中首先定义数组和距离参数，接着初始化系统时钟、红外测距传感器和串口，初始化完成后程序进入主循环。在主循环中获取距离信息，并对距离信息进行判断，当距离有效时打印距离信息，当距离无效时打印数据无效信息。主函数模块的代码如下：

```
void main(void)
{
    float distance = 0.0f;                              //存储红外距离传感器的状态变量
    char tx_buff[64];
    xtal_init();                                        //系统时钟初始化
    stadiometry_init();                                 //红外距离传感器初始化
      uart0_init(0x00,0x00);                            //串口初始化

    while(1){
        distance = get_stadiometry_data();              //获取距离信息
        if(distance != 0){
            //添加字符到缓冲数组
            sprintf(tx_buff,"distance:%.1f\r\n",distance);
        }else{
            sprintf(tx_buff,"distance out of range!\r\n");    //距离超范围
        }
        uart_send_string(tx_buff);                      //串口打印信息
        delay_s(1);                                     //延时 1 s
    }
}
```

2）系统时钟初始化模块

CC2530 系统时钟初始化的代码如下：

```
/**********************************************************************************
* 名称：xtal_init()
* 功能：CC2530 系统时钟初始化
**********************************************************************************/
void xtal_init(void)
{
    CLKCONCMD &= ~0x40;                                 //选择 32 MHz 的外部晶体振荡器
    while(CLKCONSTA & 0x40);                            //晶体振荡器开启且稳定
    CLKCONCMD &= ~0x07;                                 //选择 32 MHz 系统时钟
}
```

3）红外距离传感器初始化模块

红外距离传感器初始化的代码如下：

```
/**********************************************************************************
* 名称：stadiometry_init()
```

```
* 功能：红外距离传感器初始化
********************************************************************************/
void stadiometry_init(void)
{
    APCFG |= 0x10;                          //模拟 I/O 使能
    P0SEL |= 0x10;                          //端口 P0_4 功能选择外设功能
    P0DIR &= ~0x10;                         //设置输入模式
    ADCCON3  = 0xB4;                        //选择 AVDD5 为参考电压，12 位分辨率，P0_4 连接 ADC
    ADCCON1 |= 0x30;                        //选择 A/D 转换器的启动模式为手动
}
```

4）距离获取模块

距离获取模块的代码如下：

```
/********************************************************************************
* 名称：float get_stadiometry_data(void)
* 功能：获取距离信息
* 返回：距离
********************************************************************************/
float get_stadiometry_data(void)
{
    unsigned int    value;
    char symbol = 1;                        //符号位标志位
    float voltage = 0.0f;                   //电压值变量
    unsigned short get_ADCH = 0, get_ADCL = 0;    //A/D 转换结果高位和低位

    ADCCON3 = 0xB4;                         //选择 AVDD5 为参考电压，12 位分辨率，P0_4 连接 ADC
    ADCCON1 |= 0x30;                        //选择 A/D 转换器的启动模式为手动
    ADCCON1 |= 0x40;                        //启动 A/D 转换器

    while(!(ADCCON1 & 0x80));               //等待 A/D 转换结束
    get_ADCL = ADCL;                        //获取低位 A/D 转换数据
    get_ADCH = ADCH;                        //获取高位 A/D 转换数据
    value = ((get_ADCH << 4) | get_ADCL >> 4);    //取得最终转换结果，存入 value 中
    if(value & 0x0800){                     //如果符号位为 1
        value = ~value + 1;                 //A/D 转换值取反加 1
        symbol = 0;                         //符号位清 0
    }else symbol = 1;                       //否则符号位置 1

    if((value >= 249)&&(value <= 1400)){    //筛选有效电压值的数字量范围
        voltage = 0.00161132 * value;       //获取电压值（3.3 / 2048）= 0.00161132
        if(symbol) return (33.6 / voltage - 7);    //获取距离，加上符号(33.6/x-7=y)
        else return -(33.6 / voltage - 7);  //获取距离，加上符号(33.6/x-7=y)
    }else{
        return 0;                           //如果无效返回 0
    }
}
```

5）串口驱动模块

串口驱动模块有串口初始化函数、串口发送字节函数、串口发送字符串函数和串口接收字节函数，如表 5.29 所示，更详细的源代码请参考 2.1 节。

表 5.29　串口驱动模块函数

名　称	功　能	说　明
uart0_init(unsigned char StopBits,unsigned char Parity)	串口 0 初始化函数	StopBits 为停止位，Parity 为奇偶校验
void uart_send_char(char ch)	串口发送字节函数	ch 为将要发送的数据
void uart_send_string(char *Data)	串口发送字符串函数	*Data 为将要发送的字符串
int uart_recv_char(void)	串口接收字节函数	返回接收的串口数据

5.8.4　小结

本节先介绍了红外距离传感器的特点、功能和基本工作原理，然后基于 ADC 和 CC2530 驱动红外距离传感器方法，最后通过开发实践将理论知识应用于实践中，实现了红外测距仪的设计，完成了系统的硬件设计和软件设计。

5.8.5　思考与拓展

（1）红外距离传感器的测量原理是什么？

（2）红外距离传感器在生活中有哪些用途？

（3）如何通过 CC2530 驱动红外距离传感器？

（4）尝试模拟车载倒车雷达，通过 LED 指示距离，当距离越小时 LED 闪烁得越快，同时在 PC 上打印距离信息，每秒打印一次。

5.9　综合应用开发：车载广告显示系统

LED 车载屏是通过点阵的亮灭来显示文字、图片、动画、视频的设备，车载广告显示系统是随着 LED 显示屏的迅速发展而独立出来的。本节利用特殊类传感器，实现车载广告显示系统的设计。

5.9.1　理论回顾

1. 数码管

数码管的一种是半导体发光器件，可分为七段数码管和八段数码管，区别在于八段数码管比七段数码管多了一个用于显示小数点的发光二极管单元 dp（Decimal Point）。

按发光二极管单元连接方式可分为共阳极数码管和共阴极数码管。共阳极数码管是指将所有发光二极管的阳极接到一起形成公共阳极的数码管，共阳极数码管在应用时应将公共阳极接到+5 V，当某一字段发光二极管的阴极为低电平时，相应字段就点亮，当某一字段的阴极为高电平时，相应字段就不亮。共阴极数码管是指将所有发光二极管的阴极接到一起形成公共阴极的数码管，共阴极数码管在应用时应将公共阴极接到 gnd 上，当某一字段发光二极管的阳极为高电平时，相应字段就点亮，当某一字段的阳极为低电平时，相应字段就不亮。

2．OLED 器件

OLED 是一种在外加驱动电压下可主动发光的器件，无须液晶显示器所需的背光源。OLED 器件中的电子和空穴在外加驱动电压的驱动下从器件的两极向器件中间的发光层运动，到达发光层后在库仑力的作用下电子和空穴进行再结合形成激子，激子的产生会使得发光层中的有机材料被激活，进而使得有机分子最外层的电子克服最高占有分子轨道（HOMO）能级和最低未占有分子轨道（LUMO）能级之间的能级势垒，从稳定的基态跃迁到极不稳定的激发态。由于处于激发态的电子状态极不稳定，会通过振动弛豫和内转换回到 LUMO 能级，如果电子从 LUMO 能级直接跃迁到稳定的基态，则器件会发出荧光；如果器件先从 LUMO 能级跃迁到三重激发态，然后从三重激发态跃迁到稳定的基态，则器件会发出磷光。

由于 OLED 具有色彩饱和度高、厚度薄、质量轻、可弯曲、主动发光等优点，其相比于液晶显示器更能满足人们对显示设备的要求，因此，OLED 器件在人们的日常生活中得到了非常广泛的应用。OLED 已经被广泛应用于手机、计算机、电视、可穿戴设备、照明灯、车载系统等众多领域。

3．五向开关

五向开关是指设置有五个固定触点，能够对多个单元的断开与接通进行控制的一种开关，适用于礼品、家用电器及其他电子产品。

5.9.2　开发实践：车载广告显示系统的设计

公交车、出租车作为城市重要交通工具，数量庞大，线路繁多。而广告的选择要点正是看重受众率的大小和传播范围，通常会在公交车车身、车头、车尾、出租车顶或者后视窗安置 OLED 显示屏。

本项目开发一个车载广告显示系统，通过按下五向开关切换 OLED 的两种不同显示模式，然后向左或者向右拨动五向开关，从而让数码管和 OLED 同步显示数字加或者减。

1．开发设计

车载广告显示系统的开发分为两个方面，一方面是硬件，另一方面是软件。硬件方面主要是系统的硬件设计和组成，软件方面主要是针对硬件设备的驱动和软件的控制逻辑。

1）硬件设计

车载广告显示系统的硬件部分主要包括五向开关、OLED 显示屏和数码管，五向开关模拟广告条目的更新状态，OLED 显示屏与数码管作为显示部分。车载广告显示系统的硬件框架如图 5.85 所示。

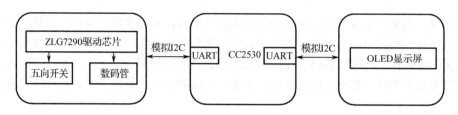

图 5.85　硬件框架

图 5.85 中有三类外设，分别是控制设备、采集设备和通信设备。采集设备为五向开关，通过捕获五向开关的码值触发系统的相关操作。控制设备为 OLED 显示屏和数码管。通信设备为 I2C 接口。

（1）五向开关的硬件设计。五向开关的接口电路如图 5.86 所示。

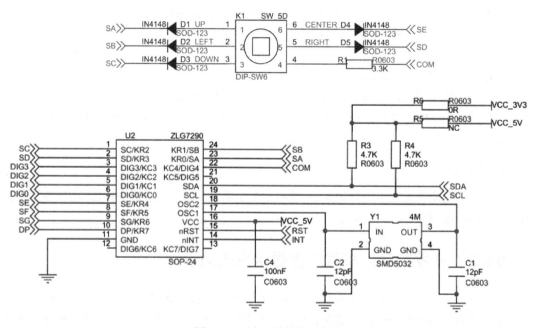

图 5.86　五向开关的接口电路

五向开关与驱动芯片 ZLG7290 对应的引脚相连接，通过 I2C 接口同 CC2530 通信。在上下左右拨动五向开关时，ZLG7290 通过读取寄存器值得到五向开关的状态，通过判断该状态去做相应的动作。

（2）OLED 显示屏硬件设计。显示设备 OLED 的接口电路如图 5.87 所示，OLED 通过 SCL1 与 SCK1 连接到 CC2530 对应的引脚，通过模拟 I2C 将数据发送到 OLED 并显示出来。

（3）数码管硬件设计。显示设备数码管的接口电路如图 5.88 所示，数码管与驱动芯片 ZLG7290 相连接，CC2530 通过 I2C 接口驱动 ZLG7290，从而控制数码管的显示。

2）软件设计

系统的软件设计需要从软件的项目原理和业务逻辑来综合考虑，通过分析程序逻辑将程序分层，从而让软件的设计脉络变得更加清晰，实施起来更加简单。软件设计流程如图 5.89 所示。

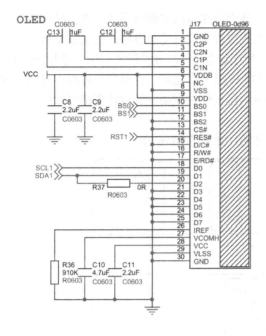

图 5.87　OLED 的接口电路

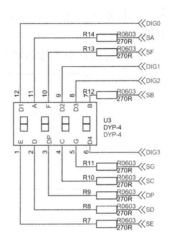

图 5.88　数码管的接口电路

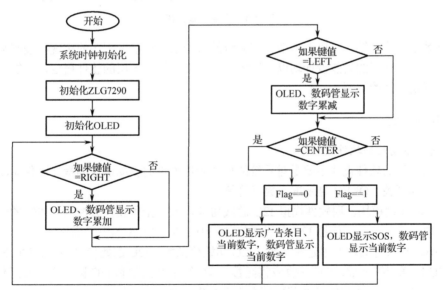

图 5.89　软件设计流程

（1）需求分析。本项目的功能需求如下：

● 通过五向开关切换 OLED 的两种不同显示模式。

● 通过向左或者向右拨动五向开关让数码管和 OLED 同步显示数字加或者减。

（2）功能分解。根据实际的设计情况，可将本项目分解为两层，即硬件驱动层和逻辑控制层。硬件驱动层主要用于实现各个模块的初始化程序，逻辑控制层主要实现对模块的控制。

（3）实现方法。通过对项目系统的分析得出项目事件后，就可以考虑项目事件的实现方式，项目事件的实现方式需要根据项目本身的设定和资源来进行对应的分析，通过分析可以确定系统中抽象出来的硬件外设，通过对硬件外设操作可以实现对系统事件的操作。

（4）功能逻辑分解。将项目事件的实现方式设置为项目场景设备的实现抽象后，就可以轻松地建立项目设计模型了，因此接下来做的事情是将硬件与硬件抽象的部分进行一一对应。例如，获取五向开关方向状态的硬件是 CC2530 模拟 I2C 通信。在对应的过程中可以实现硬件设备与项目系统本身联系，同时又让逻辑控制层与硬件驱动层的设计变得更加独立，具有较好的耦合性。

通过上述分析可对本项目进行系统功能分解，如图 5.90 所示。

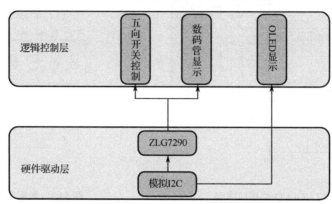

图 5.90　系统功能分解

通过系统功能分解，可以清晰地了解系统的每个功能细节。程序的实现应按照从下至上的思路进行，上一层的功能设计均以下层程序为基础，只有下层的软件稳定，才能保证上层软件不出现功能性的问题。

2．功能实现

1）硬件驱动层的软件设计

硬件驱动层的软件设计主要是对系统的相关硬件外设的驱动进行编程。硬件驱动层编程的对象有五向开关、OLED 显示屏、数码管等。

（1）I2C 驱动模块。用软件模拟 I2C 总线协议，就是指用软件去控制 GPIO 的输入、输出和高低电平变化，从而模拟 I2C 总线通信过程中 SCL、SDA 的电平变化。

I2C 驱动模块有 I2C 专用延时函数、I2C 初始化函数、I2C 起始信号函数、I2C 停止信号函数、I2C 发送应答函数、I2C 接收应答函数、I2C 写字节函数和 I2C 读一个字节函数，部分信息如表 5.30 所示，更详细的源代码请参考 2.1 节内容。

表 5.30　I2C 驱动模块函数

名　　称	功　　能	说　　明
void　iic_delay_us(unsigned int i)	I2C 专用延时函数	I 为延时设置
void iic_init(void)	I2C 初始化函数	无
void iic_start(void)	I2C 起始信号函数	无
void iic_stop(void)	I2C 停止信号函数	无

名　　称	功　　能	说　　明
void iic_send_ack(int ack)	I2C 发送应答函数	ack 为应答信号
int iic_recv_ack(void)	I2C 接收应答函数	返回应答信号
unsigned char iic_write_byte(unsigned char data)	I2C 写字节函数，返回 ACK 或者 NACK，从高到低，依次发送	data 为要写的数据，返回写成功与否
unsigned char iic_read_byte(unsigned char ack)	I2C 读一个字节函数，返回读取的数据	ack 为应答信号，返回采样数据

（2）ZLG7290 驱动模块。ZLG7290 的驱动文件为 ZLG7290.c，该文件完成了 ZLG7290 的初始化、读写命令、读写数据、数码管显示以及五向开关检测等函数。ZLG7290 驱动模块的头文件如下：

```
/********************************************************************
* 宏定义
********************************************************************/
#define     ZLG7290ADDR      0x70      //ZLG7290 的 I2C 地址
#define     SYETEM_REG       0x00      //系统寄存器
#define     KEY_REG          0x01      //键值寄存器
#define     REPEATCNT_REG    0x02      //连击次数寄存器
#define     FUNCTIONKEY      0x03      //功能键寄存器
#define     CMDBUF0          0x07      //命令缓冲器 0
#define     CMDBUF1          0x08      //命令缓冲器 1
#define     FLASH            0x0C      //闪烁控制寄存器
#define     SCANNUM          0x0D      //扫描位数寄存器
#define     DPRAM0           0x10      //显示缓存寄存器 0
#define     DPRAM1           0x11      //显示缓存寄存器 1
#define     DPRAM2           0x12      //显示缓存寄存器 2
#define     DPRAM3           0x13      //显示缓存寄存器 3
#define     DPRAM4           0x14      //显示缓存寄存器 4
#define     DPRAM5           0x15      //显示缓存寄存器 5
#define     DPRAM6           0x16      //显示缓存寄存器 6
#define     DPRAM7           0x17      //显示缓存寄存器 7

#define     UP               0x01      //上
#define     LEFT             0x02      //左
#define     DOWN             0x03      //下
#define     RIGHT            0x04      //右
#define     CENTER           0x05      //中
extern unsigned char key_flag;
```

ZLG7290 驱动程序的代码如下：

```
/********************************************************************
* 全局变量
********************************************************************/
unsigned char key_flag = 0;
```

```
/***************************************************************************
* 名称：zlg7290_init()
* 功能：ZLG7290 初始化
***************************************************************************/
void zlg7290_init(void)
{
    iic_init();                                      //I2C 初始化
    P0SEL &= ~0x08;                                  //设置 P0_3 为普通 IO 模式
    P0DIR &= ~0x08;                                  //设置 P0_3 为输入模式
    P2INP &= ~0X20;
    P0INP &= ~0X08;
    IEN1 |= 0x20;                                    //端口 0 中断使能
    P0IEN |= 0x08;                                   //端口 P0_3 外部中断使能
    PICTL |= 0x01;                                   //端口 P0_3 下降沿触发
    EA = 1;                                          //使能总中断
}
/***************************************************************************
* 名称：zlg7290_read_reg()
* 功能：ZLG7290 读取寄存器
* 参数：cmd—寄存器地址
* 返回：data 寄存器数据
***************************************************************************/
unsigned char zlg7290_read_reg(unsigned char cmd)
{
    unsigned char data = 0;                          //定义数据
    delay_ms(1);
    iic_start();                                     //启动总线
    if(iic_write_byte(ZLG7290ADDR & 0xfe) == 0){     //地址设置
        if(iic_write_byte(cmd) == 0){                //命令输入
            iic_start();
            if(iic_write_byte(ZLG7290ADDR | 0x01) == 0) //等待数据传输完成
            data = iic_read_byte(1);                 //读取数据
        }
    }
    iic_stop();
    return data;                                     //返回数据
}
/***************************************************************************
* 名称：zlg7290_write_data()
* 功能：ZLG7290 写寄存器
* 参数：cmd—寄存器地址；data—寄存器数据
***************************************************************************/
void zlg7290_write_data(unsigned char cmd, unsigned char data)
{
    delay_ms(1);
    iic_start();                                     //启动总线
    if(iic_write_byte(ZLG7290ADDR & 0xfe) == 0){     //地址设置
```

```
            if(iic_write_byte(cmd) == 0){                    //命令输入
                iic_write_byte(data);                        //等待数据传输完成
            }
        }
    iic_stop();
}
/********************************************************************************
* 名称：zlg7290_set_smd()
* 功能：ZLG7290 设置命令缓存寄存器
* 参数：cmd1—命令 1；cmd2—命令 2
********************************************************************************/
void zlg7290_set_smd(unsigned char cmd1, unsigned char cmd2)
{
    zlg7290_write_data(CMDBUF0,cmd1);
    zlg7290_write_data(CMDBUF1,cmd2);
}
/********************************************************************************
* 名称：zlg7290_flash()
* 功能：ZLG7290 设置闪烁
* 参数：flash—闪烁位（0～7）
********************************************************************************/
void zlg7290_flash(unsigned char flash)
{
    zlg7290_set_smd(0x70,flash);
}
/********************************************************************************
* 名称：zlg7290_send_buf()
* 功能：向显示缓冲区发送数据
* 参数：dat—数据；len—数据长度
********************************************************************************/
void zlg7290_send_buf(unsigned char *dat, unsigned char len)
{
    unsigned char i = 0;
    for(i = 0; i < len; i++){
        zlg7290_set_smd(0x60+i,*dat);
        dat++;
    }
}
```

2）逻辑控制层的软件设计

硬件驱动层的主要功能是将系统底层的硬件驱动供上层调用，逻辑控制层的主要功能通过驱动代码驱动五向开关、数码管、OLED 工作。

（1）五向开关模块。五向开关读取 ZLG7290 键值寄存器的函数内容如下：

```
/********************************************************************************
* 名称：zlg7290_read_reg()
* 功能：读取 ZLG7290 键值寄存器
```

```
* 参数：cmd—寄存器地址
* 返回：data 寄存器数据
********************************************************************************/
unsigned char zlg7290_read_reg(unsigned char cmd)
{
    unsigned char data = 0;                          //定义数据
    delay_ms(1);
    iic_start();                                     //启动总线
    if(iic_write_byte(ZLG7290ADDR & 0xfe) == 0){     //地址设置
        if(iic_write_byte(cmd) == 0){                //命令输入
            iic_start();
            if(iic_write_byte(ZLG7290ADDR | 0x01) == 0)  //等待数据传输完成
            data = iic_read_byte(1);                 //读取数据
        }
    }
    iic_stop();
    return data;                                     //返回数据
}
/********************************************************************************
* 名称：get_keyval()
* 功能：获取五向开关键值
* 返回：五向开关键值
********************************************************************************/
unsigned char get_keyval(void)
{
    unsigned char key_num = 0;
    key_num = zlg7290_read_reg(KEY_REG);             //读取五向开关键值
    if(key_num == 5)
    return UP;
    if(key_num == 13)
    return LEFT;
    if(key_num == 21)
    return DOWN;
    if(key_num == 29)
    return RIGHT;
    if(key_num == 37)
    return CENTER;
    return 0;
}
```

（2）数码管模块。数码管是通过 ZLG7290 来驱动的，具体函数内容如下：

```
/********************************************************************************
* 名称：zlg7290_download()
* 功能：下载数据并译码
* 参数：addr—取值 0～7，显示缓存 DpRam0～DpRam7 的编号
*       dp—是否点亮该位的小数点，0 表示熄灭，1 表示点亮
```

```
*       flash—控制该位是否闪烁，0 表示不闪烁，1 表示闪烁；2 表示不操作
*       dat—取值 0~31，表示要显示的数据
*******************************************************************************/
void zlg7290_download(unsigned char addr, unsigned dp, unsigned char flash, unsigned char dat)
{
    unsigned char cmd0;
    unsigned char cmd1;
    cmd0 = addr & 0x0F;
    cmd0 |= 0x60;
    cmd1 = dat & 0x1F;
    if ( dp == 1 )
    cmd1 |= 0x80;
    if ( flash == 1 )
    cmd1 |= 0x40;
    zlg7290_set_smd(cmd0,cmd1);
}
/*******************************************************************************
* 名称：segment_display()
* 功能：数码管显示数字
* 参数：num—数据（最大 9999）
*******************************************************************************/
void segment_display(unsigned int num)
{
    static unsigned char h = 0,j = 0,k = 0,l = 0;
    if(num > 9999)
    num = 0;
    h = num % 10;
    j = num % 100 /10;
    k = num % 1000 / 100;
    l = num /1000;
    zlg7290_download(2,0,0,k);
    zlg7290_download(1,0,0,l);
    zlg7290_download(0,0,0,h);
    zlg7290_download(3,0,0,j);
}
```

（3）OLED 模块。OLED 模块是通过模拟 I2C 来驱动的，涉及 OLED 的初始化，读写命令和数据。具体函数如下：

```
#define ADDR_W    0X78                              //主机写地址
#define ADDR_R    0X79                              //主机读地址
#define Max_Column   128
unsigned char OLED_GRAM[128][8];
/*******************************************************************************
* 名称：OLED_Init()
* 功能：OLED 初始化
*******************************************************************************/
```

```
void   OLED_Init(void){
    iic_init();
    OLED_Write_command(0xAE);                            //显示关闭
    OLED_Write_command(0x00);                            //设置低位列地址
    OLED_Write_command(0x10);                            //设置高位列地址
    OLED_Write_command(0x40);                            //设置起始行地址
    OLED_Write_command(0xB0);                            //设置页面地址
    OLED_Write_command(0x81);                            //设置对比度
    OLED_Write_command(0xFF);                            //128
    OLED_Write_command(0xA1);                            //集合段重映射
    OLED_Write_command(0xA6);                            //正常/反转
    OLED_Write_command(0xA8);                            //设定复用比（1~64）
    OLED_Write_command(0x3F);                            //1/32 duty
    OLED_Write_command(0xC8);                            //COM 扫描方向
    OLED_Write_command(0xD3);                            //设置显示偏移
    OLED_Write_command(0x00);
    OLED_Write_command(0xD5);                            //设置 OSC 分区
    OLED_Write_command(0x80);
    OLED_Write_command(0xD8);                            //设置区域颜色模式关闭
    OLED_Write_command(0x05);
    OLED_Write_command(0xD9);                            //设定预充电期
    OLED_Write_command(0xF1);
    OLED_Write_command(0xDA);                            //设置 COM 硬件引脚配置
    OLED_Write_command(0x12);
    OLED_Write_command(0xDB);                            //设置 VCOMH
    OLED_Write_command(0x30);
    OLED_Write_command(0x8D);                            //设置电荷泵使能
    OLED_Write_command(0x14);
    OLED_Write_command(0xAF);                            //OLED 面板的开启
    OLED_Clear();
}


/********************************************************************************
* 名称：OLED_Write_command()
* 功能：I2C Write Command
********************************************************************************/
void OLED_Write_command(unsigned char IIC_Command)
{
    oled_iic_start();                                    //启动总线
    if(oled_iic_write_byte(ADDR_W) == 0){                //地址设置
        if(oled_iic_write_byte(0x00) == 0){              //命令输入
            oled_iic_write_byte(IIC_Command);            //等待数据传输完成
        }
    }
    oled_iic_stop();
}
/********************************************************************************
```

```
* 名称：OLED_IIC_write()
* 功能：I2C Write Data
* 参数：数据
***************************************************************************/
void OLED_IIC_write(unsigned char IIC_Data)
{
    oled_iic_start();                               //启动总线
    if(oled_iic_write_byte(ADDR_W) == 0){           //地址设置
        if(oled_iic_write_byte(0x40) == 0){         //命令输入
            oled_iic_write_byte(IIC_Data);          //等待数据传输完成

        }
    }
    oled_iic_stop();
}
/****************************************************************************
* 名称：OLED_fillpicture()
* 功能：OLED_fillpicture
***************************************************************************/
void OLED_fillpicture(unsigned char fill_Data){
    unsigned char m,n;
    for(m=0;m<8;m++){
        OLED_Write_command(0xb0+m);
        OLED_Write_command(0x00);
        OLED_Write_command(0x10);
        for(n=0;n<128;n++){
            OLED_IIC_write(fill_Data);
        }
    }
}
/****************************************************************************
* 名称：OLED_Set_Pos()
* 功能：坐标设置
* 参数：坐标
***************************************************************************/
void OLED_Set_Pos(unsigned char x, unsigned char y) {
    OLED_Write_command(0xb0+y);
    OLED_Write_command((((x&0xf0)>>4)|0x10);
    OLED_Write_command((x&0x0f));
}
/****************************************************************************
* 名称：OLED_Display_On()
* 功能：开启 OLED 显示
***************************************************************************/
void OLED_Display_On(void){
    OLED_Write_command(0X8D);                       //设置电荷泵使能
    OLED_Write_command(0X14);                       //设置 9 V 电荷泵使能
    OLED_Write_command(0XAF);                       //打开 OLED
```

```
}
/**************************************************************************
* 名称：OLED_Display_Off()
* 功能：关闭 OLED 显示
**************************************************************************/
void OLED_Display_Off(void){
    OLED_Write_command(0X8D);                    //设置电荷泵使能
    OLED_Write_command(0X10);                    //关闭9V电荷泵使能
    OLED_Write_command(0XAE);                    //关闭OLED
}
/**************************************************************************
* 名称：OLED_Clear()
* 功能：清屏函数，清完屏后整个屏幕是黑色的，和没点亮时一样
**************************************************************************/
void OLED_Clear(void)   {
    unsigned char i,n;
    for(i=0;i<8;i++)   {
        OLED_Write_command (0xb0+i);             //设置页地址（0～7）
        OLED_Write_command (0x00);               //设置显示位置，列低地址
        OLED_Write_command (0x10);               //设置显示位置，列高地址
        for(n=0;n<128;n++)
        OLED_IIC_write(0);
    }
}
//更新显存到LCD
void OLED_Refresh_Gram(void)
{
    unsigned char i,n;
    for(i=0;i<8;i++)
    {
        OLED_Write_command (0xb0+i);             //设置页地址（0～7）
        OLED_Write_command (0x00);               //设置显示位置，列低地址
        OLED_Write_command (0x10);               //设置显示位置，列高地址
        for(n=0;n<128;n++)OLED_IIC_write(OLED_GRAM[n][i]);
    }
}
//画点，x:0～127，y:0～63，t:1 填充 0，清空
void OLED_DrawPoint(unsigned char x,unsigned char y,unsigned char t)
{
    unsigned char pos,bx,temp=0;
    if(x>127||y>63)return;                       //超出范围了
    pos=7-y/8;
    bx=y%8;
    temp=1<<(7-bx);
    if(t)OLED_GRAM[x][pos]|=temp;
    else OLED_GRAM[x][pos]&=~temp;
}
```

```
void OLED_DisFill(unsigned char x1,unsigned char y1,unsigned char x2,unsigned char y2,unsigned char dot)
{
    unsigned char x,y;
    for(x=x1;x<=x2;x++)
    {
        for(y=y1;y<=y2;y++)OLED_DrawPoint(x,y,dot);
    }
    //OLED_Refresh_Gram();                              //更新显示
}
/*********************************************************************************
* 名称：OLED_DisClear()
* 功能：区域清空
* 参数：坐标
**********************************************************************************/
void OLED_DisClear(int hstart,int hend,int lstart,int lend){
    unsigned char i,n;
    for(i=hstart;i<=hend;i++)   {
        OLED_Write_command (0xb0+i);                    //设置页地址（0~7）
        OLED_Write_command (0x00);                      //设置显示位置，列低地址
        OLED_Write_command (0x10);                      //设置显示位置，列高地址
        for(n=lstart;n<=lend;n++)
        OLED_IIC_write(0);
    }
}
/*********************************************************************************
* 名称：OLED_ShowChar()
* 功能：在指定位置显示一个字符,包括部分字符
* 参数：x—0~127；y—0~63；chr—字符；Char_Size—字符长度
**********************************************************************************/
void    OLED_ShowChar(unsigned    char    x,unsigned    char    y,unsigned    char    chr,unsigned    char
Char_Size){
    unsigned char c=0,i=0;
    c=chr-' ';                                          //得到偏移后的值
    if(x>Max_Column-1){x=0;y=y+2;}
    if(Char_Size ==16){
        OLED_Set_Pos(x,y);
        for(i=0;i<8;i++)
            OLED_IIC_write(F8X16[c*16+i]);
        OLED_Set_Pos(x,y+1);
        for(i=0;i<8;i++)
            OLED_IIC_write(F8X16[c*16+i+8]);
    }else {
        OLED_Set_Pos(x,y);
        for(i=0;i<6;i++)
            OLED_IIC_write(F6x8[c][i]);
    }
}
```

```
/***************************************************************************
* 名称: OLED_ShowString()
* 功能: 显示一个字符串
* 参数: 起始坐标, x—0~127, y—0~63; chr—字符串指针; Char_Size—字符串长度
***************************************************************************/
void OLED_ShowString(unsigned char x,unsigned char y,unsigned char *chr,unsigned char Char_Size){
    unsigned char j=0;
    while (chr[j]!='\0'){
        OLED_ShowChar(x,y,chr[j],Char_Size);
        x+=8;
        if(x>120){
            x=0;
            y+=2;
        }
        j++;
    }
}
/***************************************************************************
* 名称: OLED_ShowCHinese()
* 功能: 显示一个汉字
* 参数: 起始坐标, x—0~127, y—0~63; num—汉字在自定义字库中的编号（oledfont.h）编号
***************************************************************************/
void OLED_ShowCHinese(unsigned char x,unsigned char y,unsigned char num){
    unsigned char t,adder=0;
    OLED_Set_Pos(x,y);
    for(t=0;t<16;t++){
        OLED_IIC_write(Hzk[2*num][t]);
        adder+=1;
    }
    OLED_Set_Pos(x,y+1);
    for(t=0;t<16;t++){
        OLED_IIC_write(Hzk[2*num+1][t]);
        adder+=1;
    }
}
void OLED_ShowCHineseString(unsigned char x,unsigned char y,unsigned char num,unsigned char n)
{
    for(unsigned char i=0;i<n;i++){
        OLED_ShowCHinese(x+i*16,y,num+i);
    }
}

void OLED_Fill(void)    {
    unsigned char i,n;
    for(i=0;i<8;i++)    {
        OLED_Write_command (0xb0+i);                //设置页地址（0~7）
        OLED_Write_command (0x00);                  //设置显示位置，列低地址
```

```
            OLED_Write_command (0x10);              //设置显示位置，列高地址
            for(n=0;n<128;n++)
        OLED_IIC_write(0xff);
        }
}
/*************************************************************************
* 名称：OLED_Display_On()
* 功能：开启 OLED 显示
*************************************************************************/
void oled_turn_on(void)
{
    char i=0;
    OLED_Clear();
    for(i = 0;i < 4;i++){
        OLED_DisFill(0,63-16*0-7,32*i+23,63-8*0,1);
        OLED_Refresh_Gram();
    }
    for(i = 0;i < 2;i++){
        OLED_DisFill(127-8*0-7,63-32*i-23,127-8*0,63,1);
        OLED_Refresh_Gram();
    }

    for(i = 0;i < 4;i++){
        OLED_DisFill(127-32*i-23,8*0,127,8*0+7,1);
        OLED_Refresh_Gram();
    }
    for(i = 0;i < 2;i++){
        OLED_DisFill(8*0,0,8*0+7,32*i+23,1);
        OLED_Refresh_Gram();
    }
}
/*************************************************************************
* 名称：oled_turn_off()
* 功能：关闭 OLED 显示
*************************************************************************/
void oled_turn_off(void)
{
    unsigned char i=0;
    OLED_Fill();
    for(i = 0;i < 4;i++){
        OLED_DisFill(0,8*i,127,8*i+7,0);
        OLED_DisFill(8*i,0,8*i+7,63,0);
        OLED_DisFill(0,63-8*i-7,127,63-8*i,0);
        OLED_DisFill(127-8*i-7,0,127-8*i,63,0);
        OLED_Refresh_Gram();
    }
```

```
        OLED_Clear();
}
```

（4）主函数模块。

```
/*****************************************************************************
* 头文件
*****************************************************************************/
static unsigned char    V1 = 0;                          //LCD 显示初值
static unsigned char    V2 = 0;                          //数码管显示初值
static unsigned char key_val = 0;


/*****************************************************************************
* 名称：main()
*****************************************************************************/
void main(void)
{
    unsigned char flag = 0;
    xtal_init();                                         //系统时钟初始化
    led_init();                                          //LED 初始化
    OLED_Init();                                         //OLED 初始化
    OLED_Clear();                                        //OLED 清屏
    OLED_ShowCHineseString(0,0,0,4);                     //显示 4 个汉字广告条目
    char buff[64];
    sprintf(buff,"%d ",V1);                              //将 V1 值放入 buff 中
    OLED_ShowString(16*4,0,(unsigned char*)buff,16);     //在 OLED 上广告条目后面显示数字 V1
    zlg7290_init();                                      //初始化 ZLG7290
    segment_display(V1);                                 //数码管显示数字初值
    segment_display(V1);
    uart1_init(0,0);                                     //串口初始化
    while(1)
    {
        if(V2 == V1){
            if(P0_3 == 1){                               //检测五向开关状态
                delay_ms(10);
                if(P0_3 == 1){
                    while(P0_3 == 1);                    //等待 P0_3 状态稳定
                    key_val = get_keyval();              //获得五向开关状态值
                    if(key_val != 0){
                        if(key_val == RIGHT){            //向右拨动五向开关
                            V1++;
                            if(V1 > 99)
                            V1 = 0;
                        }
                        if(key_val == LEFT){
                            if(V1 == 0)
                            V1 = 99;
```

```
                                else
                                    V1--;
                            }
                            if(key_val == CENTER){
                                if(flag == 0){
                                    flag = 1;
                                    OLED_Clear();
                                }
                                else{
                                    flag = 0;
                                    OLED_Clear();                                    //清屏
                                    OLED_ShowCHineseString(0,0,0,4);                //显示汉字广告条目
                                    char buff[64];
                                    sprintf(buff,"%d ",V1);
                                    //显示当前数字 V1 值
                                    OLED_ShowString(16*4,0,(unsigned char*)buff,16);
                                }
                            }
                        }
                    }
                }
            }
            else{
                V2 = V1;
                sprintf(buff,"%d ",V1);
                OLED_ShowString(16*4,0,(unsigned char*)buff,16);                //OLED 显示当前数字值
                segment_display(V1);                                            //数码管显示当前数字值
                segment_display(V1);
            }
            if(flag == 1){
                sprintf(buff,"SOS");
                OLED_ShowString(16*4,2,(unsigned char*)buff,16);                //在第二行显示字符 SOS
            }
        }
    }
```

5.9.3 小结

通过本节的综合应用开发，读者可以回顾和加深掌握 CC2530 外围接口和传感器原理，更重要的是可以加强综合项目工程编程思想的学习。本项目可以分解为硬件驱动层和逻辑控制层两个部分，在更大的项目中层次的划分可能会更加细化。总体来讲，将一个综合项目细化分解为硬件驱动层和逻辑控制层可以使得系统程序设计变得更加清晰，可加快程序开发速度、缩短开发周期。

5.9.4　思考与拓展

（1）一个综合项目可以分解为哪几个层次？

（2）软件的设计层次之间是什么关系？

（3）系统的事件调度是如何实现的？

参 考 文 献

[1] 工业和信息化部. 信息化和工业化深度融合专项行动计划（2013—2018）. 工信部信[2013]317号.

[2] 工业和信息化部. 工业和信息化部关于印发信息通信行业发展规划（2016—2020年）的通知. 工信部规[2016]424号.

[3] 国家发展改革委、工业和信息化部等10个部门. 物联网发展专项行动计划. 发改高技[2013]1718号.

[4] 李新慧，俞阿龙，潘苗. 基于CC2530的水产养殖监控系统的设计[J]. 传感器与微系统，2013,03:85-88.

[5] 廖建尚. 物联网平台开发及应用——基于CC2530和ZigBee. 北京：电子工业出版社，2016.

[6] 廖建尚. 面向物联网的CC2530与传感器应用开发. 北京：电子工业出版社，2018.

[7] 廖建尚. 基于Android系统智能网关型农业物联网设计和实现[J]. 中国农业科技导报，2017,19(06):61-71.

[8] 廖建尚. 基于物联网的温室大棚环境监控系统设计方法[J]. 农业工程学报，2016,32(11):233-243.

[9] 高伟民. 基于ZigBee无线传感器的农业灌溉监控系统应用设计[D]. 大连理工大学，2015.

[10] 云中华，白天蕊. 基于BH1750FVI的室内光照强度测量仪[J]. 单片机与嵌入式系统应用，2012,12(06):27-29.

[11] 朱磊，聂希圣，牟文成. 光敏传感器AFS在汽车车灯上的应用[J]. 汽车实用技术，2016,(02):78-79.

[12] 黎贞发，王铁，宫志宏，等. 基于物联网的日光温室低温灾害监测预警技术及应用[J]. 农业工程学报，2013,4:229-236.

[13] 王蕴喆. 基于CC2530的办公环境监测系统[D]. 吉林大学，2012.

[14] 倪天龙. 单总线传感器DHT11在温湿度测控中的应用[J]. 单片机与嵌入式系统应用，2010,6:60-62.

[15] 蔡利婷，陈平华，罗彬，等. 基于CC2530的ZigBee数据采集系统设计[J]. 计算机技术与发展，2012,11:197-200

[16] 张强，管自生. 电阻式半导体气体传感器[J]. 仪表技术与传感器，2006(07):6-9.

[17] 张清锦. 离散半球体电阻式气体传感器的研究[D]. 西南交通大学，2010.

[18] 舒莉. Android系统中LIS3DH加速度传感器软硬件系统的研究与实现[D]. 国防科学技术大学，2014.

[19] 李月婷，姜成旭. 基于nRF51的智能计步器系统设计[J]. 微型机与应用，2016,35(21):91-93+97.

[20] 周大鹏. 基于 TI CC2540 处理器的身姿监测可穿戴设备的研究与实现[D]. 吉林大学，2016.

[21] 晏勇，雷航，周相兵，等. 基于三轴加速度传感器的自适应计步器的实现[J]. 东北师大学报（自然科学版），2016,48(03):79-83.

[22] 韩文正，冯迪，李鹏，等. 基于加速度传感器 LIS3DH 的计步器设计[J]. 传感器与微系统，2012,31(11):97-99.

[23] 刘超. 基于红外测距技术的稻田水位传感器研究[D]. 黑龙江八一农垦大学，2016.

[24] 刘竞阳. 基于红外测距传感器的移动机器人路径规划系统设计[D]. 东北大学，2012.

[25] 李等. 基于热释电红外传感器的人体定位系统研究[D]. 武汉理工大学，2015.

[26] 邵永星. 基于热释电红外传感器的停车场智能灯控系统设计[D]. 河北科技大学，2013.

[27] 李方敏，姜娜，熊迹，等. 融合热释电红外传感器与视频监控器的多目标跟踪算法[J]. 电子学报，2014,42(04):672-678.

[28] 闫保双，戴瑜兴. 温湿度自补偿的高精度可燃气体探测报警系统的设计[J]. 仪表技术，2006(01):20-22.

[29] 杨超. 可燃气体报警器传感器失效诱因以及预防措施研究[D]. 东北石油大学，2016.

[30] 陈迎春. 基于物联网和 NDIR 的可燃气体探测技术研究[D]. 中国科学技术大学，2014.

[31] 闫保双. 可燃气体探测报警系统的研究与设计[D]. 湖南大学，2005.

[32] 王瑞峰，米根锁. 霍尔传感器在直流电流检测中的应用[J]. 仪器仪表学报，2006(S1):312-313+333.

[33] 张璞汝，张千帆，宋双成，等. 一种采用霍尔传感器的永磁电机矢量控制[J]. 电源学报，2017(1):1-8.

[34] 张潭. 开关型集成霍尔传感器的研究与设计[D]. 电子科技大学，2013.

[35] 万柯，张海燕. 基于单片机和光电开关的通用计数器设计[J]. 计算机测量与控制，2015,23(02):608-610.

[36] 石蕊，高楠，梁晔. 基于单片机的包装业流水线产品计数器的设计[J/OL]. 中国包装工业，2016(02):27-28

[37] 谭晓星. 基于光电传感器的船舶轴功率测量仪的研制[D]. 武汉理工大学，2012.

[38] 厉卫星. 紫外火焰检测器原理、调试及安装故障分析[J]. 化工管理，2017(17):16.

[39] 喻兴隆. 智能消防炮控制系统设计[D]. 西华大学，2011.

[40] 孙杨，张永栋，朱燕林. 单层 ITO 多点电容触摸屏的设计[J]. 液晶与显示，2010,25(04):551-553.

[41] 张毅君. 电容触摸式汽车中控面板的关键技术[D]. 上海交通大学，2014.

[42] 李兵兵. 电容式多点触摸技术的研究与实现[D]. 电子科技大学，2011.

[43] 郭建宁. 基于汽车应用的电容式触摸开关[D]. 厦门大学，2008.

[44] 黄凯，李志刚，杨屹. 电磁式继电器电寿命试验系统的研究[J]. 河北工业大学学报，2008(02):1-6.

[45] 郭骥翔. 电磁式继电器寿命预测参数检测系统的研究[D]. 河北工业大学，2015.

[46] 叶学民，李鹏敏，李春曦. 叶顶开槽对轴流风机性能影响的数值研究[J]. 中国电机

工程学报，2015,35(03):652-659.

    [47] 张鹏. 轴流风机结构参数优化设计[D]. 燕山大学，2016.

    [48] 万福. 轴流风机扇叶的仿真与分析[D]. 电子科技大学，2007.

    [49] 廖建尚. 基于 I2C 总线的云台电机控制系统设计[J]. 单片机与嵌入式系统应用，2015,15(02):67-70.

    [50] 火控系统中风传感器应用的需求分析. http://www.salor.cn/case/military-case.html.

    [51] 张金燕，刘高平，杨如祥. 基于气压传感器 BMP085 的高度测量系统实现[J]. 微型机与应用，2014，（06）：64-67.

    [52] 王杰. 基于深度神经网络的语音识别研究[D]. 沈阳工业大学，2018.

    [53] 张斌，全昌勤，任福继. 语音合成方法和发展综述[J]. 小型微型计算机系统，2016,37(01):186-192.

    [54] 李亭亭. 影响 OLED 寿命因素的研究[D]. 陕西科技大学，2018.

    [55] 袁进. 双发光层白光 OLED 器件制备及性能研究[D]. 西安理工大学，2014

    [56] 振动传感器有哪些典型应用. http://www.elecfans.com/yuanqijian/sensor/20171102574161.html.

    [57] 霍尔传感器的应用. http://www.elecfans.com/yuanqijian/sensor/20171204593635.html.